北大社 "十三五"职业教育规划教材

高职高专机电专业"互联网+"创新规划教材

机房空调系统的运行与维护

主　编　马也骋

内 容 简 介

本书在介绍通信机房（特别是 IDC 机房）专用空调实用技术的基础上，系统全面地介绍了通信机房用空调设备的相关知识和经验；从空气调节的基础知识入手，依次阐述了通信用空调设备的性能特点与配置，机房专用空调的结构与工作原理，IDC 机房的气流组织，通信机房空调设备的安装和日常维护，空调设备的故障分析、处理及案例等；特别结合国家节能减排工作，详细介绍了机房专用空调技术与节能技术的发展趋势、经验及具体的节能措施，以培养和提高通信空调领域从业人员的工作技能。本书理论与实践紧密结合，语言简洁，内容通俗实用，可操作性强。

本书可作为通信院校相关专业的教材或教学参考用书，也可供从事通信机房环境设计的工程技术人员、动力部门运行维护管理人员和空调设备维修人员参考使用。

图书在版编目(CIP)数据

机房空调系统的运行与维护/马也骋主编. —北京：北京大学出版社，2017.4
（高职高专机电专业"互联网+"创新规划教材）
ISBN 978-7-301-28063-8

Ⅰ. ①机… Ⅱ. ①马… Ⅲ. ①机房—空气调节系统—运行—高等职业教育—教材②机房—空气调节系统—维护—高等职业教育—教材 Ⅳ. ①TU831.3

中国版本图书馆 CIP 数据核字（2017）第 024492 号

书　　　名	机房空调系统的运行与维护
	Jifang Kongtiao Xitong de Yunxing yu Weihu
著作责任者	马也骋　主编
策 划 编 辑	刘晓东
责 任 编 辑	黄红珍
数 字 编 辑	刘志秀
标 准 书 号	ISBN 978-7-301-28063-8
出 版 发 行	北京大学出版社
地　　　址	北京市海淀区成府路 205 号　100871
网　　　址	http://www.pup.cn　新浪微博：@北京大学出版社
电 子 信 箱	pup_6@163.com
电　　　话	邮购部 010-62752015　发行部 010-62750672　编辑部 010-62750667
印 刷 者	北京虎彩文化传播有限公司
经 销 者	新华书店
	787 毫米×1092 毫米　16 开本　16.25 印张　插页 1　376 千字
	2017 年 4 月第 1 版　2021 年 7 月第 3 次印刷
定　　　价	47.00 元

未经许可，不得以任何方式复制或抄袭本书之部分或全部内容。
版权所有，侵权必究
举报电话：010-62752024　电子信箱：fd@pup.pku.edu.cn
图书如有印装质量问题，请与出版部联系，电话 010-62756370

前　言

互联网数据中心(Internet Data Center，IDC)依托电信级的机房设备、高质量的网络资源、系统化的监控手段、专业化的技术支持，为企业、政府等客户提供标准机房环境、持续安全供电、高速网络接入、优质运行指标的设备托管及相关增值服务。IDC 机房的空调对象主要为设备(计算机、服务器、磁盘阵列等)，同时需要兼顾人员进出机房进行操作，因此，IDC 对机房内的参数指标有严格的要求。

随着我国信息化建设进程的不断加快，通信网络的规模、层次、技术含量也在突飞猛进地发展，网络运行的可靠性、安全性及稳定性越来越成为体现通信企业竞争力的重要标准之一。空气调节就是对空气进行一定的处理，使环境达到一定的标准，以保障通信的可靠性，所以机房专用空调是保证通信的重要子系统。作为确保通信网畅通的重要设备，机房空调越来越受到关注与重视。

本书主要介绍了机房空调的专业知识、使用技术和经验，既考虑到 IDC 的广泛性，又兼顾通信行业的独特性。全书共分 7 章，从空调的基础理论、系统设计、容量配置、维护管理、故障案例、节能措施等方面进行了系统的介绍，同时也为将来空调系统的发展趋势提供参考方向。

在本书的编写过程中，编者得到了中国电信股份有限公司集团维护骨干叶明哲工程师的指导和帮助，同时参考了同类相关书籍和某些厂家的样本，在此表示衷心的感谢！

由于编者水平有限，书中难免存在疏漏和不妥之处，恳请读者不吝指正，以便于我们今后修正。

编者
2016 年 11 月

目　　录

第1章　空气调节基础知识 1
　1.1　空气的特性 2
　　1.1.1　空气的化学成分 2
　　1.1.2　空气的物理性能 2
　　1.1.3　空气的温度 2
　　1.1.4　空气的湿度 5
　　1.1.5　空气的压力 6
　　1.1.6　热量及其传递方式 7
　　1.1.7　熵 8
　　1.1.8　焓 8
　1.2　制冷空调系统基础知识 10
　　1.2.1　饱和温度和饱和压力 10
　　1.2.2　蒸发、沸腾、冷凝和汽化 ... 10
　　1.2.3　显热与潜热 11
　　1.2.4　制冷量 11
　　1.2.5　能效比 12
　　1.2.6　数据中心能源利用率 12
　1.3　制冷原理 14
　　1.3.1　制冷系统的主要组成和工作原理 14
　　1.3.2　制冷系统中的两种压力 15
　　1.3.3　制冷系统中的制冷剂 15
　　1.3.4　制冷系统中的载冷剂和冷冻油 16
　本章小结 18
　复习思考题 18

第2章　通信用空调设备的性能与特点 ... 19
　2.1　空调器的用途和种类 20
　　2.1.1　空调器的用途 20
　　2.1.2　空调器的种类 20
　2.2　空调器的型号表示 23
　　2.2.1　房间空调器的型号 23
　　2.2.2　基站空调器的型号 23
　　2.2.3　机房专用空调器的型号 24
　2.3　通信机房的特点及对空调的要求 ... 25
　　2.3.1　通信机房的负荷特点和计算 ... 25
　　2.3.2　通信机房的环境要求 28
　　2.3.3　通信机房对空调的要求和配置原则 29
　2.4　机房专用空调与舒适性空调的区别与应用 35
　　2.4.1　舒适性空调和机房专用空调的差异和分析 36
　　2.4.2　通信机房空调的应用情况 ... 39
　本章小结 39
　复习思考题 39

第3章　机房专用空调的结构与工作原理 ... 40
　3.1　机房空调系统的组成部分 41
　3.2　机房专用空调制冷系统的主要部件 ... 41
　　3.2.1　机房专用空调制冷系统的结构 41
　　3.2.2　压缩机 42
　　3.2.3　制冷换热器 53
　　3.2.4　节流装置 68
　　3.2.5　储液罐 75
　　3.2.6　干燥过滤器 75
　　3.2.7　视液镜 76
　　3.2.8　管路电磁阀 77
　　3.2.9　手动截止阀 78
　　3.2.10　气液分离器 78
　　3.2.11　分液器 79
　　3.2.12　高低压力控制器 81
　　3.2.13　电磁四通换向阀 81
　3.3　机房专用空调的加热和加湿系统 ... 83
　　3.3.1　机房专用空调的加热系统 ... 83
　　3.3.2　机房专用空调的加湿系统 ... 83

3.4 机房专用空调的风道系统 86
   3.4.1 电动机 86
   3.4.2 风机 88
   3.4.3 空气过滤器 89
   3.4.4 微压差控制器 89
3.5 机房专用空调电气、控制监测系统 90
   3.5.1 机房专用空调微型计算机
         控制单元 90
   3.5.2 通信用空调的电气系统 92
本章小结 102
复习思考题 102

第 4 章 IDC 机房的气流组织 103

4.1 目前数据中心空调存在的问题 104
   4.1.1 IDC 机房空调解决方案 104
   4.1.2 空调配置 105
4.2 通信机房气流组织形式 106
   4.2.1 数据中心冷却存在的问题 ... 106
   4.2.2 通信机房气流组织 107
4.3 通信机房气流组织的比较和选择 ... 110
   4.3.1 上送风+风管+下位送风或
         定向送风方式 110
   4.3.2 上送风+风管+冷风直接
         输送至机柜方式 111
   4.3.3 上送风+风管+冷池方案 ... 112
   4.3.4 空调上送风+风管+冷风直接
         输送或定向送风或
         下位送风 113
   4.3.5 空调下送风+架空地板+密封
         机柜送风方式 113
   4.3.6 下送风空调+架空地板+
         冷池 114
   4.3.7 下送风空调+架空地板+
         热通道封闭回风 115
   4.3.8 空调下送风+架空地板(活化
         地板)+冷池+天花板回风 116
4.4 通信机房气流组织的综合比较 116
4.5 数据机房热点解决注意事项 117
4.6 数据机房气流组织的发展趋势 123
   4.6.1 房间级、行级和机柜级
         制冷架构 123
   4.6.2 房间级制冷架构 124
   4.6.3 行级制冷架构 124
   4.6.4 机柜级制冷架构 129
   4.6.5 混合型制冷架构 130
本章小结 132
复习思考题 132

第 5 章 通信机房空调设备的安装和日常维护 133

5.1 空调设备技术维护要求 134
5.2 空调设备日常维护及巡检项目 134
   5.2.1 分体柜式空调机的日常
         维护与保养 135
   5.2.2 机房专用空调机的日常
         维护与保养 137
   5.2.3 中央空调的日常维护与
         保养 147
5.3 如何监督检查日常维护情况 150
5.4 通信用空调的施工建设规范 150
   5.4.1 基站空调的施工安装规范 ... 151
   5.4.2 机房专用空调的安装规范 ... 152
本章小结 158
复习思考题 158

第 6 章 空调设备的故障分析、处理及案例 159

6.1 基站空调常见故障代码和故障
    原因 160
   6.1.1 基站空调常见故障代码 ... 160
   6.1.2 基站空调常见故障原因 ... 162
6.2 机房专用空调的故障分析及处理
    方法 163
   6.2.1 微型计算机控制系统故障
         原因及排除方法 163
   6.2.2 风道故障报警的原因及排除
         方法 165
   6.2.3 制冷系统报警的原因及排除
         方法 167
   6.2.4 加热系统故障报警的原因及
         排除方法 170

  6.2.5 加湿系统报警的原因及排除
　　　　　　方法 171
 6.3 中央空调机组的故障分析及处理
　　　方法 172
 6.4 空调设备的故障案例 183
  6.4.1 基站空调典型故障举例 183
  6.4.2 机房专用空调典型故障
　　　　　　举例 185
  6.4.3 中央空调典型故障举例 189
 6.5 空调维护的其他规定 191
  6.5.1 空调设备的小、中、大修及
　　　　　　更新年限 191
  6.5.2 空调障碍上报制度 192
 本章小结 194
 复习思考题 194

第 7 章　空调技术与节能技术的发展趋势 196

 7.1 精密机房空调水冷系统 197
  7.1.1 空调水冷系统的组成 197
  7.1.2 免费冷却技术和数据中心
　　　　　　选址 201
  7.1.3 采用变频节约技术 203
  7.1.4 提高冷冻水的温度节省
　　　　　　能源 205
  7.1.5 选择节能冷却塔设备 206
  7.1.6 科学运维节约能源 206
 7.2 通信机房专用空调系统的节能 206
  7.2.1 机房温湿度设定值节能
　　　　　　控制 207
  7.2.2 空调自适应节能控制技术 207
  7.2.3 采用高效机房空调 208
  7.2.4 通信机房建筑节能 208

  7.2.5 采用新型环保制冷剂 208
  7.2.6 添加耐磨剂 209
  7.2.7 关闭备用空调 210
  7.2.8 机房空调压缩机采用变频
　　　　　　技术 210
  7.2.9 装设水喷淋装置 210
  7.2.10 机房空调冷凝热回收利用 ... 211
  7.2.11 加装水冷热交换装置 213
  7.2.12 调整空调最佳系统工况 215
 7.3 通信机房新风节能系统 216
  7.3.1 新风系统的分类及各自
　　　　　　特点 217
  7.3.2 节能产品的发展 219
  7.3.3 机房通风节能产品的适用性和
　　　　　　经济性 220
 7.4 总结 221
 本章小结 222
 复习思考题 222

附录　实训 223

 实训 1 空调器检修(安装)工具和仪器 224
 实训 2 家用空调、机房专用空调器
　　　　结构 229
 实训 3 机房专用空调运行参数设置 233
 实训 4 铜管切割、胀管和扩口 234
 实训 5 机房空调的功能测试 238
 实训 6 机房空调运行情况测试 240
 实训 7 机房空调告警功能测试 242
 实训 8 空调器的移机和装机 244
 实训 9 空调器的排空和制冷剂、
　　　　冷冻油的加注 245

参考文献 248

第 1 章

空气调节基础知识

空气调节简称空调，即用控制技术使室内空气的温度、湿度、清洁度、气流速度和噪声达到所需的要求。其目的是改善环境条件以满足生活舒适和工艺设备的要求。其功能主要有制冷、制热、加湿、除湿、温湿度控制等。

1.1 空气的特性

1.1.1 空气的化学成分

自然界中的空气由氮、氧、二氧化碳、氩、氖、氪、氙等化学成分组成(图1.1)，其中还有数量经常变化的水蒸气和尘粒、细菌等。

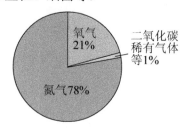

图 1.1 空气的组成

在饱和状态的空气中，水蒸气的含量与温度和压力密切相关，即水蒸气的含量随着空气温度和大气压力的提高而增加。

在空气调节工程中，通常把氮、氧、二氧化碳及其气体的混合物，称为干空气；把含有水蒸气的空气，称为湿空气。周围环境中的空气，都是含有水蒸气的空气，不含水蒸气的空气是没有的，因此，在空气调节工程中所提到的空气都是湿空气。

1.1.2 空气的物理性能

【参考动画】 空气的物理性能是指空气在不同的温度下，其质量、密度、导热系数等参数的变化。如空气温度低，则密度大，导热系数小，比热容小；反之，空气温度高，则密度小，导热系数大，比热容大。利用这些特点，空气循环可分为自然循环和强迫循环。例如，在家用冰箱中，食品的冷却与冷冻，就是靠冷热空气的密度不同，在冰箱内自动循环流动，进行热交换，以达到食品冷却和冷冻的目的(自然循环)；在空气调节的房间内，空调器必须安装在一定的高度，其目的也是利用冷热空气的密度不同，自上而下地进行冷热交换，以达到室内温度下降均匀(强迫循环)的目的。

在空气调节工程、制冷工程和采暖通风工程的工况计算中，空气的密度一般采用 $r=1.2 \text{kg/m}^3$。

1.1.3 空气的温度

温度是表明物体冷热程度的物理量。根据分子运动理论，温度是物质分子平均移动动能的一种量度，若物质的温度高，则其平均动能大；若物质的温度低，则其平均动能小。当两个物体相接触时，如有热量自甲物体传至乙物体，那么甲的温度就高于乙；反之，则乙的温度比甲高。若两者间没有热交换，则两物体温度相等。

制冷技术中需要测量温度的地方很多，那么测量温度的标尺就称为温标。目前使用较多的温标有摄氏温标、热力学温标、华氏温标，分别用于测量摄氏温度(℃)、绝对温度(K)和华氏温度(℉)。

摄氏温度(℃)：在一个标准大气压下(760mmHg)，以水的冰点为0℃，沸点为100℃，其间分为100等份，每一等份为摄氏1度，记作1℃。摄氏温度以符号t表示，与此相应的温度计为摄氏温度计。

绝对温度(K)：又称开氏温度，是指在一个标准大气压下，以水的冰点为273K，沸点为373K，其间也分为100等份，每一等份为1K。绝对温度以符号T表示，单位是开尔文，简称开，符号为K。当物质温度降到0K(即-273℃)时，物质分子的热运动完全停止，故此温度又称为绝对零度。

$$T = t + 273.15$$

华氏温度(℉)：在一个标准大气压下，以水的冰点为32℉，沸点为212℉，其间分为180等份，每一等份即为华氏1度，记作1℉。华氏温度以符号F表示，与此对应的温度计为华氏温度计。华氏温度与摄氏温度的关系为

$$F = \frac{9}{5}t + 32$$

摄氏温度(℃)、绝对温度(K)和华氏温度(℉)三种温标的比较如图1.2所示。

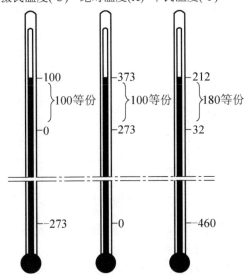

图1.2 三种常用温标的比较

目前市场上销售的温度计有水银温度计、酒精温度计、半导体温度计、电阻温度计等。

1. 干球温度

干球温度是指未饱和空气受显热的程度。例如，日常生活中，将干球温度计(如水银温度计)挂在室内或室外空间，测得的空气温度就是干球温度。中央电视台每天的气象预报说某地气温20～25℃，就是干球温度，它不能显示出空气的含湿量。

2. 湿球温度

湿球温度是指空气受全热的程度。将湿球温度计(在水银温度计的感温包上扎上润湿的纱布,并将纱布下端浸于有水的容器内,即为湿球温度计)置于空气中,且无辐射热的影响,当空气具有一定的流速,空气给湿球(湿纱布)的热量与从湿球上蒸发水分的蒸发量处于平衡状态时,湿球温度计上所显示的温度即为湿球温度。

湿球温度计上的读数反映了湿球纱布上水的温度,如果空气中水蒸气达到饱和状态,则纱布上的水就不会汽化,湿球温度计上的读数就与干球温度计上的读数相同;如果空气中的水蒸气未达到饱和状态,则湿球纱布上的水就会不断汽化,水汽化时需要吸收汽化潜热,因此,水温就会因汽化而下降,这时湿球温度低于干球温度。如果空气中所含水蒸气越少(即离饱和状态越远),则湿球温度就越低,干湿球的温差就越大;反之,干湿球的温差越小,说明空气越潮湿。

干湿球温度计(图 1.3)的日常维护:

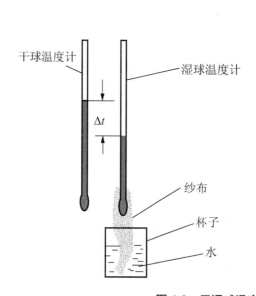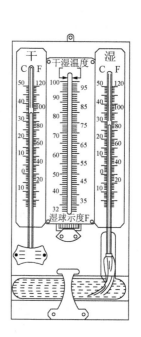

图 1.3 干湿球温度计

(1) 干球温度计应经常保持清洁、干燥。观测前检查设备和仪器时,如发现干球上有灰尘或水,须立即用干净的软布轻轻拭去。

(2) 湿球纱布必须经常保持清洁、柔软和湿润,一般应每周更换一次。当遇到沙尘暴等天气,湿球纱布明显沾有灰尘时,应立即更换。在海岛、矿区或烟尘多的地方,湿球纱布容易被盐、油、烟尘等污染,应缩短更换纱布的期限。纱布清洁是温度测值准确的重要保证,必须重视。

(3) 水杯中的蒸馏水要经常添满,并且保持洁净,一般每周更换一次。

(4) 当使用干湿球温度计时,必须按配对下发的两支温度计同时使用,撤换时也应将两支温度计同时更换。

3. 露点温度

物体表面是否会结露,取决于两个因素,即物体表面温度和空气露点温度。当物体表面温度低于空气露点温度时，物体表面才会结露。

露点温度是指湿空气开始结露的温度，即在含湿量不变的条件下，所含水蒸气量达到饱和状态时的温度。

例如，设空气温度为 30℃，它的含湿量为 10.6g/kg(干空气)，若将这部分空气降温到 15℃，则此时该空气就达到饱和状态。如温度再继续下降，则空气中的水蒸气就要凝结成水滴。因此，15℃就是空气开始结露的临界点，这个温度称为露点温度。

空气露点温度与空气相对湿度有密切的关系，若相对湿度ϕ大，则它的露点温度就高，物体表面就容易结露。对于饱和空气，干球温度、湿球温度、露点温度三者是相等的。

对于非饱和空气，干球温度最大，湿球温度次之，露点温度最小。

在空调系统中，习惯上将接近饱和状态、相对湿度ϕ达到 90%~95%的空气的温度称为机器露点温度。

1.1.4 空气的湿度

空气中水蒸气含量的多少用湿度来表示。湿度通常用绝对湿度、含湿量和相对湿度来表示。

1. 绝对湿度

绝对湿度是指每立方米的空气中水蒸气的实际含量，单位为 kg/m^3。计算公式为

$$r = P/9.8RT (kg/m^3)$$

式中：P——水蒸气的分压力(Pa)；

R——水蒸气的气体常数，采用 47.06kg·m/(kg·K)；

T——空气的绝对温度(K)。

2. 含湿量

含湿量是湿空气中水蒸气质量(g)与干空气质量(kg)之比，单位为 g/kg(干空气)。它较确切地表达了空气中实际含有的水蒸气量。计算公式为

$$d = \frac{623p}{B-p} (g/kg)$$

式中：p——水蒸气的分压力(Pa)；

B——大气压力(Pa)。

空气含湿量(d)也可以从空气焓湿(i-d)图中查出。

3. 相对湿度

相对湿度是指在一定温度下，空气中水蒸气的实际含量接近饱和的程度，也称饱和度。即空气中水蒸气的含量与相同温度且处于饱和状态下的空气中所含水蒸气含量的比值。

绝对湿度只表示湿空气中实际水蒸气的含量，但不能说明该状态下湿空气的饱和程度。相对湿度可以表示空气的潮湿程度，相对湿度越大，空气越潮湿。当空气中的相对湿度为 100%时，说明空气中的水蒸气已达到饱和状态。相对湿度越小，空气就越干燥。日常生活中，空气相对湿度的大小对人体的健康和舒适度的影响很大。在炎热的夏天，当房间内的空气温度保持在 26~28℃，相对湿度在 50%~60%时，人们会感到很舒服，如果相对湿度过大，即使空气温度较低，人们仍感到不舒服。

空气中相对湿度的大小,可用下列公式计算

$$\phi = \frac{r_1}{r_2} \times 100\%$$

式中:r_1——湿空气的绝对湿度(kg/m³);

r_2——湿空气在饱和状态下的绝对湿度(kg/m³)。

空气中的相对湿度也可以从空气的焓湿(i-d)图中查出。

1.1.5 空气的压力

大气压力的产生是地球引力作用的结果,由于地球引力,大气被"吸"向地球,因而产生了压力,靠近地面处大气压力最大。气象科学上的气压,是指单位面积上所受大气柱的重量(大气压强),也就是大气柱在单位面积上所施加的压力。

由于地心引力作用,距地球表面近的地方,地球吸引力大,空气分子的密集程度高,撞击到物体表面的频率高,由此产生的大气压力就大。距地球表面远的地方,地球吸引力小,空气分子的密集程度低,撞击到物体表面的频率也低,由此产生的大气压力就小。因此,在地球上不同高度的大气压力是不同的,位置越高,大气压力越小。此外,空气的温度和湿度对大气压力也有影响。

在物理学中,把纬度为 45°海平面(即海拔高度为零)上的常年平均大气压力规定为 1 标准大气压,用符号 atm 表示。此标准大气压为一定值。其值为 1atm=760mmHg=1.033 工程大气压 =1.0133×10⁵Pa=0.10133MPa。

在工程技术中,测量气体压力的常用单位是 kgf/cm²(千克力/平方厘米)、mmHg(毫米汞柱)、psi(磅每平方英寸)或 bar(巴),我国采用的国际单位是 Pa(帕斯卡)。各压力单位之间的换算见表 1-1。

表 1-1 压力单位的换算

Pa	bar	kgf/cm²	psi	atm
10^5	1	1.0197	14.5	0.9869
98.07×10³	0.98	1	14.223	0.9678
1.013×10⁵	1.0133	1.0333	14.7	1

空气调节制冷系统的压力大小,可用压力表(图 1.4)或真空表测得。

【参考图文】

图 1.4 压力表

1. 绝对压力

绝对压力是指设备内部或某处的真实压力，它等于表压力与当地大气压力之和，即

$$P_\text{绝} = P_\text{表} + B$$

式中：$P_\text{绝}$——绝对压力；
　　　$P_\text{表}$——表压力；
　　　B——当地大气压力。

2. 表压力

表压力是指设备内部或某处绝对压力与当地大气压之差，即

$$P_\text{表} = P_\text{绝} - B$$

3. 真空度

真空度是指设备内部或某处绝对压力小于当地大气压力的数值，即

$$P_\text{真} = B - P_\text{绝}$$

式中：$P_\text{真}$——真空度。

由以上公式可以看出，$P_\text{表}$和$P_\text{真}$的大小都是相对值，它们都受到外界大气压(B)变化的影响，只有绝对压力才能表明工质状态的热力性质，所以在空调制冷系统计算中需要用绝对压力。在工程计算中为方便起见，把 1kgf/cm^2($98.066 \times 10^5 \text{Pa}$) 称为 1 个工程大气压，用符号 1at 表示。在计算时，当系统或容器内工质的压力较高时，允许把大气压力值定为 1at，由此而引起的误差是不大的；但在系统或容器内的压力低于 1at 时，则会引起较大的误差。

压力和沸点有很大的关系，压力降低使得液体的沸点降低，压力增加使得液体的沸点也随之升高。所以，对每个作用于液体的压力都有一个对应的沸点。因此，在空调制冷系统中，可以通过控制制冷剂的蒸发压力来达到所要求的蒸发温度，以获取一定的低温。

1.1.6 热量及其传递方式

1. 热量

热量是能量的一种形式，是表示物体吸热或放热多少的物理量。热量的单位通常用卡(cal)或千卡也叫大卡(kcal)表示。1kcal 即 1kg 纯水升高或降低 1℃所吸收或放出的热量。在国际单位制(SI)中，热量经常用焦耳(J)表示。

$$1\text{J} \approx 0.2389\text{cal}$$

单位量的物体温度升高或降低 1℃所吸收或放出的热量，通常用符号 C 表示，单位是 kcal/(kg·℃)。

在一定压力下，1kg 水升温 1℃所吸收的热量是 1kcal，而空气则为 0.24kcal。计算公式为

$$Q = G \cdot C(t_2 - t_1)$$

式中：Q——热量(kcal)；
　　　G——物体的质量(kg)；
　　　C——物体的比热容[kcal/(kg·℃)]；
　　　t_1——初始温度(℃)；
　　　t_2——终了温度(℃)。

热力学中规定,当物体吸热时热量取正号,放热时取负号。

2. 传递方式

热传导是热量从物体中的一部分传递到另一部分,或者温度不同的物体接触时,热量从温度较高的物体传递到温度较低物体的热传递过程。

例如,在蒸发器中,管外壁面温度高于内壁温度,这样热量就以导热的形式从外壁传向内壁。

对流换热简称"对流"。流传各部分之间发生相对位移而引起的热传递过程。例如,用空气或冷却水来冷却冷凝器的过程。

对流换热是流体的对流与导热联合作用的结果,根据流动的原因不同,分为自然对流与强制对流。沸腾与凝结也属于对流范围。

热辐射是热能转变为辐射能并以电磁波的形式向空间传播的过程。空间的辐射能被另一物体吸收后,又转变为热能,这种以热辐射的方式实现热量传递的过程,称为辐射换热。

辐射能可以在真空传播,而传导和对流这两种传热方式则只能通过固体、液体或气体这些具体的物质进行。

1.1.7 熵

熵是工质热力状态的导出参数,它表示工质状态变化时,其热量传递的程度。对于1kg工质而言,其熵值称为比熵,用符号 S 表示,单位为 kJ/(kg·K)。熵这个参数比较抽象,应用也不广,这里不作详细介绍。

1.1.8 焓

热力学中表示物质系统能量的一个重要状态参量,常用符号 H 表示。对一定质量的物质,焓定义为 $H=U+pV$,式中,U 为物质的内能,p 为压力,V 为体积。单位质量物质的焓称为比焓,表示为 $h=u+p/\rho$,u 为单位质量物质的内能(称为比内能),ρ 为密度,$1/\rho$ 为单位质量物质的体积。焓具有能量的量纲,一定质量的物质按定压可逆过程由一种状态变为另一种状态,焓的增量便等于在此过程中吸入的热量。

【参考动画】

1. 空气焓值的定义及空气焓值的计算公式

空气的焓值是指空气所含有的总热量,通常以干空气的单位质量为基准。焓用符号 i 表示,单位是 kJ/kg 干空气。湿空气焓值等于 1kg 干空气的焓值与 d kg 水蒸气焓值之和。

湿空气焓值计算公式如下:

$$i=1.01t+(2500+1.84t)d$$

或

$$i=(1.01+1.84d)t+2500d (kJ/kg\ 干空气)$$

式中:t——空气温度(℃);

d——空气的含湿量[kg/kg(干空气)];

1.01——干空气的平均比定压热容[kJ/(kg·K)];

1.84——水蒸气的平均比定压热容[kJ/(kg·K)];

2500——0℃时水的汽化潜热(kJ/kg)。

由上式可以看出：$(1.01+1.84d)t$ 是随温度变化的热量，即"显热"；而 $2500d$ 则是 0℃ 时 $d$kg 水的汽化潜热，它仅随含湿量的变化而变化，与温度无关，即"潜热"。

2. 焓湿图

焓与内能一样，其绝对值也很难确定。在制冷工程中，通常规定 0℃时饱和液体的焓值为某值。在公制单位中规定0℃时，制冷剂的饱和液体的焓值为 100kcal/kg，国际单位制则为 418.7kJ/kg，以此值为基准，确定不同状态下的焓值的大小并制成图表以供查用。

在一定的大气压力下，将湿空气的主要状态参数之间的关系用图表示出来，这种图叫作湿空气的性质图。由于该图常用湿空气的焓 h 作为横(纵)坐标，含湿量 d 作为纵(横)坐标，因此称为湿空气的焓湿图，简称 h-d 图。焓湿图的每一点不仅代表湿空气的某一种状态，并具有确定的状态参数，图中的一条线表示湿空气的状态变化过程。所以，h-d 图是进行空气调节过程设计和系统工况分析的一种十分重要的工具。

通常 h-d 图由 t、h、d 和 ϕ 四组等值线和一条水蒸气分压线构成，如图1.5所示。

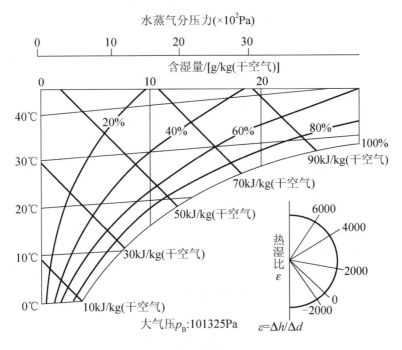

图 1.5 湿空气 h-d 图

图 1.5 是建立在斜角坐标系统上的，纵坐标和横坐标之间的夹角为 135°，目的是使图形展开，避免图中的线条挤在一起，从而保持图线清晰可辨。

图 1.5 中，ϕ=100%称为饱和曲线。它表明曲线上各点的空气已达到饱和状态。该曲线将 h-d 图分为两个区域：左上方为未饱和空气区；右下方为过饱和空气区，也称为雾状区。当大气压力小于一定值时，水蒸气分压力仅取决于空气的含湿量 d。

应当指出，湿空气的 h-d 图是在某一大气压力下绘制的，使用时应选用与当地大气压力相近的 h-d 图(详见本书附录)。

h-d 图在确定湿空气的状态参数、进行空气调节系统设计和运行工况的分析等方面，得到广泛的应用。归纳起来，h–d 图可用于以下几个方面。

(1) 确定湿空气的状态参数。
(2) 表示湿空气状态的变化过程。
(3) 确定空气的露点温度。
(4) 确定空气的湿球温度。
(5) 确定两种不同状态空气混合后的参数。

1.2 制冷空调系统基础知识

1.2.1 饱和温度和饱和压力

在密闭容器里，从液体中脱离出来的分子，不可能扩散到其他空间，只能聚集在液体上面的空间。这些分子相互间作用及与容器壁和液体表面碰撞，其中的一部分又回到液体中去。在液体开始汽化时，离开液面的分子数大于回到液体里的分子数，这样，液体上部空间内蒸气的密度就逐渐增大，这时回到液体里的分子数也开始增多。最后达到在同一时间内，从液体里脱离出来的分子数与返回液体里的分子数相等，这时液体就和它的蒸气处于动态平衡状态，蒸气的密度不再改变，达到了饱和。在这种饱和状态下的蒸气叫作饱和蒸气，此饱和蒸气的压力叫作饱和压力。饱和蒸气或饱和液体的温度称为饱和温度。

动态平衡是有条件的，是建立在一定温度或压力条件下的，如条件有所改变，则平衡就被破坏，在经过一定的温度、压力条件下，又会出现新条件下的饱和状态。对于不同的制冷剂，在相同饱和压力下，其饱和温度各不相同。通常所说的沸点，就是指饱和温度。

1.2.2 蒸发、沸腾、冷凝和汽化

物质分子可以聚集成固、液、气三种状态，简称物质的三相态。在一定条件下，物质可相互转化，称为物态变化。

从液态转变成气态的相变过程，是一个吸热过程。液态制冷工质在蒸发器中不断地定压汽化，吸收热量，产生制冷效应。根据汽化过程的机理不同，汽化可分为蒸发和沸腾两种形式。

在任何温度下，液体自然表面发生汽化的现象叫作蒸发。例如，水的自然蒸发、衣服的晾干过程。在相同的环境下，液体温度越高，表面越大，蒸发进行得就越快。

液体表面和内部同时进行的剧烈汽化的现象叫作沸腾。当对液体加热，并使该液体达到一定温度时(如水烧开时)，液体内部便产生大量气泡，气泡上升到液面破裂而放出大量蒸气，即沸腾，此时的温度就叫沸点。在沸腾过程中，液体吸收的热量全部用于自身的容积膨胀而相变，故气液两相温度不变，制冷剂在蒸发器内吸收了被冷却物体的热量后，由液态汽化为蒸气，这个过程是沸腾。但在制冷技术中，习惯上称为蒸发温度。

物质从气态变成液态的过程叫作冷凝(或凝结)，也称液化。例如，水蒸气遇到较冷的物体就会凝结成水滴。例如，在制冷系统中，压缩机排出高温、高压的气体，在冷凝器中通过空气或水冷凝成液体。冷凝时制冷气体放出来的热量由空气或水带走，这就是冷凝过

程。冷凝是汽化的相反过程,在一定压力下,蒸气的冷凝温度与液体的沸点相等,蒸气冷凝时要放热,1kg 蒸气冷凝时放出的热量,等于同一温度下液体的汽化潜热。

物质从固态直接转变为气态的过程叫作升华。例如,用二氧化碳加压制成的干冰,在常温下,很快就变成二氧化碳气体,这就是升华过程。

1.2.3 显热与潜热

显热是指一种物质在吸热或放热的过程中,只改变温度而不改变物质形状的热量。人们可以用"显"这个字来形容热,是因为这种热可以用手感觉出来,也可用温度计测量出来。例如,水壶中的水加热,在未沸腾前,水温升高时所吸收的热量,即为显热;又如,在夏天将刚洗好的衣服挂在衣架上,衣服受热空气加热而干了,但衣服未发生形态变化,这种热也为显热。人们使用空调器使室内温度下降,这也是一种明显的显热变化。

潜热是指一种物质在吸热或放热的过程中,只改变物质形状而不改变温度的热量。这种热不能用手感觉出来也不能用温度计测量出来,由于人们感觉不到,好似隐藏的热,因此用"潜"字来形容它为潜热。例如,在常压下,把水加热到沸点 100℃,这时水吸收的热即为潜热。在加热过程中,虽然水吸收热量后温度不变,但是物质却发生了变化,由液体变成了水蒸气。

根据物质的吸热或放热过程,有两种潜热区别:一种是由液体变为气体的称为汽化潜热,如水加热变成水蒸气,汽化潜热为 2.26MJ/kg(540kcal/kg);另一种是由固体变成液体的称为溶解潜热,如冰加热变为液体,溶解潜热为 0.335MJ/kg(80kcal/kg)。

1.2.4 制冷量

空调器上有一个重要的指标,就是"制冷量"。它就是空调器的"大小",就像电视机讲的屏幕尺寸大小一样,空调器也有大小的区别,除了外观可能有的大小不同以外,实际上唯一重要的"大小"指标,就是指这个"制冷量"。制冷量是指空调器在进行制冷运行时,单位时间内从密闭空间、房间或区域内去除的热量总和。制冷量大的空调器适用于面积比较大的房间,且制冷速度较快。以 $15m^2$ 的居室面积为例,使用额定制冷量为 2500W 左右的空调器比较合适。

制冷量常用计量单位有瓦(W)、大卡/小时(kcal/h)、冷吨(RT)。它们之间的换算关系见表 1-2。

表 1-2 制冷量单位的换算

千瓦/kW	万大卡/万 kcal/h	冷吨/RT
1	0.086	0.284
11.6	1	3.3
3.517	0.3	1

一些中小型空调制冷机组的制冷量常用"瓦"表示,大型空调制冷机组的制冷量常用"冷吨(美国冷吨)"表示。

1.2.5 能效比

空调能效,通常是家用空调器制冷能效比(EER)的代称,是额定制冷量与额定功耗的比值。此外,冷暖式家用空调器还包含制热能效比(COP)这个概念,指的是额定制热量与额定功率的比值。但是,就我国绝大多数地域的空调使用习惯而言,空调制热只是冬季取暖的一种辅助手段,其主要功能仍然是夏季制冷,所以,我们一般所称的空调能效通常指的是制冷能效比(EER),国家的相关标准也以此为划定能效等级的依据。

EER 是空调器的制冷性能系数,也称能效比,表示空调器的单位功率制冷量。数学表达式为

$$EER = 制冷量/制冷消耗功率$$

通俗地说,空调能效就是消耗同样多的电能所产生的冷气/暖气有多少,能效越高的空调器越省电。所以,空调能效是衡量空调器性能优劣的重要参数。

2005 年,我国颁布了空调产品能效比的标准,将普通定速空调器的能效比分为五个等级。2010 年 6 月 1 日,国家质量监督检验检疫总局、国家标准化管理委员会发布新《房间空气调节器能效国家标准》,将原有空调能效的五个等级变更为三个等级,如图 1.6 所示。

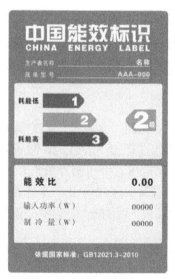

图 1.6 能效比标识

1.2.6 数据中心能源利用率

目前就职于微软数据中心的最有影响力的专家 Christian Belady 在 2006 年提出数据中心能源利用率(PUE)的概念。如今,PUE 已发展成为一个全球性的数据中心能耗标准。数据中心的 PUE 的值等于数据中心总能耗与 IT 设备能耗的比值,比值越小,表示数据中心的能源利用率越高,该数据中心越符合低碳、节能的标准。

以前国内一些小规模的传统数据中心,PUE 值可能高达 3 左右,这意味着 IT 设备每消耗 1W 电能,数据中心基础设施便需要消耗 2W 电能。目前,在建的机房都是按照 PUE 值等于 1.5 的标准进行规划的。就目前来看,全球最节能的五个数据中心分别如下。

1. 雅虎"鸡窝"式数据中心(PUE=1.08)

雅虎在纽约洛克波特的数据中心,位于纽约州北部不远的尼亚加拉大瀑布,每幢建筑看上去就像一个巨大的鸡窝,该建筑本身就是一个空气处理程序,整个建筑是为了更好地"呼吸",由一个很大的天窗和阻尼器来控制气流。

2. Facebook 数据中心(PUE=1.15)

Facebook 的数据中心采用新的配电设计,免除了传统的数据中心不间断电源(UPS)和配电单元(PDUs),把数据中心的 UPS 和电池备份功能转移到机柜,每个服务器电力供应增加了一个 12V 的电池。同时 Facebook 也在使用新鲜空气进行自然冷却。

3. Google 比利时数据中心(PUE=1.16)

Google 比利时数据中心竟然没有空调器。根据谷歌公司工程师的说法,比利时的气候几乎可以全年支持免费的冷却,平均每年只有 7 天气温不符合免费冷却系统的要求。夏季布鲁塞尔最高气温达到 66~71℉(19~22℃),然而谷歌数据中心的温度超过 80℉(27℃)。

4. 惠普英国温耶德数据中心(PUE=1.16)

惠普英国温耶德数据中心利用来自北海的凉爽海风进行冷却。

5. 微软都柏林数据中心(PUE=1.25)

微软爱尔兰都柏林数据中心,采用创新设计的"免费冷却"系统和热通道控制,使其 PUE 值远低于微软其他数据中心的 1.6。

由此可以看出,降低 PUE 最有效的措施是采用免费自然制冷措施和替代传统的 UPS 系统。对于数据中心,其能耗一般由 IT 设备能源消耗、UPS 转化能源消耗、制冷系统能源消耗、照明系统和新风系统的能源消耗及门禁、消防、闭路电视监控等弱电系统能源消耗五部分组成(图 1.7)。如果需要降低 PUE 的值,就需要从以下四个方面采取措施。

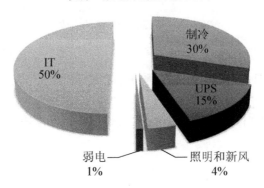

图 1.7　数据中心能耗占比

(1) 采用转换效率高的 UPS 系统。目前,新一代数据中心的设计基本采用新型的高频(IGBT 技术)UPS 系统,电源转换效率和功率因数与传统的工频(晶闸管技术)UPS 系统相比都有非常大的提升,而且质量轻和体积小。由于 UPS 的电源转换效率和负载率成正向关系,因此在设计和运维时要尽可能提高 UPS 的负载率。目前,国内电信和联通都在提倡使用高压直流 UPS 系统，取消了传统意义上 UPS 的逆变功能，不仅电源转换效率提高 3%～5%，而且可靠性大大提高。例如，Google 和 Facebook 干脆在数据中心取消了传统的 UPS 系统，把电池和服务器的电源相结合，在正常运营时完全没有额外的能源消耗。

（2）采用高效节能的绿色制冷系统。主要是采用水冷空调器和自然制冷措施，本书后续章节将做详细介绍。

（3）采用 LED 绿色节能光源取代或部分取代传统光源，据了解，目前在某些数据中心的部分机柜上已经安装 LED 光源。另外就是运维管理，做到人走灯关，根据人员情况确定新风系统的运行时间和风量。

（4）弱电系统总的能源消耗很小，一般不需要过多关注。但是如果有可能的话，最好采用集中的高效直流供电系统，因为一般分布式的小型直流电源系统转换效率低，功率因数也低。

1.3 制冷原理

1.3.1 制冷系统的主要组成和工作原理

制冷系统是一个完整的密封循环系统，组成这个系统的主要部件是制冷压缩机、冷凝器、节流装置(膨胀阀或毛细管)和蒸发器，各个部件之间用管道连接起来，形成一个封闭的循环系统(图 1.8)，在系统中加入一定量的氟利昂制冷剂来实现制冷降温。

【参考动画】

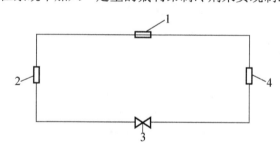

图 1.8　空调制冷系统的组成

1—制冷压缩机；2—冷凝器；3—节流装置；4—蒸发器

空调器制冷降温是把一个完整的制冷系统装在空调器中，再配上风机和一些控制器来实现的。

制冷的基本原理：按照制冷循环系统的组成部件和它的作用，分别由四个过程来实现。这四个过程如图 1.8 所示。

1. 压缩过程

从压缩机开始，制冷剂气体在低温低压状态下进入压缩机，在压缩机中被压缩，提高气体的压力和温度后，排入冷凝器中。

2. 冷凝过程

从压缩机中排出来的高温高压气体，进入冷凝器中，将热量传递给外界空气或冷却水后，凝结成液体制冷剂，流向节流装置。

3. 节流过程

节流过程又称膨胀过程，冷凝器中流出来的制冷剂液体在高压下流向节流装置，进行节流减压。

4. 蒸发过程

从节流装置流出来的低压制冷剂液体流向蒸发器中，吸收外界(空气或水)的热量而蒸发成为气体，从而使外界(空气或水)的温度降低，蒸发后的低温低压气体又被压缩机吸回，进行再压缩、冷凝、节流和蒸发，依次不断地循环和制冷。

1.3.2 制冷系统中的两种压力

在制冷循环系统中，制冷的过程，实质上就是从低于环境温度的物体中取出热量，然后传递给温度较高的工质的过程。但实践证明，热量总是可以自动地从温度较高的物体流向温度较低的物体，热量不可能自动地不付代价从低温物体传递到高温物体，即不可能直接传递，就像水只能由高处流向低处，而不可能自动地由低处流向高处一样，这就是热力学第二定律所揭示的自然界存在不可逆过程的客观规律。第二定律指出，它可以借助某种机器，消耗一定的能量，才能使热量间接地从低温物体传递到高温物体。例如，制冷压缩机就是通过一定量的能量消耗，将低温物体的热量传递到高温物体，从而使低温物体的温度下降的，如空调房间内空气温度的下降、食品的冷冻与冷藏、水的结冰等。

在空调器的制冷系统中，在压缩机的作用下，使整个系统中形成了两种压力，从压缩机的出口至节流装置的入口，为高压侧，也为放热边；从节流装置出口至压缩机入口，为低压侧，也为吸热边，这两种压力的形成，实现了空调房间的制冷降温。

在空调的制冷系统中，高压压力为 $15\sim20\ \text{kgf/cm}^2$，低压压力为 $4\sim5.8\ \text{kgf/cm}^2$。

1.3.3 制冷系统中的制冷剂

制冷剂又称制冷工质，在南方一些地区俗称雪种。它是在制冷系统中不断循环并通过其本身的状态变化以实现制冷的工作物质。制冷剂在蒸发器内被冷却介质(水或空气等)吸收热量而汽化，在冷凝器中将热量传递给周围空气或水而冷凝。

制冷剂的种类很多，目前有七八十种，性质各异。空调器中使用的制冷剂也有很多种。用户熟悉制冷剂的性能，对使用和维护好制冷机的工作很有帮助，对其发生的故障原因，就容易判断和排除，采取必要措施，并可使用户懂得在装置或装修制冷机及冲灌制冷剂时，应注意哪些方面的问题。

当前，在通信运营商的机房空调器中，制冷系统中使用较多的制冷剂是氟利昂，不同的氟利昂物质在热力性质上各不相同，能适应不同制冷温度和容量的要求。1987年在加拿大蒙特利尔签约生效的《关于消耗臭氧层物质的蒙特利尔议定书》(以下简称《蒙特利尔议定书》)，目前已经有 188 个国家和地区的政府签字同意执行这份旨在保护地球臭氧层的国际环境公约。我国政府在 1991 年 6 月签署该协定书后，有关部门便制定了氟利昂制冷剂加速淘汰计划。下面介绍三种对臭氧具有不同破坏作用的氟利昂产品。

(1) 氯氟烃类产品(CFC)：主要包括 R11、R12、R113、R114、R115、R502 等，由于对臭氧层的破坏作用最大，被《蒙特利尔议定书》列为一类受控物质。我国自 2010 年 1 月 1 日起已完全停止该类产品的生产和消费。

(2) 氢氯氟烃类产品(HCFC)：主要包括 R22、R123、R141b、R142b 等，由于其对臭氧层的破坏系数仅仅是 R11 的百分之几，因此，目前 HCFC 类物质被视为 CFC 类物质的最重要的过渡性替代物质。在《蒙特利尔议定书》中 R22 被限定 2020 年淘汰，R123 被限定 2030 年淘汰。

(3) 氢氟烃类产品(HFC)：主要包括 R134a、R125、R32、R407C、R410A 等，其对臭氧层的破坏系数为 0，但是气候变暖潜能值很高。在《蒙特利尔议定书》中没有规定其使用期限，在《联合国气候变化框架公约》京都议定书中定性为温室气体。

我国政府明令禁止使用的是氯氟烃类产品。对于氢氯氟烃类产品和氢氟烃类制冷剂，暂时还要允许使用一段时间。

值得注意的是，与空调器和冷藏制冷关系最密切的是 R11、R12 和 R22 三种制冷剂。前两者已被淘汰，常用的替代物有 R123 和 R134a 等。

目前，空调器中使用的几种制冷剂，它们的物理化学性能简介如下。

(1) R22 的主要性能：①不燃烧、不爆炸、轻微毒；②蒸发热大，每千克 R22 蒸发时吸收 234.7kJ 热量；③常压下，沸点温度为-40.8℃。

(2) R134a 的主要性能：①不燃烧、不爆炸、无毒；②常压下，沸点温度为-26.5℃；③蒸发潜热比 R12 大；④对大气臭氧层无破坏。

(3) R123 的主要性能：①标准蒸发温度为 27.9℃，属于高温制冷剂；②适用于离心式压缩机；③有一定毒性。

(4) R410A 的主要性能：①由质量各 50% 的 R32 和 R125 组成；②常压下，沸点温度为-51.5℃；③系统压力为 R22 的 1.5~1.6 倍，制冷量大 40%~50%。

(5) R407C 的主要性能：①由质量各 23% 的 R32、25% 的 R125 和 52% 的 R134a 组成；②常压下，沸点温度为-43.7℃；③蒸发温度比 R22 高 10%，制冷量略低。

对于制冷剂，很多使用者所关心的还是环保问题，对大气环境是否存在污染，是关系到人类健康和生存的大事。目前主要关注两个指标，分别为大气臭氧层损耗潜值(ODP)和温室效应造成的全球变暖潜值(GWP)。

若我们定义：R12 作为 ODP 的基准值 1.0，CO_2 作为 GWP 基准值 1.0，则一些制冷剂的 ODP 与 GWP 值见表 1-3。

表 1-3　不同制冷剂的环保比较

类型	代替	ODP	GWP
R12		1.0	7100
R22		0.05	1600
R134a	R12	0	1200
R407C	R22	0	1600

1.3.4　制冷系统中的载冷剂和冷冻油

1. 载冷剂

在盐水制冰、冰蓄冷系统、集中空调等需要采用间接冷却方法的生产过程中，需要应用载冷剂来传送冷量。载冷剂在制冷系统的蒸发器中被冷却后，用来冷却被冷却物质，然后返回蒸发器，将热量传递给制冷剂。载冷剂起到了运载冷量的作用，故又称为冷媒。这样既可减少制冷剂的充注量，降低泄漏的可能性，又易于解决冷量的控制和分配问题。

对载冷剂的要求是比热容大、导热系数大、黏度小、凝固点低、腐蚀性小、不易燃烧、无毒、化学稳定性好且价格低，容易购买。常用的载冷剂有空气、水、盐水及有机溶液。

(1) 空气。它作为载冷剂在冷库及空调器中多有采用。空气的比热容较小，所需传热面积较大。

(2) 水。它作为载冷剂只适用于载冷温度在 0℃以上的场合，空调系统中多有采用。水在蒸发器中得到冷却，然后送入风机盘管内或直接喷入空气，对空气进行温、湿度调节。

(3) 盐水溶液。它有较低的凝固温度，适用于中、低温制冷装置中运载冷量。通常采用氯化钠($NaCl$)、氯化钙($CaCl_2$)、氯化镁($MgCl_2$)水溶液。盐水的凝固温度取决于盐的种类和配置的浓度。

(4) 有机物载冷剂。种类有乙醇、乙二醇、丙二醇、丙三醇、二氯甲烷及三氯乙烯等。它们都具有较低的凝固温度。例如，乙醇的凝固点为-117℃，二氯甲烷的凝固点为-97℃，适用于更低的载冷温度。丙三醇(甘油)是极稳定的化合物，其水溶液无腐蚀性、无毒，可以和食品直接接触。乙醇具有可燃性，使用时应予以注意，并采取防火措施。乙二醇常用在冰蓄冷系统中作为载冷剂使用。

由于有机物载冷剂的沸点均较低，因此一般都采用封闭式循环。考虑到温度变化时有机载冷剂体积有变化，系统中往往设有膨胀节或膨胀容器。

2. 冷冻油

冷冻油即冷冻机使用的润滑油。其基本性能：①将润滑部分的摩擦降到最小，防止机构部件磨损；②维持制冷循环内高低压部分给定的气体压差，即油的密封性；③通过机壳或散热片将热量放出。

在选择冷冻油时，还必须注意压缩机内部冷冻油所处的状态(排气温度、压力、电动机温度等)，概括起来，要注意以下几点。

(1) 即使溶于制冷剂时，也要有能保持一定油膜的黏度。

(2) 与制冷剂、有机材料和金属等高温或低温下接触不应起反应，其热力及化学性能稳定。

(3) 在制冷循环的最低温度部分不应有结晶状的石蜡分离、析出或凝固，从而保持较低的流动点。

(4) 含水量极少。

(5) 在压缩机排气阀附近的高温部分不产生积炭、氧化，具有较高的热稳定性。

(6) 不使电动机线圈、接线柱等的绝缘性能降低，而且有较高的耐绝缘性。

注：不同的冷冻油所使用的场合是不一样的，如谷轮柔性涡旋压缩机通常使用常规的白油(Sontex200LT)。白油属于矿物油，可以和 3GS 油(图 1.9)互溶，在某些情况下(如管路较长)，现场需要加油，可以使用 3GS 油。R407C/R410A 采用合成脂类POE(Polyolyaltha Olfin)油，POE 是一种极性分子，它与 HFC 制冷剂可相溶，其不同于矿物油。因此，在安装过程中，对系统的各方面性能需求都要认真考虑，这样系统才能正常运行。

图 1.9　3GS 油

本 章 小 结

(1) 自然界中的空气由氧、氮、二氧化碳等化学成分组成,根据是否含有水蒸气,可把空气分为干空气和湿空气,在空气调节工程中所提到的都是湿空气。

(2) 空气温度低,则密度大、导热系数小、比热容小。反之,空气温度高,则密度小、导热系数大、比热容大。空气的密度一般采用 $r=1.2 \text{kg/m}^3$。

(3) 温度是表示物体冷热程度的标尺,$F=9t/5+32$,$T=t+273.15$,F、t、T 分别为华氏温度、摄氏温度和绝对温度。干球温度、湿球温度、露点温度概念及关系。

(4) 空气中水蒸气含量的多少,是用湿度来表示的。表示的方法有绝对温度、含湿量和相对湿度三种。

(5) 干空气、水汽、湿空气的含热量计算。

(6) 气体在容器内壁单位表面积上垂直产生的力,称为气体压力;压力和沸点之间成正比关系。

(7) 焓是表示物质系统能量的一个重要状态参量,并可通过焓湿图读取。

(8) 温度和压力处于稳定状态下的蒸气和液体,称为饱和蒸气和饱和液体,对应的温度和压力,称为饱和温度和饱和压力。

(9) 一种物质在吸热或放热过程中,只改变温度而不改变物质形状,称为显热。只改变物质形状而不改变温度的热量,称为潜热。

(10) 热量反映物体内能的大小,与分子运动速度大小成正比;冷量则是指环境空气温度下降时所产生的热量。

(11) 制冷工作的四个过程:压缩过程、冷凝过程、节流过程和蒸发过程。

(12) 空调制冷系统高压压力一般为 $p_{高}=15\sim20\text{kgf/cm}^2$,低压压力 $p_{低}=4\sim5.8\text{kgf/cm}^2$。

(13) 制冷剂是一种化学物质,在空调制冷系统中,通过物态的变化,起到传递热量的作用。常用的制冷剂有 R22、R410A、R407C、R134a 等。

(14) 载冷剂是在间接制冷系统中用以传送制冷量的中间介质,又称冷媒。

(15) 冷冻油是冷冻机使用的润滑油,不同的冷冻机所使用的冷冻油是不一样的。

复习思考题

1. 试述空气温度、密度与比热容的关系。
2. 什么叫干球温度、湿球温度、露点温度?
3. 试计算当华氏温度为 75°F 时,相当于多少摄氏温度?当摄氏温度为 25°C 时,相当于多少华氏温度?
4. 压力和沸点有什么关系?1atm 等于多少 bar、Pa、kgf/m^2?
5. 画出制冷系统循环图,并详述制冷的工作原理,同时标注高、低压力值。
6. 什么叫制冷剂?为什么在汽车空调器中不使用制冷量更高的 R22 而大多采用 R134a 制冷?
7. 试述载冷剂的作用。

第 2 章

通信用空调设备的性能与特点

2.1 空调器的用途和种类

2.1.1 空调器的用途

空气调节器(简称空调器)装在室内,由于它能自动调节空气的温度、湿度和新鲜度,因此,它的用途日益广泛。当前,使用空调器比较多的部门有人们生活场所的宾馆、餐厅、宴会厅、接待室、会议室、家庭住室;文娱场合的化妆室、影剧院、大会堂;医疗单位的病房、手术室、产房、婴儿室、药房;商业部门的商店、仓库;科研部门的实验室、计量室、仪表室、计算机室、图书馆等;生产部门的精密机械、光学仪器、电子仪器房间;农业部门的养蚕、养兔、培苗、养菌场所等;交通部门的汽车、火车、轮船、飞机、候车候船候机室;广播事业的电台、电视台、录音台;通信运营商的程控机房、IDC 机房等,总之,凡需要控制一定温度、湿度的场合都可以使用。例如,夏天室外温度达到38℃时,奔驰在公路上的小轿车、大客车内,温度可以控制为16~28℃,使乘客很舒适地坐在里面,不受外界高热的影响。当今,这种人造气候的发展和使用越来越广阔,为科学的进步和人类的健康创造了有利条件,特别是在通信机房中,空调器是最不可或缺的产品。

2.1.2 空调器的种类

【参考动画】

当前,随着科学技术的发展,人们生活水平的提高,产品更新换代的周期越来越短,国内外市场上销售的空调器种类、款式越来越多,常见的有以下分类和品种。

1. 按照处理空气所采用的冷、热介质来分类

1) 中央空调系统

通过冷、热源设备提供满足要求的冷、热水并由水泵输送至各个空气处理设备中,与空气进行交换后,把处理后的空气送至空气调节房间。简单地说,中央空调系统就是冷热源集中处理空气调节系统。

2) 分散式系统

实际上已经不是空调设计中"系统"的概念,它是把冷热源设备、空气处理及起输送设备组成一体,直接设于空气调节房间内。其典型的例子就是直接蒸发式空调机组,如分体式空调机。

3) 其他空调系统

既有中央空调的某些特点,又有分散式空调的某些特点,如变冷媒流量空调系统和水源热泵系统等。

2. 按冷、热介质的到达位置来分类

这里所提到的冷、热源介质,是指为空气处理所提供的冷、热源的种类,而不包括被处理的空气本身。

1) 全空气系统

冷、热介质不进入被空气调节房间而只进入空调机房,被空气调节房间的冷、热量全部由经过处理的冷、热空气负担,被空气调节房间内只有风道存在。典型的例子是目前常见的一、二次回风空调系统。

2) 气-水系统

空气与作为冷、热介质的水同时送进被空气调节房间,对空气调节房间进行通风换气或提供满足房间最小卫生要求的新风量,水则通过房间内的小型空气处理设备而承担房间的冷、热量及湿负荷。

3) 全水系统

全水系统是空调房间的冷热负荷全部由水作为冷热介质来承担。它不能解决房间的通风问题,一般不单独采用。无新风的风机盘管属于这种全水系统。

4) 直接蒸发式系统

利用载冷剂直接与空气进行一次热交换,将使得在输送同样冷(热)量至同一地点时所用的能耗更少一些。其作用范围比中央空调系统小得多。

3. 按照空气处理方式来分类

1) 集中式(中央)空调系统

空气处理设备集中在中央空调室里,处理过的空气通过风管送至各房间的空调系统。适用于面积大、房间集中、各房间热湿负荷比较接近的场所,如宾馆、办公楼、船舶、工厂等。其优点是系统维修管理方便,设备的消声隔振比较容易解决。

2) 半集中式空调系统

既有中央空调又有处理空气的末端装置的空调系统,称为半集中式空调系统。这种系统比较复杂,可以达到较高的调节精度,适用于对空气精度有较高要求的车间和实验室等。

3) 局部式空调系统

每个房间都有各自的设备处理空气的空调系统。空调器可直接装在房间里或装在邻近房间里,就地处理空气,适用于面积小、房间分散、热湿负荷相差大的场合,如办公室、机房、家庭等。其设备可以是单台独立式空调机组,如窗式、分体式空调器等;也可以是由管道集中供给冷热水的风机盘管式空调器组成的系统,各房间按需要调节本室的温度。

4. 按照制冷量来分类

(1) 大型空调机组——如卧式组装淋水式、表冷式空调机组,应用于大车间、电影院等。

(2) 中型空调机组——如冷水机组和柜式空调机等,应用于小车间、机房、会场、餐厅等。

【参考动画】

(3) 小型空调机组——如窗式、分体式空调器,用于办公室、家庭、招待所等。

5. 按新风量的多少来分类

1) 直流式系统

空调器处理的空气为全新风,送到各房间进行热湿交换后全部排放到室外,没有回风管。这种系统卫生条件好,能耗大,经济性差,用于有有害气体产生的车间、实验室等。

2) 闭式系统

空调系统处理的空气全部再循环,不补充新风的系统。系统能耗小,卫生条件差,需要对空气中氧气再生和备有二氧化碳吸式装置。例如,用于地下建筑及潜艇的空调系统等。

3) 混合式系统

空调器处理的空气由回风和新风混合而成。它兼有直流式和闭式的优点,应用比较普遍,如宾馆、剧场等场所的空调系统。

6. 按功能方式来分类

【参考动画】

1) 单冷型

单冷型空调器结构简单，蒸发器在室内侧吸收热量，冷凝器在室外将热量散发出去。其适用环境温度为18～43℃，仅用于制冷，适用于夏季较暖或冬季供热充足的地区。

2) 电热型

电热型空调器在室内蒸发器与离心风扇之间安装有电热器，在夏季使用时，可将冷热转换开关拨向冷风位置，其工作状态与单冷型空调器相同；在冬季使用时，可将冷热转换开关置于热风位置，此时，只有电风扇和电热器工作，压缩机不工作。

3) 热泵型

热泵型空调器的室内制冷或制热，是通过电磁四通换向阀改变制冷剂的流向来实现的。在压缩机吸、排气管和冷凝器、蒸发器之间增设了电磁四通换向阀(图2.1)，夏季提供冷风时室内热交换器为蒸发器，室外热交换器为冷凝器。冬季制热时，通过电磁四通换向阀换向，室内热交换器为冷凝器，而室外热交换器转为蒸发器，使室内得到热风。热泵型空调器的不足之处是，当环境温度低于5℃时不能使用。

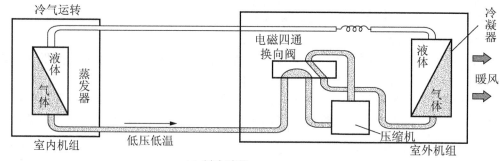

(a) 制冷过程

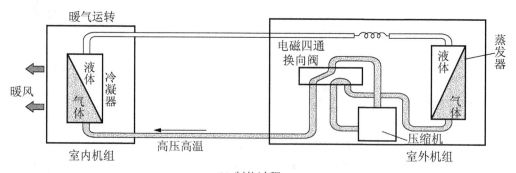

(b) 制热过程

图2.1 热泵型空调制冷和制热运行状态

4) 热泵辅助电热型

热泵辅助电热型空调器是在热泵型空调器的基础上增设了电加热器，从而扩展了空调器的工作环境温度范围，它是电热型与热泵型相结合的产品，适用环境温度为-5～+43℃。

2.2 空调器的型号表示

2.2.1 房间空调器的型号

房间空调器形式多种多样,具体分类和型号含义如图 2.2 所示。整体式的房间空调器主要是指窗式空调器,也包括移动式空调器。

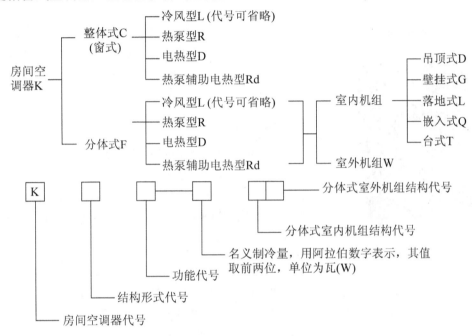

图 2.2 房间空调器的分类和型号含义

空调器型号举例:

KC-31:单冷型窗式空调器,制冷量为 3100W。

KFR-35GW:热泵型分体壁挂式空调器,制冷量为 3500W。

KFD-70LW:电热型分体落地式空调器,制冷量为 7000W。

注:热泵型空调器的制热量略大于制冷量。

2.2.2 基站空调器的型号

对于通信运营商的无人值守基站的温度控制问题一直是备受关注的话题,故基站空调(图 2.3)应具备节能、大风量、高显热、高效过滤、网络控制等功能,满足基站的高负荷、长时间连续运转的散热要求。其型号举例如下:

1. 大金空调型号(室外机/室内机)

热泵型:RY71DQY3C/FVY71DQV2CB。

单冷型:R71DQY3C/FVY71DQV2CB。

Y3C 表示三相供电,V2C 表示单相电源供电。

图 2.3 基站空调

2. 三洋空调型号(室外机/室内机)

热泵型:SPW-C453DL8/SPW-C453DHL5,其中 8 表示三相供电,5 表示单相电源供电。

大金空调型号中的 71 表示制冷量为 7100W,三洋空调中的 45 表示制冷量为 4500W。通常认为 1P 空调的制冷量为 2500W(这里的瓦是制冷量单位),所以上述空调通常被称为小 3P 和小 2P。

2.2.3 机房专用空调器的型号

机房专用空调(图 2.4)目前已广泛应用于国内各运营商的通信机房,其最大的特点是各项技术领先,各生产厂家紧跟市场需求与变化,不断推出新型产品,给用户广阔的选择空间。对于常用的机型型号举例如下。

图 2.4 机房专用空调

1. 海洛斯空调型号

例如,20UA(HIROSS)的含义如下:
20——制冷量代号(通常表示机组的制冷量,即 20kW);
U——送风方式(Under 表示下送风,Above 表示上送风);
A——冷却方式(Air 表示风冷却,Water 表示水冷却)。

2. 佳力图空调型号

例如,9AD20(CANATAL)的含义如下:
9——系列号(9 系列产品,其他系列包括 6、8、13、ME、H 系列等);
A——冷却方式(Air 表示空气冷却,又称风冷;Water 表示水冷却);
D——送风方式(Down 表示下送风,Up 表示上送风);
20——制冷量代号(以美制冷吨作为名义制冷量单位)。
注:其中 ME、H、13 系列以千瓦数为名义制冷量单位。

3. 利博特空调型号

例如,P1020UWPMS1R(Liebert)的含义如下:
P——系列号(PEX 系列);
1——机组框架(1 表示单门,2 表示双门,3 表示三门);
020——制冷量级别(以千瓦数为名义制冷量单位,即 20kW);
U——送风方式(U 表示上出风,F 表示下出风,D 表示风管型);
W——冷却方式(A 表示风冷,W 表示水冷,G 表示乙二醇冷却);
P——系统配置(R 制冷剂为 R22,涡旋压缩机两个;P 制冷剂为 R22,涡旋压缩机一个;S 制冷剂为 R407C,涡旋压缩机两个;Z 制冷剂为 R407C,涡旋式压缩机一个);
M——电源形式(M 三相/50Hz/400V);
S——显示屏形式(S 表示小显示屏,L 表示大显示屏);
1——再热类型(0 表示无电加热,1 表示一级电加热,2 表示二级电加热;
R——加湿类型(0 表示无加湿,R 表示红外加湿,S 表示电极加湿)。

4. 艾默生空调型号

例如，CM20AF(EMERSON)的含义如下：
CM——系列号(Challenger M+)；
20——制冷量代号(以千瓦数为名义制冷量单位，即20kW)；
A——冷却方式(A表示风冷，W表示水冷，C表示冷冻水冷却，G表示乙二醇冷却)；
F——送风方式(F表示地板下送风方式，R表示上送风风帽方式，D表示上送风风道方式)。

2.3 通信机房的特点及对空调的要求

2.3.1 通信机房的负荷特点和计算

通信设备的精密性和集成化程度不断提高，使得通信机房的空调负荷特点越发显著。主要表现为热负荷大、湿负荷小。

热负荷主要来自通信设备的集成电路板等电子元件的不断集中发热，而且发热量极大，即使在冬季，机房热负荷仍然相对较大；相反，通信机房内几乎没有湿负荷源，即使很小的湿负荷也是来自机房工作人员及由于机房密封不严而与外界空气交换产生的。

通信机房的热负荷包括设备热、人体热、新风热、照明热、传导热、辐射热和对流热。对于通信机房而言，终期设备热负荷占总热负荷的比例达到65%～75%，有些机房占比甚至更高。

热负荷的计算方法有很多种，常用的有精确计算、简易计算和估算法(面积法)，下面分别予以介绍。

1. 精确计算

1) 通信设备的热负荷

(1) 主设备发热量，其计算公式为

$$Q = 860Ph_1h_2h_3 \text{ (kcal/h)}$$

式中：P——总功率(kW)；

   860——功的热当量，即1kW电能全部转化为热能所产生的热量；

   h_1——同时使用系数；

   h_2——利用系数；

   h_3——负荷工作均匀系数。

机房内各种设备的总功率，应以机房内设备的最大功耗为准，但这些功耗并未全部转换成热量，因此，必须用以上三种系数来修正，这些系数又与具体设备的系统结构、功能、用途、工作状态及所用电子元件有关。总系数一般取0.6～0.8为好。

(2) 辅助设备发热量，其计算公式为

$$Q = 860Nh_1 \text{ (kcal/h)}$$

式中：N——用电量(kW)；

   h_1——同时使用系数(0.2～0.5)。

机房内辅助设备的总功率，应以机房内辅助设备的最大功耗为准，但这些功耗转换成热量的比例与设备自身的工作效率有直接的关系，因此，必须用以上系数来修正。

2) 照明设备的散热

机房照明装置的耗电量，一部分转化成光，一部分转化成热。转化成光的部分也因被建筑物和设备等吸收而转化成热。照明设备的热负荷计算公式如下：

$$Q = CP \text{ (kcal/h)}$$

式中：P——照明设备的标称额定输出功率(W)；

C——每输出 1W 的热量[kcal/(h·W)]，通常白炽灯为 0.86kcal/(h·W)，荧光灯为 0.1～0.2kcal/(h·W)。

3) 建筑围护结构的传热

传热的方式有三种：传导、对流和辐射。通过机房屋顶、墙壁、隔断等围护结构进入机房的传导热是一个与季节、时间、地理位置和太阳的照射角度等有关的量，要准确地求出这个热量是个很复杂的问题。当室内外空气温度保持一定的稳定状态时，由平面形状墙壁传入机房的热量 Q 可按如下公式计算：

$$Q = KF(t_1 - t_2) \text{ (kcal/h)}$$

式中：K——围护结构的导热系数[kcal/(m²·h·℃)]；

F——围护结构面积(m²)；

t_1——机房内温度(℃)；

t_2——机房外的计算温度(℃)。

当计算不与室外空气直接接触的围护结构(如隔断等)时，室内外计算温度差应乘以修正系数，其值通常取 0.4～0.7。

常用材料导热系数见表 2-1。

表 2-1 常用材料导热系数

材料	普通混凝土	石膏板	轻型混凝土	石棉水泥板	砂浆	软质纤维板	熟石膏	玻璃纤维	砖	镀锌钢板	玻璃	铝板	木材
导热系数/[kcal/(m²·h·℃)]	1.4～1.5	0.2	0.5～0.7	1	1.3	0.15	0.5	0.03	1.1	38	0.7	180	0.1～0.25

4) 人体发热量

人体内的热量是通过皮肤和呼吸器官释放出来的，这种热量含有水蒸气，热负荷应是显热和潜热负荷之和。

人体发出的热随工作状态而异。机房中工作人员可按轻体力工作处理。当室温为 24℃ 时，其显热负荷为 56kcal，潜热负荷为 46kcal；当室温为 21℃时，其显热负荷为 65kcal，潜热负荷为 37kcal。在两种情况下，其总热负荷均为 102kcal。

$$Q = N \times P \text{ (kcal/h)}$$

式中：N——机房常有人员数量；

P——人体发热量，轻体力工作人员热负荷显热与潜热之和，在室温为 21℃和 24℃时均为 102kcal。

5) 从玻璃透入的太阳辐射热

当玻璃受阳光照射时,一部分被反射,一部分被玻璃吸收,剩下的透过玻璃射入机房转化为热量。被玻璃吸收的热量使玻璃温度升高,其中一部分通过对流进入机房也成为热负荷。透过玻璃进入室内的热量可按下式计算:

$$Q = KFq \, (\text{kcal/h})$$

式中:K——太阳辐射热的透入系数,取决于窗户的种类,通常取 0.36~0.4;

　　　F——玻璃窗的面积(m^2);

　　　q——透过玻璃窗进入的太阳辐射热强度[$kcal/(m^2 \cdot h)$]。

太阳辐射热强度 q 随纬度、季节的不同而不同,又随太阳照射角度的变化而变化,具体数值要参考当地的气象数据。

6) 换气及室外侵入的热负荷

为了给在通信机房内工作人员不断补充新鲜空气,以及用换气来维持机房的正压,需要通过空调设备的新风口向机房送入室外的新鲜空气,这些新鲜空气也将成为热负荷。

依据国家有关标准规定新风量为每人 30~60 m^3/h;换气次数每小时不少于 30 次,机房内气流应在 0.15~0.3m/s;在机房空调总送风量中,因考虑 5%~10% 的新风量,以保证维持室内正压(主机房与室外静压差不应小于 9.8Pa)。实际计算新风量应取上述三项中的平均值或最大值。

通过门、窗缝隙和开关而侵入的室外空气量,随机房的密封程度、人的出入次数和室外的风速而改变。这种热负荷与室内外温差及室外的显热比有直接的关系,通常都很小,如需要,可将其折算为房间的换气量来确定热负荷。

$$Q = 0.3KS(t_1 - t_2) \, (\text{kcal/h})$$

式中:0.3——每立方米干空气升高 1℃所需的热量(kcal/℃);

　　　K——每立方米空气所包含的水分升高 1℃所需的潜热系数,一般取 1.5;

　　　S——新风量(m^3/h);

　　　t_1——机房内温度(℃);

　　　t_2——机房外温度(℃)。

特别是在原有建筑物中改建的计算机房,结构要素对空调方式的影响更为突出。

计算机房的空调除了解决计算机设备的散热要求外,还要满足人对工作环境的要求。计算机房操作人员的舒适程度对于提高工作效率,防止事故发生都是非常重要的。所以在确定空调气流组织方式时,还应从人的舒适方面去权衡。

特别需要注意的是,要给操作人员提供足够的新风,并且不要让冷空气直接吹向操作人员经常工作的地方,一般送在操作人员附近,选用旋流活动风口送风较为合理。

7) 其他热负荷

在机房中除了上述热负荷外,在工作中使用测试仪器、电烙铁、吸尘器等都将成为热负荷。这些设备的功耗一般都较小,可粗略按其额定输入功率与功的热当量之积来计算。此外,机房内使用大量的传输电缆,也是发热体。其计算公式如下:

$$Q = 860PL \, (\text{kcal/h})$$

式中:860——功的热当量(kcal/h);

　　　P——每米电缆的功耗(W);

　　　L——电缆的长度(m)。

总之，机房热负荷应由上述各项热负荷之和确定后，可以初步确定对空调器制冷能力的要求。对于中高档机房应优先选用模块化机房专用空调器，这样对于机房将来的扩容和改造将十分有利。

2. 简易计算

各项热负荷计算方法及相关参数如下：
(1) 设备热=所有设备的额定总功率×95%。
(2) 人体热=(3～5)W/m^2×面积(m^2)(无人值守机房可忽略)。
(3) 新风热=(15～20)W/m^2×面积(m^2)。
(4) 照明热=15W/m^2×面积(m^2)(一般情况下，机房按无人值守考虑，照明的同时系数可按50%记取，即照明热可取 8W/m^2)。

其中，(2)～(4)项热负荷一般可取 30W/m^2×面积(m^2)。

(5) 传导热、辐射热、对流热统称为建筑热负荷，其大小依据不同的地理环境而有所不同，一般为 100～150W/m^2。

最后，机房热负荷应由上述各项热负荷之和来确定。

综上所述，无论是采用精确计算法还是简易计算法，都是将机房的各项热负荷计算出来，然后求和得出机房的总热负荷。故我们可以把这两种计算方法统称为功率法，即

$$Q = Q_1 + Q_2$$

式中：Q——总热负荷(kW)；
Q_1——室内设备热负荷(所有设备的额定总功率×95%)(kW)；
Q_2——其他热负荷总和(kW)。

3. 估算法(面积法)

$$Q = S \times P$$

式中：Q——总制冷量(kW)；
S——机房面积(m^2)；
P——冷量估算指标(根据不同用途的机房选取估算指标，估算指标见表2-2)。

表2-2 冷量估算指标

机房名称	冷量/(W/m^2)
电信交换机房、移动基站	350～400
IDC 数据中心	600～2000
云计算数据中心	1000～10000
计算机房、计费中心、控制中心、培训中心	350～400
UPS 和电池室、动力机房	350～400

估算法的适用范围：仅了解机房性质及面积，因该方法误差较大，建议采用功率法进行机房总热负荷的计算。

2.3.2 通信机房的环境要求

电子计算机机房和程控交换机机房内的气候条件直接关系到电子计算机和程控交换机设备工作的可靠性和使用寿命。而机房内微气候的变化(如机房温度、湿度、尘埃、有害气

体和噪声等),直接或间接地也会对电子计算机和程控交换机设备产生不良影响。

中国电信和中国移动对通信机房温、湿度及防尘的"2013版电源空调维护规程",要求符合原邮电部颁发实施的GF 014—1995《通信机房环境条件(暂行规定)》,详见表2-3和表2-4。

表2-3 通信机房环境条件(中国电信)

环境分类	适用局站主要局站类型	温度	相对湿度	机房洁净度
一类环境	A、B类机房:如集团级、省级枢纽机房、地市级枢纽机房及对应动力机房	10~26℃①	40%~70%	B级③
二类环境	C类机房:如县级、本地市内区域级机房及对应动力机房	10~28℃	30%~80%	B级
三类环境	D类机房:如接入级机房	5~35℃②	15%~95%	B级

① 冷通道封闭的机房除外。
② 温度上限的设置应考虑通信设备和蓄电池的安全性。
③ 特殊客户要求的IDC机房洁净度可考虑B级为直径大于$0.5\mu m$的灰尘粒子浓度不大于3500粒/L,直径大于$5\mu m$的灰尘粒子浓度不大于30粒/L。灰尘粒子不能是导电的、铁磁性的和腐蚀性的。具备洁净度控制条件的机房洁净度可考虑C级为直径大于$0.5\mu m$的灰尘粒子浓度不大于18000粒/L,直径大于$5\mu m$的灰尘粒子浓度不大于300粒/L。

表2-4 通信机房环境条件(中国移动)

机房类型	温度	相对湿度	机房洁净度
交换机房	21~25℃	40%~70%①	B级③
数据机房	19~25℃	40%~60%	B级
基站机房	10~35℃	15%~95%②	B级
传输机房	21~25℃	40%~70%	B级

① 采用空调的通信机房其室内在任何情况下均不得出现结露状态。直接放置在程控或计算机等机房内的局部空调设备应有地湿报警装置,并在加湿进水管侧的地板上设置地漏。
② 因受外部条件限制无法采取加除湿措施的基站、节点等机房不受此限制。
③ 机房洁净度B级要求同中国电信对此要求。

2.3.3 通信机房对空调的要求和配置原则

1. 通信机房对空调的要求

1) 大风量、小焓差

通信机房热湿负荷的特点,既要求空调机制冷能力较强,以便在单位时间内消除机房余热,又要求空调机的蒸发温度相对较高,以免降温的同时进行不必要的除湿,因此,空调机必须具备冷风比相对较小的特性。也就是说,在制冷量一定的情况下,要求空调机循环风量大,进出口空气温差小。而且较大的循环风量有利于稳定机房的温度、湿度指标。另外,大风量同时能保证机房温度、湿度的均衡,达到大面积机房气流分布合理的效果,避免机房远端的热量聚积,导致局部热点的产生。

2) 湿度控制

通信设备对环境的相对湿度同样有较高的要求。湿度过低,易使不同点位元器件之间放静电，造成误差甚至击穿；湿度过高，易使设备表面结露而出现冷凝水，发生漏电或者元器件触电发霉，无法正常工作。因此，通信机房要求空调机具备加湿和除湿的功能，并能将相对湿度控制在允许范围内。

3) 一般多采用下送风方式

因为大中型计算机及大容量的程控交换机散热量大且集中，所以不但要对机房进行空气调节，而且要对程控设备进行直接送风冷却。程控交换机设备的进风口一般设在其机架下侧或底部，排风口设在机架的顶部。空气通过架空活动地板由进风口进入沿机架自下而上迅速有效地使设备得到冷却。

4) 全年制冷运行

无论是大中型计算机，还是程控交换机，都要求空调机全年制冷运行。而冬季的制冷运行要解决稳定冷凝压力和其他相关的问题。多数机房专用空调机能在室外气温降至-15℃时仍能制冷运行，而采用乙二醇制冷机组，可在室外气温降至-45℃时仍能制冷运行。与此形成鲜明对比的是舒适性空调机或常规恒温恒湿机，在此类条件下，根本无法工作。

5) 空气过滤性好

通信机房对洁净度有一定的要求。由于机房内的灰尘会影响设备的正常工作，灰尘积在电子元器件上易引起金属材料被化学腐蚀、电子元器件性能参数的改变、绝缘性能下降、散热能力差等，因此要求空调机空气过滤器的除尘效率必须高于90%。通常在标准型机组中，空气过滤器均采用粗、中效过滤，而在一些进口的特型机组中，从结构设计上采用预留亚高效过滤器或高效过滤器的安装位置，根据用户需求选用(如净化手术室等就选用亚高效过滤器)。只要用户要求，过滤系统可以很方便地以更换过滤器或者增加过滤器的方式进行升级。一般A级洁净要求使用高效或亚高效过滤器，B级洁净要求使用亚高效或中效过滤器，即使是C级洁净要求也应该使用中效过滤器。

6) 可靠性高

针对机房空调系统高可靠性的要求，机房专用空调机在结构与控制系统设计和制造及空调系统组成等方面都必须相应地采取一系列措施。例如，设置后备机组或后备控制单元，微机控制系统自动对机组运行状态进行诊断，实时对已经出现或将要出现的故障发出报警，自动用后备机组或后备控制单元切换故障机组或故障单元。

控制系统的性能与空调系统技术经济性能密切相关。不少机房专用空调机生产企业专门开发一系列的控制器作为空调系统的组成部分。采用电子控制器或微机控制已经十分普遍，有些企业已经把模糊控制技术应用在计算机房专用空调系统中。

7) 便于实现集中监控

为了不断提高空调维护的专业性、集中性和科学性，空调的集中监控势在必行，因此，通信机房空调必须具备完善的远程监控功能及兼容性。

8) 使用寿命

一般机房专用空调厂家的设计寿命最低是10年，连续运行时间是86400h，平均无故率达到25000h，实际运用过程中，机房专用空调可运行15年。

2. 通信用空调的配置原则

1) 基站空调的配置

(1) 考虑到通信设备扩容的需要，通信基站空调的制冷量应根据近中期的设备散热量配置。

(2) 基站空调制冷量可简单地按照站点设备散热量及维护结构散热需求配置。通信设备的热量按照设备功率估算，电源设备的热量按照输出功率的10%转化成热量估算；维护结构的热量可按照非彩钢板房发热量可取值为 $100W/m^2$，彩钢板房发热量可取值为 $150W/m^2$。

(3) 基站空调的制冷量一般采用2P柜机、3P柜机、5P柜机的单冷设备。

(4) 空调制冷量的估算原则：1P制冷量为2000kcal×1.162＝2324W，2P制冷量为4648W，3P制冷量为6972W。

① 站点总散热量Q＞3P，宜配置2台3P柜式空调，如机房空间仅满足1台空调安装位置，可根据站点实际情况配置1台5P空调。

② 站点总散热量2P＜Q≤3P，宜配置1台3P柜式空调。

③ 站点总散热量Q≤2P，宜配置1台2P柜式空调。

(5) 如租用机房且机房安装条件受限，可考虑选用2P壁挂空调。

(6) 空调室外机应考虑在站点朝北方位安装(日照时间较短)，安装现场应便于室外机通风散热。

2) 机房专用空调的配置

空调机的制冷量是指空气通过蒸发器、表面冷却器、喷淋室后被降温所需的冷量。在稳定的工况下，空调机的制冷量等于空调冷负荷、送风管道冷量损失和排风的冷量损失之和。

空调的配置分为初期配置、中期配置和终期配置。终期配置主要用来确定机房内空调的总数和每台空调的容量；初期配置和中期配置则需要根据本期工程完成后总的热负荷来确定需要配置的空调数量。

首先要计算出整个机房终期布局的所有热负荷Q(即空调总制冷量)，其次需要确定机房内可安装空调的数量n(主要是位置受限)。一般情况下，机房内的专用空调需要作N+1备份，因此每台空调的容量应为$Q/(n-1)$。

3. 空调系统制冷量和功耗的计算实例

实例一

数据中心占地面积$240m^2$，IT负载49kW时，机房暂以一个工作人员计算。机房的总热负荷见表2-5。

表2-5 数据中心制冷量计算

数据中心地板面积		240	m^2
IT设备负荷		49	kW
操作人员数量		1	
内部热负荷	热负荷类型	来源	计算过程
IT设备热负荷	显热	95% OF IT kW	95%×49=46.55kW
UPS/PDU热负荷	显热	7% OF IT kW	7%×49=3.43kW
照明系统热负荷	显热	15 W/m^2 地板面积	0.015×240=3.6kW
人体热负荷	显热	70 W/人	0.07×1=0.07kW
人体热负荷	潜热	60 W/人	0.06×1=0.06kW

(续)

外部热负荷	热负荷类型	来源	计算过程
新鲜空气通过渗透进入墙体，窗，地板，天花板			
	显热	80W/m² 地板面积	0.08×240=19.2kW
	潜热	20W/m² 地板面积	0.02×240=4.8kW
总制冷量			77.71kW
显热量			72.85kW
显热比(SHR)			≈0.94

从表 2-5 可以看到，机房的总热负荷为 77.71kW，其中显热量为 72.85kW，机房热负荷的显热比约为 0.94。

实例二

某工程共有五个机房楼单体，分别编号为机房楼 1、机房楼 2、机房楼 3、机房楼 4 和机房楼 5，其中机房楼 1、机房楼 2、机房楼 3、机房楼 4 单体建筑面积均为 8000m²，机房面积 6350m²，通信设备安装面积 3809m²，机房楼 5 单体建筑面积 10000m²，机房面积 7937m²，通信设备安装面积 4762m²，总机房建筑面积约 42000m²，其中：

(1) 机房楼 1 和机房楼 2 单位面积功耗按 650W 估算。
(2) 机房楼 3 单位面积功耗按 1500W 估算。
(3) 机房楼 4 单位面积功耗按 1200W 估算。
(4) 机房楼 5 单位面积功耗按 900W 估算。
(5) 电力电池室、高低配电室单位面积功耗按 200W 估算。

五个机房空调总冷负荷见表 2-6。

表 2-6 空调冷负荷统计表

序号	机房名称	通信设备安装面积/m²	单位面积功耗/(W/m²)	通信设备功耗/kW	电力机房变配电安装面积/m²	单位面积功耗/(W/m²)	电力机房变配电房功耗/kW	总功耗/kW
1	机房楼 1	3809	650	2475	2750	200	550	3025
2	机房楼 2	3809	650	2475	2750	200	550	3025
3	机房楼 3	3809	1500	5713	2750	200	550	6263
4	机房楼 4	3809	1200	4570	2750	200	550	5120
5	机房楼 5	4762	900	4286	3457	200	691	4977
6	总计							22410

注：按冗余系数为 1.2 考虑，空调总冷负荷为 26892kW。

4. 冷冻水型集中空调系统配置模式

(1) 空调系统主设备配置见表 2-7。
(2) 空调末端设备配套。
① 冷冻水型恒温恒湿机房专用空调参数选型，按运行稳定、相对最大机组参数(表 2-8)：总制冷量 100kW，显冷量 90kW，风量 $L=21000m^3/h$，电功率 16kW，余压 150Pa(可调)。

表 2-7　空调系统主设备配置

序号	设备	性能参数	单位	数量	备注
1	冷水机组	LQ=1300RT(4571kW)，N=820kW	台	6	
2	冷冻水泵	L=800m³/h，H=33m，N=90kW	台	8	6用2备
3	冷却水泵	L=950m³/h，H=35m，N=110kW	台	8	6用2备
4	无风机冷却塔	L=650m³/h，N=25kW	台	12	
5	合计	总耗电量6420kW(不包括备用)			

表 2-8　冷冻水型恒温恒湿机房专用空调配置表

序号	机房名称	通信设备功耗/kW	围护结构负荷/kW	空调总负荷/kW	配套空调总台数/台	备用空调台数/台	配套空调容量(不包括备用)/kW
1	机房楼1	2475	380	2730	42	6	3240
2	机房楼2	2475	380	2730	42	6	3240
3	机房楼3	5713	380	5807	78	12	5940
4	机房楼4	4570	380	4722	66	12	4860
5	机房楼5	4286	475	4546	72	16	5040
6	各大楼电力电池区				32		2880
7	总计				332	52	25200

② 高低配电区按普通空调配套，按 L=21000m³/h 空调箱 1 台，空调总制冷量为 140kW，总耗电量为 11×5=55(kW)。

末端恒温恒湿空调总耗电量(不包括备用)为(332-52)×16=4480(kW)。

集中冷冻水系统空调总耗电量为 6420+4480+55=10955(kW)。

5. 冷却水型集中空调系统配置模式

根据空调计算总冷负荷约为 26892kW。

(1) 选用闭式冷却塔主机参数如下(表 2-9)。

表 2-9　空调系统主设备配置表

序号	设备	性能参数	单位	数量	备注
1	闭式冷却塔	L=300m³/h，N=28kW	台	20	其中2台考虑远期发展
2	冷却水泵	L=850m³/h，H=33m，N=90kW	台	10	8用2备
3	合计	总耗电量1224kW(不包括备用)			

冷却水供回水温度：32～37℃。

冷却水量：L=300m³/h 共 20 台，分两个单元，每组 10 台，其中 2 台考虑远期发展。18 台闭式冷却塔总冷负荷：18×300×5=27000(kW)。

(2) 空调末端设备配套。

① 管壳式水冷冷凝器。

1 侧介质：R22；

2 侧介质：清水；

$T=32\sim37℃$，$LQ=60kW$。

每台空调由两个冷凝器组成。

② 冷却水型恒温恒湿机房专用空调(其他非标空调末端不做比较)。

冷却水型恒温恒湿机房专用空调参数选型，按运行稳定、相对最大机组参数(表 2-10)：总制冷量为 100kW，显冷量为 90kW，风量 $L=23000m^3/h$，电功率为 40kW，余压为 150Pa(可调)。

表 2-10　冷却水型恒温恒湿机房专用空调配置表

序号	机房名称	通信设备功耗/kW	围护结构负荷/kW	空调总负荷/kW	配套空调总台数/台	备用空调台数/台	配套空调容量(不包括备用)/kW
1	机房楼1	2475	380	2730	42	6	3240
2	机房楼2	2475	380	2730	42	6	3240
3	机房楼3	5713	380	5807	78	12	5940
4	机房楼4	4570	380	4722	66	12	4860
5	机房楼5	4286	475	4546	72	16	5040
6	各大楼电力电池区				32		2880
7	总计				332	52	25200

末端恒温恒湿空调总耗电量(不包括备用)：(332-52)×40=11200(kW)。

③ 高低配电区按普通空调配套，按 $L=21000m^3/h$ 水冷整体柜式空调机 1 台，空调总制冷量为 134kW，总耗电量为 32×5=160(kW)。

集中冷却水系统空调总耗电量：1224+11200+160=12584(kW)。

6. 单元式风冷型机房专用空调系统配置模式

单元式空调即传统的单元式风冷恒温恒湿专用空调，空调室内机设置于通信机房内，它根据通信设备的功耗相应配套空调机组，可与通信设备同步增加，是目前通信机房首先考虑的空调设备，风冷型恒温恒湿机房专用空调参数选型，按集采运行稳定、相对最大机组参数(表 2-11)：总制冷量为 90kW，显热量为 80kW，风量 $L=21000m^3/h$，电功率为 40kW，余压为 150Pa(可调)。

表 2-11　单元式风冷型恒温恒湿机房专用空调配置表

序号	机房名称	通信设备功耗/kW	围护结构负荷/kW	空调总负荷/kW	配套空调总台数/台	备用空调台数/台	配套空调容量(不包括备用)/kW
1	机房楼1	2475	380	2730	48	6	3360
2	机房楼2	2475	380	2730	48	6	3360
3	机房楼3	5713	380	5807	84	12	5760
4	机房楼4	4570	380	4722	72	12	4800

(续)

序号	机房名称	通信设备功耗/kW	围护结构负荷/kW	空调总负荷/kW	配套空调总台数/台	备用空调台数/台	配套空调容量(不包括备用)/kW
5	机房楼5	4286	475	4546	80	16	5120
6	各大楼电力电池区				32		2560
7	总计				364	52	24960

末端恒温恒湿空调配套总台数为 364 台,其中 52 台备用,末端恒温恒湿空调总显冷量 (364-52)×80=24960(kW)。

因风冷型恒温恒湿空调负荷当室外气温为 45℃时,制冷量出力在 82%左右,所以要保证 25000kW 的总制冷量,按 85%衰减计算,配套空调总台数 365 台,总制冷量为 365×80×0.85=24820(kW)。

末端恒温恒湿空调总耗电量为 365×40=14600(kW)。

高低配电区按普通一拖多空调配套,每个配电室配套 LQ=48HP(LQ=135kW)一套,耗电量 46kW/套,共 46×5=230(kW)。

单元式风冷恒温恒湿专用空调总耗电量为 14600+230=14830(kW)。

2.4 机房专用空调与舒适性空调的区别与应用

顾名思义,机房专用空调就是针对计算机机房、通信机房的特点及对环境的要求而设计的。能够充分满足机房环境条件要求的机房专用精密空调机(也称恒温恒湿空调)是在近 30 年中逐渐发展起来的一个新机种。那么,机房专用空调与舒适性空调(民用空调)的区别大吗?能相互替代吗?我们对此加以分析。

为室内人员创造舒适健康环境的空调系统,称为舒适性空调。舒适健康的环境令人精神愉快,精力充沛,工作学习效率提高,有益于身心健康。办公楼、旅馆、商店、影剧院、图书馆、餐厅、体育馆、娱乐场所、候机或候车大厅等建筑中所用的空调都属于舒适空调。由于人的舒适感在一定的空气参数范围内,因此这类空调对温度和湿度波动的控制要求不严格。

舒适性空调根据国家标准 GB/T 7725—2004《房间空气调节器》设计,是针对人所需求的环境条件设计的,无法彻底实现通信机房所要求的保持温湿度恒定、空气洁净度 (0.5μm/L<18000,即每升空气中,大于等于 0.5μm 的颗粒应小于 18000 个)、换气次数(每小时大于 30 次)、机房正压(大于 10Pa)、空调设备具备远程监控及来电自起动功能等。在机房内使用舒适性空调时可能出现如下问题。

(1) 舒适性空调无法保持机房温度恒定,可能会导致电子元器件的使用寿命大大降低。

(2) 无法保持机房温度均匀,局部环境容易过热,从而导致机房电子设备突然关机。

(3) 无法控制机房湿度,机房湿度过高,会导致产生冷凝水,可能造成微电路局部短路;机房湿度过低,会产生有破坏性的静电,导致设备运行失常。

(4) 风量不足和过滤器效果差、机房洁净度不够,会产生灰尘的积聚而造成电子设备散热困难,容易过热和腐蚀。

(5) 舒适性空调设计选材可靠性差，从而造成空调维护量大、使用寿命短。

只有在通信机房应用机房专用精密空调，才能通过环境调节彻底解决以上问题，保证不留任何隐患。

2.4.1 舒适性空调和机房专用空调的差异和分析

从原理上看，舒适性空调在设计上与精密空调的差异见表2-12。

表2-12 舒适性空调与机房专用空调的设计差异

	舒适性空调	机房精密空调
热密度(W/m^2)	100～150	500～800
环境调节要素		
显热比①	0.6～0.7	0.9～1.0
运行温度范围	-5～+35℃	-40～+42℃
控制温度精度	±3～5℃	±1℃
换气能力(次/h)	10～15	30～60
空气过滤	简单	ASHRAE20%+
出风温度	6～8℃	13～15℃
对特别功能的要求		
再热器	部分有	提供
加湿器	没有	提供
集中监控能力	没有或功能简单	提供
运行时间(每年)(h)	1000～2500	8760
使用寿命(年)	2～3	>8
断电自动恢复	无	断电可自动恢复
备份	无	$N+1/N+2$
耗能比例	1.5	1

① 显热比(SHF，Sensible Heat Factor)：显热制冷量与总制冷量的比值。在机房内，90%以上的热量均为显热量，所以需要高显热比机组。

下面对上述差异进行简要分析。

1. 舒适性空调出风温度过低

舒适性空调的设计为小风量、大焓差，出风口温度设计在6～8℃，换气次数设计在10～15次。机房专用精密空调的设计为大风量、小焓差，出风温度设计在13～15℃，换气次数设计在30～60次。

舒适性空调出风温度为6～8℃，而在温度为24℃、相对湿度大于或等于50%时，13.2℃为露点温度。就是说空气中的水蒸气在此温度下会凝结成水滴。尤其对靠近空调出风处的设备局部极其不利，表现在空调上就是出风带雾滴，会导致微电路短路等故障。舒适性空调在不考虑湿度对设备影响的前提下，对近端设备可以有效降温，但由于换气能力及风量不足，导致换气次数不够，即对距离出风口较远的设备无法起到降温作用。

机房专用精密空调的出风温度高(13～15℃)，设计上避免了"露点问题"，并通过大风量(换气次数最小设计为每小时30次，即每两分钟将机房空气有效过滤一次)的设计解决了机房整体降温问题。

2. 舒适性空调在-5℃以下无法运行

舒适性空调在设计理念上只是在夏季发挥降温功能,其夏冬两季蒸发器、冷凝器功能互换的设计决定了室外温度在-5℃及以下时,无法进行空气调节,即无法降温和升温。而标准机房的特点是发热量大,其空调即使在冬季也要具备降温功能。精密空调的设计严格适应各类室外温度变化的要求,-40～+45℃保证空调24h正常工作,包括降温和升温。

3. 舒适性空调温度调节精度过低

舒适性空调温度调节精度为±3～±5℃,机房温度不均匀,从风量及出风问题上考虑,仅仅保障近端设备处的温度,温度的波动对设备稳定运行极其不利。精密空调温度调节精度为1℃。感应点为整个机房,温度无波动。

4. 舒适性空调没有湿度控制功能

舒适性空调无法进行湿度控制,既没有加湿设备,也无法有效除湿。湿度过高产生的水滴及湿度过低产生的静电对设备运行都极其不利。机房专用精密空调的重要控制参数为湿度,可以达到1%的控制精度,湿度无波动。

5. 舒适性空调设计寿命短

精密空调(如 LIEBERT)的设计寿命为 10 年(在中国,LIEBERT、艾默生等机房专用空调已经发现工作 15 年仍然正常运行的案例),运行要求为全年 365 天,每天 24h。目前已经有一些舒适性空调厂家标称设计寿命超过 5 年,然而其计算方法为每年应用 1～3 个季度,每天运行不超过 8h,根据机房专用精密空调设计寿命的计算方法要求,其设计寿命绝对不超过两年。

6. 舒适性空调基本没有空气过滤能力

舒适性空调只具备简单的过滤功能,不提供过滤网备件,一般在应用 1～2 个月后即无过滤功能。机房专用精密空调严格按照美国 ASHRAE 52-76 设计标准,即性能满足 0.5μm/L＜18000(B 级)设计,配合以每小时 30 次的风量循环,保障机房洁净。机房洁净对设备运行非常重要。

7. 舒适性空调维护量大

对舒适性空调而言,客户必须组织专门的队伍进行维护,维护量及维护成本高。机房专用精密空调的设计针对"免维护",其维护量只集中在机组自动提示的过滤网更换及加湿罐清理等简单工作,无需专业的维护队伍。维护部门倾向于使用机房精密空调。

8. 舒适性空调综合成本高

(1) 从一次性购买成本上看,如果使用舒适性空调,达到相同制冷量机房精密空调的价格是舒适性空调的 2 倍左右,但考虑使用寿命——机房专用精密空调的使用寿命是舒适性空调的 2～4 倍,也就是说,在 10 年时间里,我们可以只应用一批精密空调,而不是应用 2 批甚至 3 批舒适性空调。

(2) 从运行成本上看，在发挥同样制冷效果的前提下，舒适性空调的耗电量是精密空调耗电量的 1.5 倍。参考下面实例计算，计算中考虑了机房专用空调和舒适性空调显热比和能效比的差异。

一台总制冷量为 3 万 kcal 的舒适性空调，假设其显热比为 0.6，则其显冷量为 1.8 万 kcal，潜冷量为 1.2 万 kcal。

同样一台总制冷量为 3 万 kcal 的精密空调，由于其显热比高达 0.9，则其显冷量为 2.7 万 kcal，潜冷量为 0.3 万 kcal。

如两台空调同样用于需制冷量为 3 万 kcal 的通信机房，由于室内的热负荷分配为 0.9，即显热负荷设备发热量为 2.7 万 kcal，潜热负荷为 0.3 万 kcal，机房专用精密空调则完全能满足室内热负荷的需求，而舒适性空调所提供的显冷量则不能满足室内的显热负荷，其结果是温度不能很快达到设计要求，而压缩机会增加工作时间，同时，相对湿度会相应降低，增加了耗电量。为达到设计要求，只有选大设备，满足室内的显热负荷，因此，在此环境中，舒适性空调需选用总制冷量：2.7/0.6=4.5(万 kcal)的空调方可满足室内温度的要求。

同时，可从另一角度可计算出两种空调的用电量损耗，见表 2-13。

表 2-13　两种空调的基本参数

基本参数	机房专用空调	舒适性空调
显热比	0.9	0.6
总冷量	3 万 kcal	4.5 万 kcal
显冷量	2.7 万 kcal	2.7 万 kcal

如表 2-13 所示，假设：

大卡制冷量耗电量：0.0004kW，机组每天运行 24h，365 天一年。

年度(kW·h)电费为每千瓦时 0.80 元。

则机房专用精密空调每年电费：30000×0.0004×24×365×0.80=84096.00(元)。

而舒适性空调每年电费：45000×0.0004×24×365×0.80=126144.00(元)。

由此可见，若用在高显热负荷的通信机房内，舒适性空调比专用精密空调耗电量高达 50%左右。

(3) 从维护成本上看。在发挥同样制冷效果的前提下，舒适性空调的维护量是精密空调维护量的两倍，维护费用上升。

所以，根据以上三种计算，从一个产品的生命周期总体来看，从成本角度考虑，选择机房专用精密空调可以节省大量的投资、运行成本和维护成本。舒适性空调的初期投资虽然远低于机房专用空调，但一般经过 3~4 年，舒适性空调和机房专用空调机组的费用基本持平，而后，舒适性空调的费用比机房专用空调越来越高。

结论：对于机房来说，要保证机房环境的稳定和可靠，需要机房专用空调来实现，使用舒适性空调机组仅仅是减少了初期投资，但总的费用高于机房专用空调，最关键的问题是无法满足机房所要求的温湿度环境的条件。因此，通信机房(尤其是重要通信设备机房)，在空调机配备上一定要选用机房专用空调。

2.4.2 通信机房空调的应用情况

目前，通信运营商机房内应用的空调系统主要有三大类：一类为机房专用空调机组，占据着大部分份额，如艾默生、利博特、海洛斯等，主要为欧美品牌，大多数安装在程控交换机房、数据机房和传输机房等；另一类为舒适性空调机组，在局部小基站、电力等一般通信机房内使用，如三菱、大金和海尔等，主要为日本和国内品牌；还有一类是中央空调，主要安装在通信枢纽楼或办公、机房混合的大楼内。原则上说，通信机房内都应该安装机房专用空调，但由于一次性投资等种种原因，无法实现。建议舒适性空调尽量安装在对环境要求相对较低，机房面积、通信设备散热量相对较小的机房，或作为应急用空调来使用。中央空调由于具备空调能力大、设备齐全、集中管理、便于全面调节和自动控制等特点，在通信枢纽、办公楼等有着广泛的应用。但由于中央空调的温湿度调节精度等性能达不到通信机房的要求，因此在实际应用中中央空调只可承担通信机房的部分冷负荷，也就是说，中央空调可作为后备支撑的手段，与机房专用空调协同作用，为通信机房提供基本的环境保障，从而保证通信设备的正常运行。

本 章 小 结

(1) 空调器装在室内，能自动调节空气的温度、湿度、清洁度和气流速度，具有广泛用途。

(2) 空调器的种类繁多，生活中最常见的是分体式空调器，我国房间空调器的代号国家有统一的规定方法。工作中常见的是机房专用空调，其品牌型号各不相同。

(3) 机房专用空调具有制冷、制热、加湿和除湿四大功能。

(4) 分体式空调器是目前使用最广泛的一类空调器，具有冷凝温度低、占地面积小、运行噪声小等诸多特点。根据制热方式的不同，分体式空调器可分为热泵型和电热型两种。

(5) 通信机房的热负荷主要由设备热、人体热、新风热、照明热、传导热、辐射热和对流热组成。热负荷的计算方法常用的有精确计算、简易计算和估算法(面积法)。

(6) 电信机房具有不同于一般居室的余热量大、余湿量小、风量大换气次数多、空气洁净度要求高、全年性运行的特点，所以必须用特殊的机房专用空调来保持电信机房的恒温、恒湿、高洁净度环境。

复习思考题

1．空调器有什么用途？有哪些分类？
2．简述春兰 KFD-70LW 的含义。简述长虹 KFR-28GW/BP 的含义。
3．机房专用空调器有哪些功能？
4．热泵型和电热型空调器有何异同？
5．机房专用空调有哪些特点？
6．某 IDC 机房，长 20m，宽 10m。安装荧光灯管 40 支，单支灯管功率 40W。交流负载设备总电流为 1000A，电压为 380V；直流配电屏显示的直流负荷总电流为 450A，直流电压 53.5V，试问：机柜如何排列才合理？需配置几台制冷量为 40kW 的下送风机房专用空调？

第 3 章

机房专用空调的结构与工作原理

3.1 机房空调系统的组成部分

机房专用空调属于工艺空调，是在恒温恒湿机的基础上更加专业化、精密化的设备，是为了适应计算机、程控交换机等特殊工作条件需要而专门设计的。无论何种类型、品牌的机房专用空调，其结构一般都由以下六个系统组成(图 3.1)。

1. 制冷系统

制冷系统是空调的制冷降温部分，由制冷压缩机、冷凝器、节流装置、蒸发器、电磁换向阀、过滤器和制冷剂等组成一个密封的制冷循环。

2. 加湿系统

利用电极加湿罐或红外加湿灯管等设备，通过对水加热形成水蒸气的方式来实现。

图 3.1 机房空调的组成

3. 加热系统

机房空调加热系统作为热量补偿，大多采用电热管形式。

4. 风路系统

机组内的各项功能(制冷、除湿、加热、加湿等)对机房内的空气进行处理时，均需要空气流动来完成热、湿的交换，机房内的气体还需保持一定流速，防止尘埃沉积，并及时将悬浮于空气中的尘埃滤除掉。其通常由电动机、风机和空气过滤器组成。

5. 电气、控制监测系统

电气、控制监测系统是空调器内促使压缩机、风机、加湿器等部件安全运行，并通过控制器显示空气的温、湿度，空调机组的工作状态，分析各传感器反馈回来的信号，对机组各功能项发出工作指令，达到控制空气温、湿度的目的。

6. 箱体与面板

坚固的机柜结构使用骨架和嵌板安装原理，提供灵活和省钱的分嵌安装机柜特点。美观的骨架和嵌板都装有能防噪声和隔热绝缘。

3.2 机房专用空调制冷系统的主要部件

3.2.1 机房专用空调制冷系统的结构

机房专用空调中的制冷部件有压缩机、冷凝器、蒸发器、节流装置、储液罐、干燥过滤器、视液镜、分液器、管路电磁阀、手动截止阀、气液分离器等，它是空调的核心系统。本节将对它们各自的结构性能予以重点介绍。图 3.2 所示为机房专用空调的制冷系统结构图。

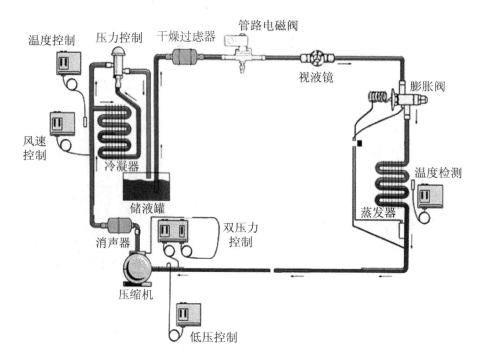

图 3.2 机房专用空调的制冷系统结构图

3.2.2 压缩机

压缩机的功用：压缩机是空调器中制冷系统的心脏，靠压缩机的运动，促使制冷系统中制冷剂流动，以达到蒸发制冷的目的。如果压缩机停止运转，制冷即告结束。

压缩机的工作过程：压缩机起动运转时，从蒸发器中吸回蒸发吸热后的干饱和气体，经压缩提高其气体的压力和温度后，排入冷凝器中，在风机鼓风或冷却水的冷却下，放出热量而凝结为液体，再经毛细管的节流降压，进入蒸发器中蒸发吸热，使周围空气或流通空气达到冷却降温的目的，蒸发后的气体，又被压缩机吸回再进行压缩、排出，依次不断地往复循环制冷，使空调内的空气温度下降。

压缩机的类型：空调器中常用的制冷压缩机有活塞式制冷压缩机、涡旋式制冷压缩机、螺杆式制冷压缩机、离心式制冷压缩机和滚动转子式制冷压缩机五种，这些压缩机的性能特点简介如下：

【参考动画】

1. 活塞式制冷压缩机

1) 活塞式制冷压缩机的分类

(1) 按制冷量的大小分类(无严格界线，也无统一规定)如下。

大型：标准制冷量在 600kW 以上。

中型：制冷量在 60~600kW。

小型：制冷量在 60kW 以下。

(2) 按制冷剂蒸气在气缸中的运动分类如下。

顺流式：制冷剂蒸气的运动从吸气到排气都沿同一个方向进行。

逆流式：吸气与排气时制冷剂蒸气的运动方向相反。

(3) 按气缸布置形式分类如下。

卧式：气缸轴线呈水平布置，制冷量大，大型机。

立式：气缸轴线直立布置。

高速多缸：其速度一般为960～1440r/min，气缸数目多为2、4、6、8四种，可分为V型、W型和S型(扇型)。

(4) 按压缩机的级数分类如下。

单级压缩：由蒸发压力至冷凝压力经过一次压缩。

多级压缩：由蒸发压力至冷凝压力经过两次压缩。

(5) 按采用的制冷剂分类如下。

按采用的制冷剂分类可分为氨压缩机和氟利昂压缩机。

注：由于氨和氟利昂制冷剂性质的不同，两种压缩机的结构也有一些不同。氨压缩机均装有假盖，机体或气缸盖上有冷却水套，所有油气路连接管均用钢制成，压力表采用氨压力表等。氟利昂压缩机为减少制冷剂泄漏，机上各种截止阀阀杆大都采用帽盖密封，而很少采用带有手轮的截止阀。氟利昂压缩机吸排气阀片开启度一般也较氨压缩机大。

(6) 按电动机和压缩机的组合形式分类(图3.3)如下。

开启式：压缩机曲轴的功率输入端伸出曲轴箱外，通过联轴器或带轮和电动轮相连接，因此在曲轴伸出上必须装置轴封，以免制冷剂向外泄漏，这种形式的压缩机为开启式压缩机。

半封闭式：由于开启式压缩机轴封的密封面磨损后会造成泄漏，增加了操作维护的困难，因此人们在实践的基础上，将压缩机的机体和电动机的外壳连成一体，构成一个密封机壳；但机壳为可拆式，其上开有各种工作孔用盖板密封。这种形式的压缩机称为半封闭式压缩机。这种机器的主要特点是不需要轴封，密封性好，适用于氟利昂压缩机。

全封闭式：压缩机与电动机一起装在一个密闭的铁壳内，形成一个整体，从外表上看，只有压缩机的吸、排气管的管接头和电动机的导线。压缩机的铁壳分成上、下两部分，将压缩机和电动机装入后，上下铁壳用电焊丝焊接成一体，平时不能拆卸，因此，要求机器使用可靠。

(a)开启式

(b)半封闭式

(c)全封闭式

【参考图文】

图3.3 按电动机和压缩机的组合形式分类

2) 活塞式制冷压缩机的结构

制冷压缩机的结构形式很多，这里仅介绍全封闭活塞式制冷压缩机。其主要由机体、曲轴、连杆、活塞组、气阀、能量调节装置和润滑系统等部件组成。

【参考动画】

(1) 机体。机体是压缩机最大的主要部件，用以支承压缩机的主要零部件，一般采用高强度灰铸铁铸成。

(2) 曲轴。曲轴是活塞式制冷压缩机的主要部件之一，传递着压缩机的全部功率。其主要作用是将电动机的旋转运动通过连杆改变为活塞的往复直线运动。曲轴在运动时，承受拉、压、剪切、弯曲和扭转的交变复合负载，工作条件恶劣，要求具有足够的强度和刚度，以及主轴颈与曲轴销的耐磨性。

(3) 连杆。连杆是曲轴与活塞间的连接件，它将曲轴的回转运动转化为活塞的往复运动，并把动力传递给活塞对气体做功。连杆包括连杆体、连杆小头衬套、连杆大头轴瓦和连杆螺栓。

连杆小头通过活塞销与活塞相连，销孔中加衬套以提高耐磨、耐冲击能力。连杆大头与曲轴连接。连杆大头一般做成剖分式，以便于装拆和检修。为了改善连杆大头与曲柄销之间的磨损状况，大头孔内一般均装有轴承合金轴瓦，即连杆大头轴瓦。连杆螺栓用于连接剖分式连杆大头与大头盖。连杆螺栓是曲柄连杆机构中受力严重的零件，它不仅受反复的拉伸，而且受振动和冲击作用，很容易松脱和断裂，以致引起严重事故。所以对连杆螺栓的设计、加工和装配均有严格要求。

(4) 活塞组。活塞组(图 3.4)是活塞、活塞销及活塞环的总称。活塞组在连杆带动下，在气缸内做往复直线运动，从而与气缸等共同组成一个可变的工作容积，以实现膨胀、吸气、压缩、排气等过程。

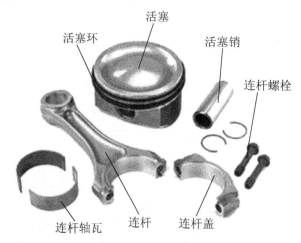

图3.4 连杆和活塞组

活塞：可分为筒形和盘形两大类。我国系列制冷压缩机的活塞均采用筒形结构。它由顶部、环部和裙部三部分组成。活塞顶部组成封闭气缸的工作面。活塞环部的外圆上开有安装活塞环的环槽，环槽的深度略大于活塞环的径向厚度，使活塞环有一定的活动余地。活塞裙部在气缸中起导向作用并承受侧压力。

活塞的材料一般为铝合金或铸铁。灰铸铁活塞过去在制冷压缩机中应用较广，但由于铸铁活塞的质量大且导热性能差，因此，近年来系列制冷压缩机的活塞都采用铝合金制成。铝合金活塞的优点是质量轻、导热性能好，表面经阳极处理后具有良好的耐磨性。但铝合金活塞比铸铁活塞的机械强度低，耐磨性能也差。

活塞销：用来连接活塞和连杆小头的零件，在工作时承受复杂的交变载荷。活塞销的损坏将会造成严重的事故，故要求其有足够的强度、耐磨性和抗疲劳、抗冲击的性能。

活塞环：包括气环和油环。气环的主要作用是使活塞和气缸壁之间形成密封，防止被压缩蒸气从活塞和气缸壁的间隙中泄漏。为了减少压缩气体从环的锁口泄漏，多道气环安装时锁口应相互错开。油环的作用是布油和刮去气缸壁上多余的润滑油。气环可装一至三道，油环通常只装一道且装在气环的下面，常见的油环断面形状有斜面式和槽式两种，斜面式油环安装时斜面应向上。

(5) 气阀。气阀是压缩机的一个重要部件，属于易损件。它的质量及工作的好坏直接影响压缩机的输气量、功率损耗和运转的可靠性。气阀包括吸气阀和排气阀，活塞每上下往复运动一次，吸、排气阀各启闭一次，从而控制压缩机并使其完成膨胀、吸气、压缩、排气四个工作过程。由于阀门启闭工作频繁且对压缩机的性能影响很大，因此气阀需满足如下要求：①气体流过阀门时的流动阻力要小；②要有足够的通道截面；③通道表面应光滑；④启闭及时、关闭严密；⑤坚韧、耐磨。

(6) 能量调节装置。在制冷系统中，由于随着冷间热负荷的变化，其耗冷量也有变化，因此压缩机的制冷量应作必要的调整。压缩机制冷量的调节是由能量调节装置来实现的，所谓压缩机的能量调节装置实际上就是排气量调节装置。它的作用有两个：一是实现压缩机的空载起动或在较小负荷状态下起动；二是调节压缩机的制冷量。压缩机排气量的调节方法：①顶开部分气缸的吸气阀片；②改变压缩机的转速；③用旁通阀使部分缸的排气旁通回吸气腔，这种方法用于顺流式压缩机；④改变附加余隙容积的大小。顶开气缸吸气阀片的调节方法是一种广泛应用的调节方法，国产系列活塞式制冷压缩机，均采用顶开部分气缸吸气阀片的输气量调节装置。顶开部分气缸吸气阀片的输气量调节装置的原理很简单，即用顶杆将部分气缸的吸气阀片顶起，使之常开，使活塞在压缩过程中的压力不能升高，吸入蒸气又通过吸气阀排回吸气侧，故该气缸无排气量，从而达到调节输气量的目的，即能量调节。

(7) 润滑系统。润滑系统主要的目的：①减少轴与轴承、活塞环与气缸壁等运动部件接触面的机械磨损，减少摩擦耗功，提高零部件的使用寿命；②可以带走摩擦产生的热量，降低各运动部件的温度，提高压缩机的耐久性。

3) 活塞式制冷压缩机的工作原理

活塞式制冷压缩机是制冷系统的核心，它从吸气口吸入低温低压的制冷剂气体，通过电动机运转带动活塞对其进行压缩后，向排气口排出高温高压的制冷剂气体，为制冷循环提供动力，从而实现压缩—排气—膨胀—吸气的工作循环，如图3.5所示。

(1) 压缩过程。当活塞处于最下端位置(称为内止点或下止点)时，气缸内充满了从蒸发器吸入的低压

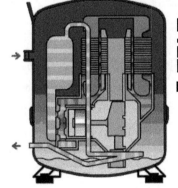

【参考图文】

图3.5 活塞式压缩机工作过程

制冷剂蒸气，吸气过程结束；活塞在曲轴-连杆机构的带动下开始向上移动，此时吸气阀关闭，气缸工作容积逐渐减小，处于气缸内的气体被压缩，温度和压力逐渐升高，当气缸内气体的压力升高至略高于排气腔中气体的压力时，排气阀开启，开始排气。气体在气缸内从吸气时的低压升高至排气压力的过程称为压缩过程。

(2) 排气过程。活塞继续向上运动，气缸内的高温高压制冷剂蒸气不断地通过排气管流出，直到活塞运动到最高位置(称为外止点或上止点)时排气过程结束。气体从气缸向排气管输出的过程称为排气过程。

(3) 膨胀过程。当活塞运动到上止点时，由于压缩机的结构及制造工艺等原因，气缸中仍有一些空间，该空间的容积称为余隙容积。当排气过程结束时，在余隙容积中的气体为高压气体。当活塞开始向下移动时，排气阀关闭，吸气腔内的低压气体不能立即进入气缸，此时余隙容积内的高压气体因容积增加而压力下降，直至气缸内气体的压力降至稍低于吸气腔内气体的压力，即开始吸气过程时为止，此过程称为膨胀过程。

(4) 吸气过程。膨胀过程结束时，吸气阀开启，低压气体被吸入气缸中，直到活塞到达下止点的位置，此过程称为吸气过程。

2. 涡旋式制冷压缩机(图 3.6)

涡轮压缩机最早诞生于 1905 年，由法国工程师 Leon Creux 发明，并且在美国申请了专利，受限制于当时高精度涡旋型线加工设备，并没有得到快速发展。20 世纪 70 年代，能源危机的加剧和高精度数控铣床的出现，为涡旋机械的发展带来了机遇。1973 年，美国 ADL. 公司首次提出了涡旋氮气压缩机的研究报告，并证明了涡旋压缩机所具有其他压缩机无法比拟的优点，从而涡旋压缩机的大规模的工程开发和研制走上了迅速发展的道路。1982 年，日本三电公司拉开了汽车空调涡旋式压缩机批量生产的序幕，其后日立公司、三菱电气、大金、松下，以及美国的考普兰和特灵也开始了涡旋压缩机的批量生产。

图 3.6　涡旋式压缩机

1) 涡旋式制冷压缩机的结构

涡旋式制冷压缩机的基本结构如图 3.7 所示。它由运动涡旋盘(动盘)、固定涡旋盘(静盘)、机体、十字导向环、偏心轴等零部件组成。动盘和静盘的涡线呈渐开线形状，安装时使二者中心线距离一个同转半径 e，相位差 180°。两盘啮合时，与端板配合形成一系列月牙形柱体工作容积。静盘固定在机体上，涡线外侧设有吸气室，端板中心设有气孔。动盘由一个偏心轴带动，使之绕静盘的轴线摆动。为了防止动盘的自转，结构中设置了十字导向环。该环的上、下端面具有两对相互垂直的键状突肋，分别嵌入动盘的背部键槽和机体的键槽内。制冷剂蒸气由涡旋体的外边缘吸入月牙形工作容积中，随着动盘的摆动，工作容积逐渐向中心移动，容积逐渐缩小，使气体受到压缩，最后由静盘中心部位的排气孔沿轴向排出。

第 3 章　机房专用空调的结构与工作原理

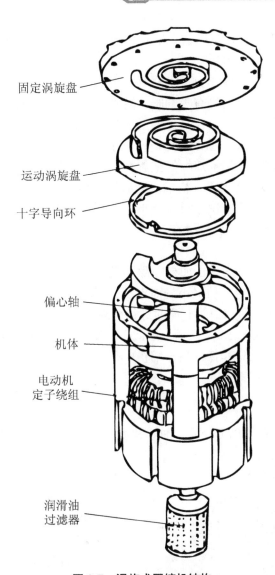

图 3.7　涡旋式压缩机结构

2) 涡旋式制冷压缩机的工作原理

涡旋式制冷压缩机是由两个双函数方程型线的动、静盘相互咬合而成的。在吸气、压缩、排气的工作过程中，静盘固定在机架上，动盘由偏心轴驱动并由防自转机构制约，围绕静盘基圆中心，做很小半径的平面转动。气体通过空气滤芯吸入静盘的外围，随着偏心轴的旋转，气体在动、静盘啮合所组成的若干个月牙形压缩腔内被逐步压缩，然后由静盘中心部件的轴向孔连续排出(图 3.8)。

可见，涡旋式制冷压缩机的工作过程仅有进气、压缩和排气三个过程，而且是在主轴旋转一周内同时进行的，外侧空间与吸气口相通，始终处于吸气过程；内侧空间与排气口相通，始终处于排气过程。而上述两个空间之间的月牙形封闭空间

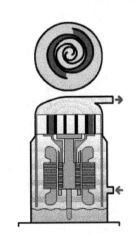

图 3.8　涡旋式压缩机工作过程

内，则一直处于压缩过程。因而可以认为涡旋式制冷压缩机的吸气和排气过程都是连续的。

3) 涡旋式制冷压缩机的特性

涡旋式压缩机同过去的活塞式压缩机的不同点在于，电动机的旋转运动不转换为往复运动，除了进行旋转压缩外，它没有吸气阀。根据上述理论，涡旋式压缩机具有如下特征：

(1) 由于连续进行压缩，故比往复式的压缩性能优越，且因往复质量小或没有往复质量，因此几乎能完全消除平衡方面的问题，振动小。

(2) 由于没有像活塞式压缩机那样的把旋转运动变为往复运动的机构，故零件数量较少，加上由旋转轴位中心的圆形零件构成，因而体积小，质量轻。

(3) 在结构上，可把余隙容积做得非常小，无再膨胀气体的干扰。由于没有吸气阀，流动阻力小，因此容积效率、制冷系数高。

涡旋式压缩机的缺点如下：

(1) 由于各部分间隙非常均匀，如果间隙不是很小，则压缩气体漏入低压侧，使性能降低，因此，在加工精度差，材质又不好而出现磨损时，可能引起性能的急剧降低。

(2) 由于要靠运动部件间隙中的润滑油进行密封，为从排气中分离出油，机壳内(内装压缩机和电动机的密闭容器)须做成高压，因此，电动机和压缩机容易过热，如果不采取特殊的措施，那么在大型压缩机和低温用压缩机中是不能使用的。

(3) 需要非常高的加工精度。

3. 螺杆式制冷压缩机

螺杆式制冷压缩机(图 3.9)可分为无油式和喷油式两种。无油式螺杆压缩机于 20 世纪 30 年代问世时主要用于压缩空气；50 年代才用于制冷装置中；60 年代出现了气缸内喷油的螺杆式制冷压缩机，性能得到提高。近年来，随着齿形和其他结构的不断改进，性能又有了很大提高。再加上螺杆式压缩机无余隙容积，效率高，无吸、排气阀装置等易损件。因此，目前螺杆式制冷压缩机已成为一种先进的制冷压缩机，特别是喷油式螺杆压缩机已是制冷压缩机中主要机种之一，得到了广泛的应用。

图 3.9　螺杆式制冷压缩机

螺杆式制冷压缩机和活塞式制冷压缩机在气体压缩方式上相同，都属于容积型压缩机，也就是说它们都是靠容积的变化而使气体压缩的。不同点是这两种压缩机实现工作容积变化的方式不同。螺杆式制冷压缩机又分为单螺杆压缩机和双螺杆压缩机。其中双螺杆压缩机是利用置于机体内的两个具有螺旋状齿槽的螺杆相啮合旋转及其与机体内壁和吸、排气端座内壁的配合，造成齿间容积的变化，从而完成气体的吸入、压缩及排出过程的。

1) 螺杆式制冷压缩机的结构

螺杆式制冷压缩机的结构(图 3.10)是在"∞"形的气缸中平行地配置两个按一定传动比反向旋转又相互啮合的螺旋形转子。通常对节圆外具有凸齿的转子称为阳转子(习惯称为主动转子)；在节圆内具有凹齿的转子称为阴转子(习惯称为从动转子)。阴、阳转子上的螺旋形体分别称作阴螺杆和阳螺杆。一般阳转子(或经增速齿轮组)与原动机连接，并由此输入功率；由阳转子(或经同步齿轮组)带动阴转子转动。螺杆式压缩机的主要零部件有一对转子、机体、轴承、同步齿轮(有时还有增速齿轮)及密封组件等。

2) 螺杆式制冷压缩机的工作原理

螺杆式制冷压缩机的工作是依靠啮合运动着的阳转子与阴转子，并借助于包围这一对转子四周的机壳内壁的空间完成的。当转子转动时，转子的齿、齿槽与机壳内壁所构成的呈"V"形的一对齿间容积称为基元容积，其容积大小会发生周期性的变化，同时它还会沿着

图 3.10 螺杆式制冷压缩机的结构

转子的轴向由吸气口侧向排气口侧移动，将制冷剂气体吸入并压缩至一定的压力后排出。

(1) 吸气过程。齿间基元容积随着转子旋转而逐渐扩大，并和吸入孔口连通，气体通过吸入孔口进入齿间基元容积，称为吸气过程。当转子旋转一定角度后，齿间基元容积越过吸入孔口位置与吸入孔口断开，吸气过程结束。值得注意的是，此时阴、阳转子的齿间基元容积彼此并不连通。

(2) 压缩过程。压缩开始阶段，主动转子的齿间基元容积和从动转子的齿间基元容积彼此孤立地向前推进，称为传递过程。转子继续转过某一角度，主动转子的凸齿和从动转子的齿槽又构成一对新的 V 形基元容积，随着两转子的啮合运动，基元容积逐渐缩小，实现气体的压缩过程。压缩过程直到基元容积与排出孔口相连通的瞬间为止，此刻排气过程开始。

(3) 排气过程。由于转子旋转时基元容积不断缩小，将压缩后具有一定压力的气体送到排气腔，此过程一直延续到该容积最小时为止。

随着转子的连续旋转，上述吸气、压缩、排气过程循环进行，各基元容积依次陆续工作，构成了螺杆式制冷压缩机的工作循环。由上可知，两转子转向相迎合的一面，气体受压缩，称为高压力区；另一面，转子彼此脱离，齿间基元容积吸入气体，称为低压力区。高压力区与低压力区由两个转子齿面间的接触线所隔开。另外，由于吸气，基元容积的气体随着转子回转，由吸气端向排气端做螺旋运动。因此，螺杆式制冷压缩机的吸、排气孔口都是呈对角线方式布置的。

3) 螺杆式制冷压缩机的特性

螺杆式压缩机的优点如下：

(1) 可靠性高。螺杆压缩机零部件少，没有易损件，因而它运转可靠，使用寿命长，大修间隔期可达 4 万~8 万小时。

(2) 操作维护方便。

(3) 动力平衡好。特别适合用作移动式压缩机，体积小、质量轻、占地面积小。

(4) 适应性强。螺杆压缩机具有强制输气的特点，容积流量几乎不受排气压力的影响，在宽广的范围内能保持较高的效率，在压缩机结构不做任何改变的情况下，适用于多种工质。

(5) 多相混输。螺杆压缩机的转子齿面间实际上留有间隙，因而能耐液体冲击，可输送含液气体、含粉尘气体、易聚合气体等。

螺杆式压缩机的缺点如下：

(1) 造价高。由于螺杆式压缩机的转子齿面是一个空间曲面，需利用特制的刀具在价格昂贵的专用设备上进行加工。另外，对螺杆式压缩机气缸的加工精度也有较高的要求。

(2) 不能用于高压场合。由于受到转子刚度和轴承寿命等方面的限制，螺杆式压缩机只能用于中、低压范围，排气压力一般不超过3MPa。

(3) 不能用于微型场合。螺杆压缩机依靠间隙密封气体，一般只有容积流量大于 $0.2m^3/min$ 时，螺杆压缩机才具有优越的性能。

4. 离心式制冷压缩机

目前，国内离心式冷水机组(图 3.11)的大部分市场主要由欧、日、美一些制冷企业所占据。比较有名的企业如特灵、开利、约克、麦克维尔、AXIMA(原苏尔寿)、荏原、三菱等依靠先进的技术及良好的工艺主导离心冷水机组市场。国内企业主要为重庆通用，早期引进 NREC 的技术来开发离心式制冷机。随着社会的发展，用户需要的冷量越来越高，另外由于节能的要求使得离心机组具有越来越广的市场。一些国内空调厂家如海尔、澳柯玛、格力及美的(与重庆通用合并)纷纷推出自己的离心式冷水机组，大冷与 AXIMA 合作开发出离心冷水机组及区域供暖的离心热泵机组。这些离心机组大部分采用环保工质 R134a。

【参考图文】

图 3.11 离心式冷水机组

随着能源形势的日趋紧张，节能降耗是产品发展的一大趋势。另外，由于中国城镇化水平的不断提高，建筑能耗不断增加，具有最高性能系数的离心冷水机组无疑将成为市场的热点，近年来离心冷水机组的销量不断提高。

我国的科学家及科技工作者也进行了大量的卓有成效的研究，对离心式制冷压缩机的设计及加工进行了深入的研究，并形成了一系列的研究成果，目前技术水平与国外相比已毫不逊色。

1) 离心式制冷压缩机的结构

离心式制冷压缩机具有带叶片的工作轮，当工作轮转动时，叶片就带动气体运动或者使气体得到动能，然后使部分动能转化为压力能从而提高气体的压力。这种压缩机由于它工作时不断地将制冷剂蒸气吸入，又不断地沿半径方向被甩出去，所以称这种形式的压缩机为离心式压缩机。其中，根据压缩机中安装的工作轮数量的多少，分为单级式和多级式。如果只有一个工作轮，则称为单级离心式压缩机；如果由几个工作轮串联组成，则称为多级离心式压缩机。在空调中，由于压力增高较少，因此一般都是采用单级离心式压缩机，其他方面所用的离心式制冷压缩机大都是多级的。单级离心式制冷压缩机的构造主要由吸气室、工作轮(叶轮)、扩压器和蜗壳等组成。

2) 离心式制冷压缩机的工作原理

离心式制冷压缩机的构造和工作原理与离心式鼓风机极为相似。但它的工作原理与活塞式压缩机有根本的区别，它不是利用气缸容积减小的方式来提高气体的压力，而是依靠动能的变化来提高气体压力。

离心式制冷压缩机用于压缩气体的主要部件是高速旋转的叶轮和通流面积逐渐增加的扩压器。简而言之，离心式压缩机的工作原理是通过叶轮对气体做功，在叶轮和扩压器的流道内，利用离心升压作用和降速扩压作用，将机械能转换为气体的压力能。其工作过程如图3.12所示。

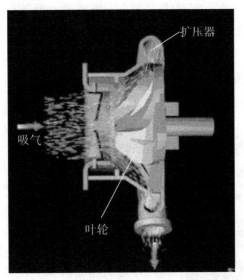

【参考图文】

图3.12 离心式制冷压缩机的工作过程

更通俗地说，气体在流过离心式压缩机的叶轮时，高速运转的叶轮使气体在离心力的作用下，一方面压力有所提高，另一方面速度也极大增加，即离心式压缩机通过叶轮首先将原动机的机械能转变为气体的静压能和动能。此后，气体在流经扩压器的通道时，流道截面逐渐增大，前面的气体分子流速降低，后面的气体分子不断涌流向前，使气体的绝大部分动能又转变为静压能，也就是进一步起到增压的作用。显然，叶轮对气体做功是气体得以升高压力的根本原因，而叶轮在单位时间内对单位质量气体做功的多少是与叶轮外缘的圆周速度密切相关的，圆周速度越大，叶轮对气体所做的功就越大。

3) 离心式制冷压缩机的特性

离心式制冷压缩机作为一种速度型压缩机，具有以下优点。

(1) 单机制冷量大，在制冷量相同时它的体积小，占地面积少，质量较活塞式轻(活塞式为其的5～8倍)。

(2) 由于它既没有气阀活塞环等易损部件，又没有曲柄连杆机构，因而工作可靠、运转平稳、噪声小、操作简单、维护费用低。

(3) 工作轮和机壳之间没有摩擦，无需润滑。故制冷剂蒸气与润滑油不接触，从而提高了蒸发器和冷凝器的传热性能。

(4) 能方便地调节制冷量且调节的范围较大。

离心式制冷压缩机具有以下缺点。

(1) 转子转速较高,为了保证叶轮一定的宽度,必须用于大中流量场合,不适合于小流量场合。

(2) 单级压比低,为了得到较高压,必须采用多级叶轮,一般还要用增速齿轮。

(3) 喘振是离心式压缩机固有的缺点,机组须添加防喘振系统。

(4) 同一台机组工况不能有大的变动,适用范围较窄。

(5) 对制冷剂的适应性差,一台结构一定的离心式制冷压缩机只能适应一种制冷剂。

(6) 由于适宜采用分子量比较大的制冷剂,所以只适用于大制冷量,一般都在 25 万～30 万 kcal/h。如制冷量太少,则要求流量小,流道窄,从而使流动阻力大,效率低。但近年来经过不断改进,用于空调的离心式制冷压缩机,单机制冷量可以小到 10 万 kcal/h 左右。

5. 滚动转子式制冷压缩机

滚动转子式制冷压缩机(图 3.13)也称滚动活塞式制冷压缩机,是一种容积型回转式压缩机。它是依靠偏心安设在气缸内的滚动转子在圆柱形气缸内做滚动运动和一个与滚动转子相接触的滑板的往复运动实现气体压缩的制冷压缩机。它适用于以氟利昂-22(R22)为制冷剂的空调和热泵。

【参考动画】

【参考动画】

图 3.13　转子式压缩机

1) 滚动转子式制冷压缩机的结构

滚动转子式制冷压缩机主要由气缸、滚动转子、滑板、排气阀等组成。其主要结构形式可分为中等容量的开启式压缩机和小容量的全封闭式压缩机。目前广泛使用的滚动转子式制冷压缩机主要是小型全封闭式,一般标准制冷量多为 3kW 以下,通常有卧式和立式两种,前者多用于冰箱,后者在空调器中常见。

2) 滚动转子式制冷压缩机的工作原理

在气缸内偏心配置转子。当转子绕气缸中心转动时,转子紧贴在气缸内表面上(实际上,往往具有 0.1～0.2 mm 的间隙)滚动。由此,转子外表面和气缸内表面之间构成一个月牙形空间,其位置随转子转角的变化而变化。滑片将月牙形空间分离成两个孤立部分,一部分和吸气孔口相通,另一部分通过排气阀与排气接管相远。滑片靠弹簧(有的同时兼有油压)压紧在转子外表面上(或者靠两个偏心轮导向)。

当转子与气缸接触点转到超过吸气孔口时,滑片右方至接触点之间的部分与吸气孔口相遇,它的容积随转子的转动而增大,从而由吸气孔口吸进气体。当转子接触点转到最上位置时,此部分空间达到最大值且充满了新鲜气体,吸气停止。

另一部分,滑片左侧至接触点部分充满转子在上一转中吸入的新鲜气体。这部分空间随转子旋转逐渐缩小,其内气体压力逐渐增高,直至腔内压力达到排气管里的压力,排气阀开启,则开始排气。转子接触点越过排气口后,排气过程结束。这样,转子每旋转两周,基元容积完成吸气、压缩和排气过程,如图 3.14 所示。

3) 滚动转子式制冷压缩机的特性

滚动转子式制冷压缩机从结构及工作过程来看，具有以下一些显著特点：

(1) 结构简单，零部件几何形状简单，便于加工及流水线生产。

(2) 体积小、质量轻、零部件少，与相同制冷量的往复活塞式制冷压缩机相比，体积减小 40%～50%，质量减少 40%～50%，零件数减少 40%左右。

(3) 易损件少、运转可靠。

图 3.14 转子式压缩机工作过程

(4) 效率高，因为没有吸气阀故流动阻力小，且吸气过热小，所以在制冷量为 3kW 以下的场合使用尤为突出。

滚动转子式制冷压缩机也有其缺点，这就是气缸容积利用率低，因为只利用了气缸的月牙形空间；转子和气缸的间隙应严格保证，否则会显著降低压缩机的可靠性和效率，因此，加工精度要求高；相对运动部位必须有油润滑；用于热泵运转时制热量小。

综上所述，尽管滚动转子式制冷压缩机在某些方面还有一些欠缺，但其优点还是十分突出的。

3.2.3 制冷换热器

制冷换热器是制冷剂与水或空气等介质进行热交换的设备，在制冷系统中主要是蒸发器和冷凝器。制冷剂向周围介质吸热的是蒸发器，而向周围介质放热的是冷凝器。它们是制冷系统的主要设备，对完善制冷循环起着重要作用。正确使用和维护保养换热器，对发挥制冷机的制冷效能密切相关。下面就冷凝器、蒸发器的作用、结构原理及维护保养等内容分别予以介绍。

1. 冷凝器

1) 冷凝器的功用

冷凝器是一种高压设备，装在压缩机和节流装置之间，它是将压缩机排出的高温高压制冷剂气体，通过冷凝器的外壁和翅片传给周围空气或冷却水，而凝结为高压液体，在凝结过程中，冷凝压力不变，温度降低。制冷剂在冷凝器中放出的热量包括两部分：一部分是通过蒸发器向被冷却物体吸取的热量；另一部分是在压缩机中被压缩时，由机械功转化的热量。如果冷凝器周围空气温度低，或冷却水温度低，则冷凝温度就低，压缩机的制冷效果就高；反之，情况相反。因此，空气调节器的冷凝器要安放在空气流通的地方。

2) 冷凝器中制冷剂的放热过程

我们知道在空调工况下工作的制冷机，其排气温度并不是很高，一般氨为 85～125℃，R22 为 80～110℃。当过热蒸气进入冷凝器后，继续受到冷却放出热量，逐渐由过热蒸气变为饱和蒸气(即干蒸气)，排气温度下降到冷凝温度，但压力不变。过热蒸气在冷凝器中放热变为液体，其放热过程经历三个阶段。

(1) 过热蒸气冷却为干蒸气。过热蒸气进入冷凝器放热的初阶段，由排气温度下降到冷凝温度(即该压力下的饱和温度)，此时，过热蒸气被冷却成为干蒸气。

(2) 干蒸气冷凝为饱和液体。干蒸气在冷凝器内放出凝结热,逐渐变为饱和液体,但压力保持不变。如果继续冷却,则饱和气体再放出冷凝热,直到全部变成饱和液体。

(3) 饱和液体进一步冷却为过冷液体。在冷凝器的末端,蒸气已全部冷凝为饱和液体,但是由于制冷剂的冷凝温度总是比周围冷却介质的温度高,因此,饱和液体还将进一步被冷却介质冷却,使其成为温度低于该压力下饱和温度的过冷液体。

3) 冷凝器的种类、构造和工作原理

【参考动画】

【参考动画】

根据冷却介质和冷却方式的不同,冷凝器可分为水冷式、风冷式(又称空气冷却式)和蒸发式三种类型。下面分别讨论它们的结构特点。

(1) 水冷式冷凝器。水冷式冷凝器是利用冷却水来吸收制冷剂蒸气的热量,使其冷凝成为液体的换热设备。由于自然界中水的温度一般比空气温度低,因此水冷式冷凝器的冷凝温度比较低,对压缩机的制冷能力和运行的经济性都比较有利。目前,对于制冷量大的机组,都采用这类冷凝器。常用的水冷式冷凝器有卧式壳管式冷凝器、立式壳管式冷凝器和套管式冷凝器等形式。

① 卧式壳管式冷凝器(图3.15)。卧式壳管式冷凝器较普遍地应用于大、中、小型氨、氟利昂制冷系统中,尤其在船舶制冷和空调制冷用冷凝机组、冷水机组中应用较为广泛。

图 3.15 卧式壳管式冷凝器

卧式壳管式冷凝器的外壳是用容器钢板卷制的大圆筒,两端焊有圆管板,管板上钻有许多小孔,两板对应的小孔中装一根纯铜管或无缝钢管,并焊接固定。管板两端装有铸铁端盖,端盖上铸有分水肋,一般进水在封盖的下端,出水在封盖的上端。在冷凝器内形成两个互相隔开的空间,冷凝管外壁与筒体内壁组成一个空间,制冷剂在此空间流动;另一个是由许多管子的内壁与两端封盖水室组成的空间,冷却水在此空间流动。制冷剂蒸气从筒体的上部流入,蒸气在筒体内与冷凝管外壁接触,温度逐渐降低,凝结为液体,积聚在容器下部,然后由出液管输出。在冷凝器的前端盖底部还有两个放水闷头,供冬季制冷设备不用时放水用,以防冷却管结冰胀裂。其主体部分结构如图3.16 所示。

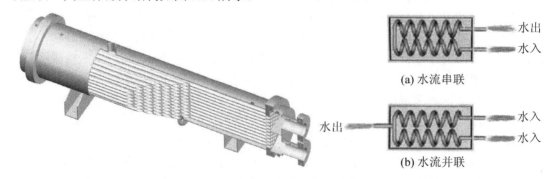

图 3.16 卧式壳管式冷凝器主体部分结构

卧式壳管式冷凝器的优点包括传热系数高;冷却用水用量少;单位传热面积冷却水消耗量为 $0.5 \sim 0.9 m^3/(m^2 \cdot h)$;占空间高度小,有利于有限空间的利用;结构紧凑,便于机组化;运行可靠;操作方便等。

卧式壳管式冷凝器的缺点包括泄漏不易发现；对冷却水水质要求高；水温要求低；清洗时要停止工作，卸下端盖才能进行；材料消耗量大，造价较高等。

② 立式壳管式冷凝器。立式壳管式冷凝器直立安装，只适用于大中型氨制冷装置。它垂直放在室外混凝土的水池上。

结构：立式壳管式冷凝器的外壳是由钢板焊成的圆柱形筒体，筒体两端焊有多孔管板，在两端管板的对应孔中用扩胀法或焊接法将无缝钢管固定严密，成为一个垂直管簇。

立式壳管式冷凝器的结构如图3.17所示。

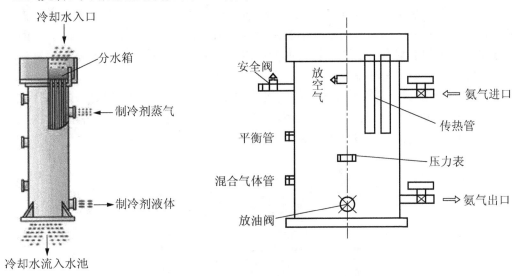

图3.17 立式壳管式冷凝器的结构

壳体上有进气管、安全管等接头。中部有均压管、压力表管和混合气体管等管接头。下部有出液管和放油管接头。

每根管口上装有一个带斜槽的由铸铁或陶瓷制成的导流管头。导流管头的作用是使冷却水呈膜状流动，即冷却水经导流管头斜槽沿钢管内壁形成薄膜水层呈螺旋状向下流动，从而延长冷却水流的路程和时间。

导流管凝器的结构如图3.18所示。

空气在管子中心向上流动，从而增强热量交换，提高冷却能力，节约用水。

冷凝器运行时，要注意冷却水量要适宜。水量不宜过小，过小就不能形成连续水膜，从而降低传热性能并加速管壁的腐蚀和玷污；水量也不可过大，因为冷凝器的传热系数并不按此比例增加，反而造成浪费。

工作流程：立式壳管式冷凝器工作时，冷却水经配水箱均匀地通过水分配装置，在自身重力作用下沿管内壁表面流下。

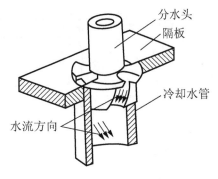

图3.18 导流管凝器的结构

来自油分离器的氨气从冷凝器上部进气管进入筒体的管间空隙，通过管壁与冷却水进行热交换。氨蒸气放出热量，在管外壁面上呈膜状凝结，沿管壁流下，经下部出液管流入储液器。

冷凝器内混有的不凝性气体，需经混合气体管通往空气分离器。

冷凝器内积聚的润滑油经放油管通往集油器，或随制冷剂液体一起进入储液器，保证凝结的氨液及时流往储液器。安全管、压力表管分别与安全阀和压力表连接，是压力容器安全操作的前提。

优点：传热系数高，冷却冷凝能力强。若循环水池设置在冷却水塔下面，则可以简化冷却水系统，节约占地面积；可以安装在室外，节省机房面积；对冷却水质要求不高，并在清洗时不需要停止制冷系统的工作。

缺点：立式冷凝器的用水量大，一般当冷却水温升高 2~3℃ 时，冷凝器的单位面积冷却水量为 $1\sim1.7m^3/(m^2 \cdot h)$，水泵耗功也相应地增加；金属消耗量大，比较笨重，搬运安装不方便；制冷剂泄漏不易发现；易结水垢，需要经常清洗；适用于水质差、水温较高而水量充足的大、中型氨制冷系统。

③ 套管式冷凝器。套管式冷凝器的结构如图 3.19 所示。它是一个在一根直径较大的无缝钢管内穿一根或数根直径较小的铜管(光管或外肋管)，再盘成圆形或椭圆形的结构，管的两端用特制接头将大管与小管分隔成互不相通的两个空间的热交换设备。

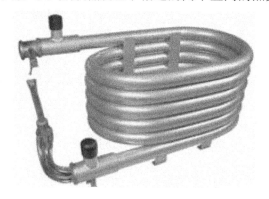

图 3.19 套管式冷凝器

套管式冷凝器流程如图 3.20 所示，冷却水自下端流进小管内，依次经过各圈内管，从上端流出。

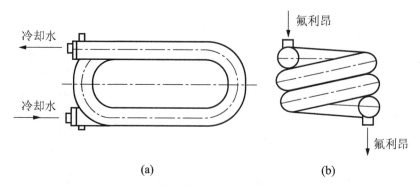

图 3.20 套管式冷凝器流程

制冷剂蒸气被冷却水吸收热量后，在内管外壁表面上冷凝，凝结的液体滴到外管底部，依次流往下端出口。

套管式冷凝器的优点：结构简单紧凑，便于制作和传热性能好等，它的传热系数可达 1027～1163W/(m²·℃)。

套管式冷凝器的缺点：金属耗量较大，冷却水的流动阻力较大，使用时要保持足够的冷却式输送压头，否则将会降低冷却水的流速和流量，引起制冷系统的冷凝压力上升，影响传热效果。为了进一步提高传热系数，目前试制了滚压薄壁肋片的内管。

制冷机组在安装时，通常是将封闭式制冷压缩机安装在套管式冷凝器的中间，使整个机组占有较小的空间。

以上所介绍的三种水冷式冷凝器中使用的冷却水可以一次流过，也可以循环使用。当使用循环水时，需建有冷却水塔或冷却水池，使离开冷凝器的水不断得到冷却，以便重复使用。

(2) 空气冷却式冷凝器。以空气为冷却介质的冷凝器称为空气冷却式冷凝器，又称为风冷式冷凝器，其基本结构如图 3.21 所示。

结构：空气冷却式冷凝器一般采用 $D10mm \times 0.7mm \sim D16mm \times 1mm$ 的铜管弯制成蛇形盘管。这种冷凝器的冷却介质是空气，故放热系数较小。为了减少管壁两侧放热系数过于悬殊的影响，需要增大空气侧的放热系数，所以在管外套有 0.2～0.6mm 的铜片或铝片作为肋片，套片间距通常为 2～4mm。

流程：空气冷却式冷凝器工作时，制冷剂蒸气从冷凝器上端的分配集管进入蛇形盘管内，自上而下的铜管管壁与管外垂直蛇形盘管吹入的肋片间流动的空气进行热量交换，冷凝后的制冷剂液体从管下端流出。为了提高空气侧的传热性能，通常在冷凝器一侧加装风机，以提高空气侧的传热效果。

图 3.21 风冷式冷凝器的基本结构

空气冷却式冷凝器的最大优点是不需要冷却水，因此特别适用于缺水地区或者供水困难的地方。近年来，在中小型氟利昂制冷装置中，采用空气冷却式冷凝器的特别多，如家用空调、各类机房专用空调及行车降温空调制冷设备等。

对于机房专用空调采用风冷式冷凝器，需要满足两个条件：①室内、外机单程管长小于 60m；②室内、外机垂直高差为-5～+20m。风冷式冷凝器的布置如图 3.22 所示。

【参考图文】

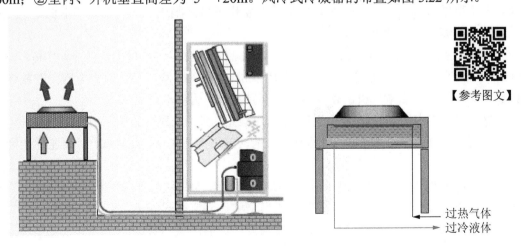

图 3.22 风冷式冷凝器的布置

此外，机房专用空调室外冷凝器的安装方式也有两种，分别是直立式和横放式，如图3.23所示。冷凝器横放时要注意四周的空间，以保证气流通畅，散热良好；当垂直安装及叠加安装时，可节省室外安装空间，只是散热效果没有横放式的好。

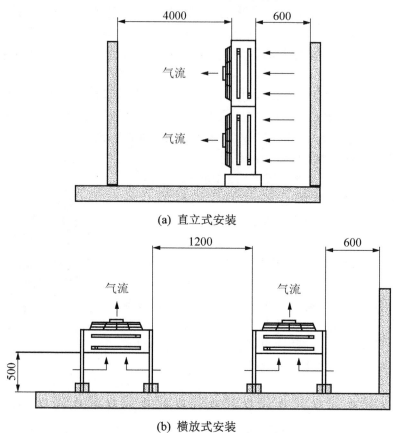

图 3.23 机房专用空调室外冷凝器的安装方式

室内机组与室外风冷冷凝器之间通过铜管连接组成密闭的系统。冷凝器由热交换盘管、风机和框架结构构成。通过附件的组件，能够实现维持冷凝压力一年四季基本稳定(压力开关或电子调速装置连续调速)。

① 压控式(图3.24)。通过压力开关监测冷凝器内的压力，若压力高于17bar(1bar=0.1MPa)，则风扇运转；若压力低于14bar，则风扇停止运转。此类情况下风机开停频繁，噪声较大，影响风机的使用寿命，而且系统压力波动频繁。

② 调速控制(图3.25)。采用感压式无级调速控制，室外机高压压力在14kgf/cm² 左右时风机起转，在20～24kgf/cm²时达到满负荷转速，而在14～18kgf/cm²时调速性能为最佳状态。

冷凝器的型号(即容量)应该根据安装地点所能够达到室外最高环境温度来确定。冷凝器的冷凝压力控制附件应该根据安装地点所能够达到室外最低环境温度来选择。

风冷冷凝器是机房专用空调目前应用最为广泛的冷凝方式。

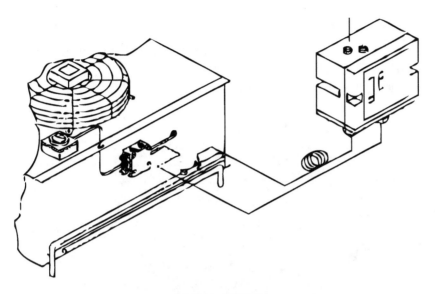

图 3.24 压控式

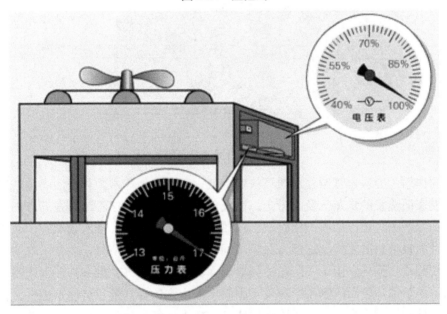

图 3.25 调速控制

(3) 蒸发式冷凝器。水冷式冷凝器需要大量的冷却水。随着工业生产的迅速发展，节约冷却水的消耗量已成为一个很重要的问题，特别是在缺水地区，这个矛盾更为突出。空气冷却式冷凝器虽然不需要冷却水，但是它的使用也有一定的局限性。因此，在一定情况下，有必要采用蒸发式冷凝器。在这类冷凝器中，制冷剂冷凝时放出的热量同时被水和空气带走。

结构：蒸发式冷凝器的传热部分是用光滑管或翅片管组成的蛇形管组，制冷剂蒸气经气体集管分配给每一根蛇形管；冷凝液体则经液体集管流入储液器中。箱体的底部为一个水池，水池的水位用浮球液位控制器控制。

流程：冷却水用循环水泵送至冷凝器管组上方，经喷嘴或重力配水机构喷淋到蛇形管组上面，沿冷凝器管的外表面呈膜状下流，最后汇集在水池中。当水流经冷凝器管组时，主要依靠水的蒸发使管内制冷剂蒸气冷却和液化。

蒸发式冷凝器的基本结构如图 3.26 所示。

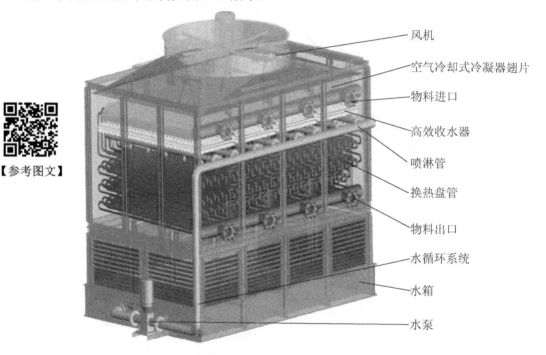

图 3.26　蒸发式冷凝器的基本结构

空气的作用：冷凝器管组使用通风机使空气由下而上地在水膜外表面吹过。其作用主要是将水膜表面蒸发的水蒸气及时带走，以及创造水膜能够连续不断蒸发的有利条件。

管内制冷剂蒸气被冷却和液化时放出的热量首先传给水膜，使水膜蒸发，而水膜蒸发成水蒸气时就以潜热的方式把这部分热量连同水蒸气本身传给空气。

补充新鲜水：循环水由于不断在冷凝器表面蒸发及被空气吹散夹带，因此需要经常补充新鲜水。由于循环使用的水不断蒸发，因此水池内水的含盐量也会越来越高。含盐量的增高将使管外侧结垢严重，蒸发式冷凝器应使用软水或经过软化处理的水，并且水池也需定期换水。

根据蒸发式冷凝器的结构和通风机在箱体中的安装位置可分为吸风式和鼓风式两种类型。

① 吸风式蒸发式冷凝器。吸风式蒸发式冷凝器是在箱体的顶部安装通风机，空气从箱体下部侧壁上的百叶窗口吸入，经冷却管组、挡水板，由通风机排出，如图 3.27 所示。

② 鼓风式蒸发式冷凝器。鼓风式蒸发式冷凝器是在箱体下部或两端装有轴流风机向箱体内冷却管组吹风，流经冷却管组、挡水板后，从冷凝器上方排出空气，如图 3.28 所示。

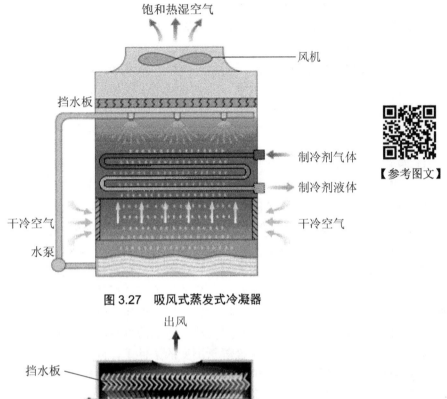

图 3.27 吸风式蒸发式冷凝器

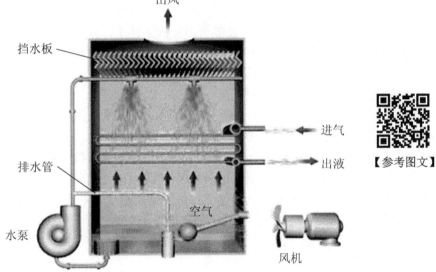

图 3.28 鼓风式蒸发式冷凝器

两种不同通风形式的比较：吸风式气流通过冷却管组比较均匀，箱体内保持负压，有利于冷却水的蒸发，传热效果较好。但通风机长期在高湿条件下工作，所以它的电动机要采用封闭型防水电动机。而鼓风式则需较大功率的电动机。

优点：蒸发式冷凝器内空气的流动只是为了及时地带走冷却管外表面蒸发的水蒸气，使水膜能连续不断地蒸发，因此不需要过大的风量，否则会增大冷却水吹散的损失。通过冷却管间的空气流速一般可取 3～5m/s。蒸发式冷凝器的散热能力不仅和制冷系统的工况有关，还与进口空气温度，尤其是湿球温度的高低有关。

蒸发式冷凝器的单位面积热负荷一般为1396～1861W/m^2，比水冷式冷凝器低。由于蒸发式冷凝器的用水量少，结构紧凑，可安装在厂房屋顶上，节省占地面积，所以它的应用日益增多。

缺点：蒸发式冷凝器中冷却水不断循环使用，水温和冷凝压力都比较高；冷却水在管外蒸发，易结水垢，清洗又较为困难，因此它适用于气候干燥和缺水地区，并要求水质好或者使用经过软化处理的水。

2. 蒸发器

1) 蒸发器的功用

蒸发器是一种低压设备，是制冷装置中的另一种热交换设备，装在毛细管和压缩机之间。在制冷系统中冷却介质的过程是在蒸发器上，因为液体制冷剂在蒸发器内沸腾汽化时，吸收与它接触的被冷却介质(水、空气或食品)的热量，使其降温，达到制冷的目的。

蒸发器的热交换作用，是通过管壁把被冷却介质的热量传递给制冷剂，再通过压缩机的吸送，将被冷却物体的热量带走。因此，它的表面积越大，热传递的速度也就越快。当液态制冷剂经膨胀阀减压进入蒸发器后，只要被冷却介质的温度超过制冷剂的蒸发温度，液态制冷剂就会吸收它们的热量而汽化，从而使被冷却介质得到降温的效果。

如果被冷却的介质是空气，那么蒸发器一方面降低空气的温度，另一方面如果蒸发器表面温度低于空气的露点温度，在含湿量不变的条件下，同时将空气中的水蒸气凝结分离出来，起到除湿的作用，蒸发器的表面温度越低，除湿效果越大。因此，在冷气加除湿型的空调器中就是用这个机理来降温除湿的。

2) 蒸发器中制冷剂的吸热过程

当制冷剂节流后，由冷凝压力减压到蒸发压力，在节流过程中，由于只有小部分液态制冷剂变为蒸气，而大部分液态制冷剂来不及蒸发，因此，当湿蒸气进入蒸发器时，其蒸气的含量约占10%，其余都是液体。在相应压力下，大量沸腾，而温度并不改变。随着湿蒸气在蒸发器内流动与吸热，液态制冷剂逐渐蒸发为蒸气，蒸气含量越来越多，当蒸气流至接近蒸发器出口时，一般已变为干蒸气。由于蒸发温度总是比室温低，存在传热温度差，干蒸气还会继续吸热。当制冷剂蒸气在蒸发器内全部蒸发成干蒸气时，蒸发器末端的温度将继续上升，变成过热蒸气。因此，蒸发器的出口端总是处于过热蒸气区，但只占蒸发器很小的一部分区域。

【参考动画】

【参考动画】

3) 蒸发器的类型和结构

根据被冷却介质的种类不同，蒸发器可分为两大类。

(1) 冷却液体载冷剂的蒸发器。用于冷却液体载冷剂——水、盐水或乙二醇水溶液等。这类蒸发器常用的有立管式蒸发器、螺旋管式蒸发器、蛇管式蒸发器和卧式蒸发器等。

① 立管式蒸发器。目前，立管式蒸发器还只用于氨制冷装置中。立管式蒸发器的结构如图3.29所示。立管式蒸发器各部分：全部由无缝钢管焊制而成。蒸发器列管以组为单位，按照不同的容量要求可以分为若干组。每一组列管上各有上下两根直径较大的水平集管(一般选用D124mm×4mm的无缝钢管)，上面的集管称为蒸气集管，下面的集管称为液体集管。沿集管的轴向焊接有四排直径较小且两头稍

有弯曲的立管(通常选用 $D57mm×3.5mm$ 或 $D38mm×3mm$ 的无缝钢管)，与上下集管接通；另外，沿集管的轴向每隔一定的间距焊接一根直径稍大($D76mm×4mm$)的粗立管。上集管的一端焊有一个气液分离器，分离回气中的液滴，防止其进入制冷压缩机。气液分离器下液管与蒸发器的下集管相通，使得分离出来的液体能回到下集管。下集管的一端用一根平管与集油包相连。氨液从中间的进液管进入蒸发器，进液管一直插到 $D76mm$ 立管的下部，便于使液体迅速进入蒸发管，并可利用氨液流进时的冲力增强蒸发器中氨液的循环。

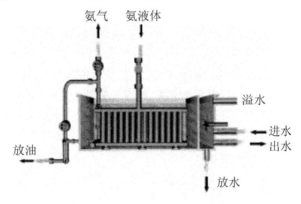

图 3.29　立管式蒸发器的结构

工作过程：较小管径的立管中的制冷剂的汽化强度大，促使氨液上升，相应地使在直径较大的立管中的氨液下降，形成循环对流。蒸发过程中产生的氨蒸气沿上集管进入气液分离器中，由于流速的减慢和流动方向的改变，使得蒸气中携带的液滴分离出来。饱和蒸气上升经回气管由制冷压缩机吸走，制冷剂液体则返回下集管中。润滑油积存在处于蒸发器最低位置的集油包中，定期放出。

立管式蒸发器一般用于开式水或盐水循环系统中，蒸发器整体沉浸于盐水或水箱中。水箱可用厚 $6mm$ 的钢板焊制或者采用钢筋混凝土结构。盐水或水在电动搅拌器的作用下流动，流速为 $0.5\sim0.75m/s$，若对数平均温差取 $5℃$，则在冷却淡水时，传热系数 K 为 $523\sim698W/(m^2·℃)$。

② 螺旋管式蒸发器。螺旋管式蒸发器(图 3.30)是将立管式蒸发器进行改进后的产品。螺旋管式蒸发器的基本结构和载冷剂的流动情况与立管式蒸发器相似，不同之处只是以螺旋管代替了立管。

图 3.30　螺旋管式蒸发器

螺旋管式蒸发器在工作时，氨液由端部的粗立管进入下集管，再由下集管分配到各根螺旋管中。吸热汽化后的制冷剂经气液分离器分离，干饱和蒸气引出蒸发器，饱和液体再回到蒸发器的螺旋管内吸热。

与直立管式蒸发器相比较，螺旋管式蒸发器具有焊接接头少、节省加工工时、结构紧凑、降低金属材料消耗等优点。当蒸发面积相同时，螺旋管式蒸发器的体积要比立管式蒸发器小得多。当水或盐水与管内制冷剂的对数平均温差为 5℃时，在冷却淡水时其传热系数 K 为 523～698W/(m²·℃)；在冷却盐水时，K 为 465～582 W/(m²·℃)。

螺旋管式蒸发器的优点：螺旋管式蒸发器是水箱型氨蒸发器常用的一种，具有载冷剂容量大，冷量储存多，热稳定性好，可直接观察到载冷剂的流动情况，便于操作管理维修，不会因结冰而冻坏设备等。

③ 蛇管式蒸发器。蛇管式蒸发器常用于小型氟利昂制冷装置。

结构：蛇管式蒸发器按蒸发面积的需要由一组或几组铜管弯成的蛇形盘管组成。为了防止泄漏，所有连接处采用铜焊或者银焊焊接。蒸发器浸没在盛满载冷剂(水或盐水等)的箱体中，箱体一端装有搅拌器。节流后的氟利昂液体采用供液分配器向多组蛇形盘管供液，以保证各组蛇形盘管供液均匀。制冷剂液体从蒸发器上部进入，吸热汽化后的蒸气由下部导出，利用较大的回气流动速度将润滑油带回制冷压缩机。载冷剂在搅拌器的推动下循环，与管程内流动的制冷剂进行热交换。

其结构如图 3.31 所示。特点：由于蛇形盘管排得较密，载冷剂在循环流动时的流动阻力也较大，流速较慢，加之蛇形盘管下部充满制冷剂蒸气，使得这部分盘管传热面积不能充分利用，因此，平均传热系数较低。

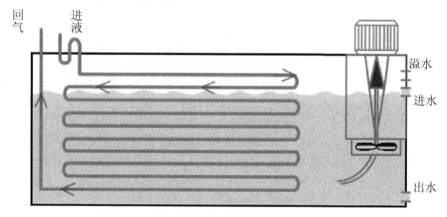

图 3.31 蛇管式蒸发器

④ 卧式壳管式蒸发器。卧式壳管式蒸发器主要用于冷却载冷剂，分为满液式蒸发器和干式蒸发器两大类。

【参考动画】

a. 满液式蒸发器。这类蒸发器在正常工作时，由于筒体内要充注沿垂直方向 70%～80%高度的制冷剂液体，因此称为"满液式"。满液式蒸发器的结构和冷热流体相对流动的方式与卧式壳管式冷凝器类似。在满液式蒸发器中，制冷剂走管外，载冷剂走管内，载冷剂下进上出。

结构：其筒体是用钢板卷焊成的圆柱形，两端焊有多孔管板，管板上胀接或焊接多根 $D25mm×2.5mm～D38mm×3mm$ 的无缝钢管。筒体两端的管板外再装有带分水肋的铸铁端盖，形成载冷剂的多程流动。一端端盖上有载冷剂进液、出液管接头，另一端端盖上有泄水、放气旋塞。管板与端盖间夹有橡皮垫圈，端盖用螺栓固定在筒体上。在筒体上部设有制冷剂回气包和安全阀、压力表、气体均压等管接头，回气包上有回气接头。筒体中下部侧面有供液、液体均压等管接头(也有将供液口接到筒体上部,液体均压管在下集油包上)。筒体下部设有集油包,包上有放油管。在回气包与筒体间还设有钢管液面指示器。

工作过程：制冷剂液体节流后进入筒体内管簇空间,与自下而上做多程流动的载冷剂通过管壁交换热量。制冷剂液体吸热后汽化上升回到回气包中进行气液分离。气液分离后的饱和蒸气通过回气管被制冷压缩机吸走,制冷剂液体则流出回气包进入蒸发器筒体继续吸热汽化。润滑油沉积在集油包里,由放油管通往集油器放出。

氟用壳管式蒸发器的基本结构与氨用的相似,而不同的是氟用壳管式蒸发器体内的换热管用直径 D20mm 以下的纯铜管或黄铜管滚压成薄壁低肋片管,以增大传热系数。

满液式蒸发器的结构如图 3.32 所示。

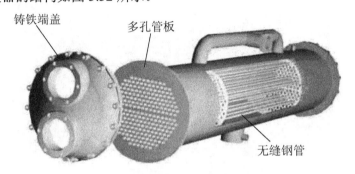

图 3.32 满液式蒸发器的结构

满液式壳管式蒸发器在工作时的要求如下：

(a) 保持一定的液面高度,液面过低会使蒸发器内产生过多的过热蒸气,会降低蒸发器的传热效果；液面过高易使湿蒸气进入制冷压缩机而引起液击,一般用浮球阀或液面控制器来控制满液式壳管式蒸发器的液面。

(b) 满液式壳管式蒸发器壳体周围要做隔热层,以减少冷量损失。

(c) 载冷剂在管程内的流速通常：淡水取 c=1.5～2.5m/s,海水取 c=1～2m/s。

(d) 对于氨用的一般对数平均温差：Δt_m=4～6℃。

冷却淡水时,其传热系数 K 为 582～756W/(m^2·℃)；冷却盐水时,其传热系数 K 为 465～582W/(m^2·℃)。

当制冷剂是氟利昂时,对于盐水一般可取 Δt_m=4～6℃,则蒸发器的传热系数 K 为 465～523W/(m^2·℃)。

满液式蒸发器的优点：结构紧凑,占地面积小,传热性能好,制造和安装方便,以及用盐水做载冷剂时不易腐蚀和避免盐水浓度被空气中的水分稀释等,广泛应用于船舶制冷、制冰、食品冷冻和空气调节中。

满液式蒸发器的缺点：制冷剂充注量大,由于受制冷剂液体静压力的影响,使其下部液体的蒸发温度提高,从而减少了蒸发器的传热温差。蒸发温度越低这种影响就越大,氟利昂液体的密度比氨大,因而影响更加明显。另外,氟利昂制冷剂中溶解的油在低温下析出后很难排出蒸发器。当满液式蒸发器蒸发温度过低和载冷剂流速过慢时,可能由于载冷剂冻结而冻裂管子,因此它的应用受到了一定的限制。尤其是在氟利昂制冷系统中,很少使用满液式蒸发器,而使用干式壳管蒸发器。

b. 干式蒸发器。干式蒸发器主要应用于氟利昂制冷系统中。这种蒸发器的制冷剂液体在管内流通，因而制冷剂的充注量较少。

结构：干式蒸发器是由多根半径不等的 U 形管组成的，这些 U 形管的开口端胀接在同一块板上，其他如壳体、折流板和制冷剂、载冷剂的流动方式与直管式相同。

流程：在干式蒸发器中，制冷剂液体节流后由端盖下部进入，经过两个流程吸热蒸发后从端盖上方出口引出。

使用及优点：用在小型氟利昂装置上，其优点是不会因不同材料的膨胀率的差异而产生内应力及 U 形管束可以方便地抽出来清洗。

干式蒸发器的结构如图 3.33 所示。

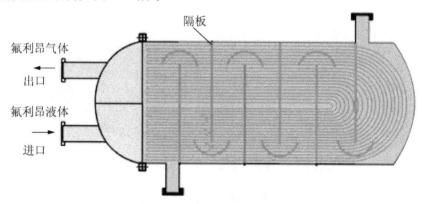

图 3.33　干式蒸发器的结构

干式蒸发器的特点如下：

优点：充注量为管内容积的 40%左右，与满液式相比，充注量可以减少 80%～83%，因此制冷剂静压力影响较小，排油方便，载冷剂冻结不会胀裂管子，以及制冷剂液面容易控制，同时还具有结构紧凑，传热系数高等优点。

缺点：制冷剂在管组内供液不易均匀，折流板的制造与安装比较麻烦。在载冷剂侧折流板的管孔和管子之间，折流板外周与壳体容易产生泄漏旁流，从而降低其传热效果。干式蒸发器属于低温设备，壳体需要做隔热层。

(2) 冷却空气的蒸发器。这类蒸发器有自然对流式冷却空气的蒸发器和强迫对流式冷却空气的蒸发器。

① 自然对流式冷却空气的蒸发器。自然对流式冷却空气的蒸发器如图 3.34 所示。其广泛应用于低温冷藏库中，制冷剂在冷却排管内流动并蒸发，管外作为传热介质的被冷却空气做自然对流。冷却排管最大的优点是结构简单，便于制作，对库房内储存的非包装食品造成的干耗较少。但排管的传热系数较低，且融霜时操作困难，不利于实现自动化。对于氨直接冷却系统，采用无缝钢管焊制，用光管或绕制翅片管；对于氟利昂系统，大都采用绕片或套片式铜管翅片管组。

② 强迫对流式冷却空气的蒸发器(冷风机)。强迫对流式冷却空气的蒸发器多是由风机与冷却排管等组成的一台成套设备。它依靠风机强制房间内的空气流经箱体内的冷却排管进行热交换，使空气冷却，从而达到降低房间温度的目的。目前，通信机房中所使用的绝大部分空调蒸发器属于此类。

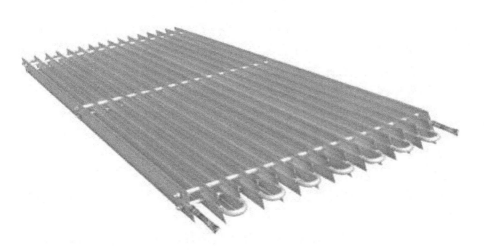

图 3.34 自然对流式冷却空气的蒸发器

强迫对流式冷却空气的蒸发器是将铜管加工制成盘管，并在管上套上翅片，以扩大散热面积，提高散热效果的。它的结构形式与风冷式冷凝器的结构形式一样。

蒸发器翅片之间的距离比冷凝器上的翅片间距要大，一般采用 1.8～2.2mm，其原因是蒸发器的制冷剂在蒸发吸收外界空气热量时，由于空气中水汽温度下降而凝结成水和水雾，从翅片之间留下或布满翅片之间，影响了蒸发器的传热性能：一是翅片间积水或水雾的存在，减少了蒸发器的有效散热面积；二是积水和水雾的存在，增大风阻，因此导致风量和传热系数的下降。

蒸发器翅片间积水和水雾的存在与翅片间距大小有很大关系，翅片之间的距离越大，积水和水雾越少，但翅片距离过大，会使蒸发器的有效散热面积减少，所以，选择最佳的翅片间距就显得很重要。

图 3.35 "V" 形蒸发器

目前，对翅片表面进行亲水处理，是解决积水的好方法，它可以使空气在降温过程中形成的冷凝水能沿翅片留下，不会粘附在两个翅片之间，导致风阻增大。但部分机房空调，如 HIROSS 蒸发器同样采用大面积蒸发器，而且表面也经过特殊的防水涂层处理，但仍然存在"飘水"问题。

为进一步提高制冷的效果，目前部分机房空调采用了 "V" 形(图 3.35)或 "A" 形交叉式供液方式的蒸发器，当一台专用空调中一套制冷系统(一台机房专用空调中通常有两套独立循环的制冷系统)单独工作时，由于它共用了两套制冷循环系统的蒸发器面积，因此可以增加蒸发面积，提高热交换效果。

近年来，国外空调器生产厂家为改进蒸发器的散热效果，提高发热系数，采用内翅片管，即管子内壁形成比较密集的翅片，翅片的形状有三角形、梯形、矩形等，管外仍保持光滑状。试验结果表明，内翅片管比光滑管的放热系数增加 1 倍左右，因此，空调器的制冷量和能效比都有显著的提高。

4) 蒸发器的去湿功能

在正常制冷循环中，室内机风扇以正常速度运转，供给设计气流及最经济的能量以满足制冷量的要求。

(1) 简单的除湿功能。当需要除湿时，压缩机运行，但室内机电动机转速降低，通常为原转速的 2/3，因此风量也减少了 1/3，通过冷却盘管的出风温度变成过冷，产生良好的冷凝效果即增加了除湿量。以此法增加去湿量带来的弊端如下：当出风量减少 1/3 时，通常在几秒种出风温度降低 2～3℃，当突然降低温度速度达到最大允许值每 10min 降低 1℃时，造成控制可靠性降低；当出风量减少 1/3 时，过滤效率降低，对换气次数及通风量都有很大影响，造成室内控制精度降低和温度分布不均匀；由于出风温度降低，需接通电加热器以提高室温，造成温度控制不精确和增加运行费用。

(2) 专门的去湿循环(图 3.36)。冷却绕组分为上、下两个部分，分别为总冷却绕组的 1/3 和 2/3。在正常冷却方式下，制冷工质流过冷却绕组的两个部分。在除湿方式下，常开电磁阀关闭，这样就把通向冷却绕组的上部绕组(1/3 部分)的氟利昂制冷剂切断了，所有氟利昂制冷剂都流向冷却绕组的下部绕组(2/3)部分。通过下部绕组的空气的温度是很低的，通常至少比冷却循环中的空气降低 3℃，所以增强了去湿效果，但其弊端是总制冷量会减小和降低吸气压力。

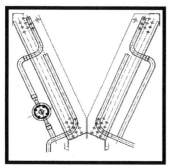

图 3.36　专门的去湿循环

(3) 旁路气体调节器。在"A"形蒸发器顶部安装一个旁路气体调节器，在正常冷却方式下这个调节器是关闭的，所有返回的气体都要平均地经过两个冷却绕组。当需要进行除湿操作时，旁路气体调节器完全打开，使 1/3 的返回气体旁路经过 A 框绕阻的顶部而没有经过冷却，另外 2/3 的返回气体均匀地通过 A 框绕组，排出气体的温度被快速降低，增加去湿效果。此种去湿方法的效果与专门的去湿循环相同，但是其优点是总制冷量将保持不变。

3.2.4　节流装置

【参考动画】

节流是压缩式制冷循环不可缺少的四个主要过程之一。其本身一般具有较大的流动阻力，节流机构的作用有两点：一是对从冷凝器中出来的高压液体制冷剂进行节流降压至蒸发压力；二是根据系统负荷变化，调整进入蒸发器的制冷剂液体的数量。常见的节流装置有节流阀和毛细管两种类型。

小型制冷装置因为工况比较稳定，制冷剂流量变化很小，不需要调节流量，所以一般采用毛细管形式。

做成阀状的节流装置不仅可以实现节流，还可以在一定程度上进行流量调节。阀状的节流装置有手动膨胀阀、浮球式膨胀阀、热力膨胀阀、电子膨胀阀等多种形式。

它们的基本原理都是使高压液态制冷剂受迫流过一个小过流截面，产生合适的局部阻力损失（或沿程损失），使制冷剂压力骤降，与此同时，一部分液态制冷剂汽化，吸收潜热，使节流后的制冷剂成为低压低温状态。

1. 毛细管

1）毛细管的功用

在小型制冷系统(如电冰箱、家用空调器)中，采用毛细管来降压节流。它的降压节流原理如下：任何一种流体，当它流过细而长的管子时，由于要克服管内的摩擦阻力，其出口压力就要降低，管子内径越小、管子越长，则其流动阻力越大，压力降也越大，流量就越小。在制冷系统中，冷凝器与蒸发器之间装上一根毛细管，则从冷凝器中流出的高温高压液体，经过细小的毛细管口，将受到很大的阻力，使其液体流量减少，也就是说，限制了制冷剂进入蒸发器中的数量，使冷凝器中保持相当稳定的压力或毛细管两端的压力差，这样才能使制冷剂进入蒸发器中降低压力，得到很好的蒸发吸热和制冷。

2）毛细管的结构

毛细管是一根直径很细的纯铜管，它的内径一般在 0.5～2.0mm，将其加工成螺旋形(图 3.37)，以增大液体流动时的阻力。加工成的毛细管，其管内不得有灰尘、油污和氧化皮等，管外必须干净。毛细管的长度由空调器的规格决定，通常在 0.5～2.0mm，毛细管的长短和管径的大小很重要，它直接影响到液体制冷剂的流通量和压缩机的制冷效果，因此，空调器在维修时，不得任意更换不同规格的毛细管，如果毛细管坏了，则可向生产厂家购买相同规格的管子来装配。空调器上毛细管的根数，过去皆装设一根，现在装有两根，其原因是一旦堵塞一根，空调器仍能继续使用。

图 3.37 毛细管

3）空调器蒸发温度的调整

若需改变空调的蒸发温度，常用改变毛细管的长度或内径来进行。若要提高蒸发温度，可以缩短毛细管的长度或增大毛细管的内径；若要降低蒸发温度，可加长毛细管的长度或减小毛细管的内径。一般改变毛细管长度，可以微调蒸发温度的高低；而改变毛细管内径，则蒸发温度变化较大，因为毛细管的截面积与直径的平方成正比，对于小直径的毛细管来说，即使内径改变 0.1mm，也会发生明显的压力变化。据有关实验表明，在同样工况和同样流量条件下，毛细管的长度与其内径的 4.6 次方近似成正比，即 $L_1/L_2=(d_1/d_2)^{4.6}$。

需要指出的是，有些维修人员认为，增大毛细管内径，就可以增加管内制冷剂的流通量，从而使空调器的制冷量增加。实际情况并非如此，制冷量反而下降，其因是管径增大后，管内压力升高，蒸发温度亦升高，制冷剂蒸发吸热量下降。

因此，采用毛细管的制冷设备，必须根据设计要求严格控制制冷剂的充加量。例如，200L 左右的电冰箱加 R12 的质量在 150g 左右，上下偏差不大于 5g。一般系统的首次充液

量 M 可近似按下式确定：

$$M=20+0.6V(\text{g})$$

式中：V——蒸发盘管内的容积(cm^3)。

4) 毛细管的特性

毛细管的优点：加工制作简单，价格便宜，没有运动部件，工作可靠，在冷凝器与蒸发器之间形成一个常通的通道，这样压缩机在停转后，能使冷凝器与蒸发器之间的压力很快地达到平衡状态，从而使压缩机再起动运转很省力。因为这一优点对全封闭式制冷压缩机来说极为重要，所以毛细管普遍应用于家用空调器中，作为制冷系统中的节流降压装置。

毛细管的缺点：制冷调节性能差，降温速度慢，不适用于热负荷变化大的制冷装置。

2. 手动膨胀阀

手动膨胀阀(图 3.38)和普通的截止阀在结构上的不同之处主要是阀芯的结构与阀杆的螺纹形式。通常，截止阀的阀芯为一平头，阀杆为普通螺纹，所以它只能控制管路的通断和粗略地调节流量，难以调整在一个适当的过流截面积上以产生恰当的节流作用。而节流阀的阀芯为针型锥体或带缺口的锥体，阀杆为细牙螺纹，所以当转动手轮时，阀芯移动的距离不大，过流截面积可以较准确、方便地调整。

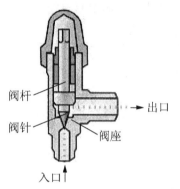

图 3.38 手动膨胀阀

手动膨胀阀的开启度的大小是根据蒸发器负荷的变化而调节的，通常开启度为手轮的 1/8～1/4 周，不能超过一周。否则，开启度过大，会失去膨胀作用。因此，它不能随蒸发器热负荷的变动而灵敏地自动适应调节，几乎全凭经验结合系统中的反应进行手工操作。

目前，它只装设于氨制冷装置中，在氟利昂制冷装置中，广泛使用热力膨胀阀进行自动调节。

3. 浮球式膨胀阀

1) 浮球式膨胀阀的工作原理

浮球节流阀是一种自动调节的节流阀。其工作原理是利用一个钢制浮球为启闭阀门的动力，浮球随液面高低在浮球室中升降，控制一个小阀门开启度的大小变化而自动调节供液量，同时起节流作用。当容器内液面降低时，浮球下降，节流孔自行开大，供液量增加；反之，当容器内液面上升时，浮球上升，节流孔自行关小，供液量减少。待液面升至规定高度时，节流孔被关闭，保证容器不会发生超液或缺液的现象。

2) 浮球节流阀的结构形式与安装要求

浮球节流阀(图 3.39)是用于具有自由液面的蒸发器、液体分离器和中间冷却器供液量的自动调节。在氨制冷系统中广泛应用的是一种低压浮球阀。低压浮球阀按液体在其中流通的方式，有直通式和非直通式两种。直通式浮球节流阀的特点是，进入容器的全部液体制冷剂首先通过阀孔进入浮球室，然后进入容器。因此，结构和安装比较简单，但浮球室的液面波动大。非直通式浮球节流阀的特点是，阀座装在浮球室外，经节流后的制冷剂不需要通过浮球室而沿管道直接进入容器。因此，浮球室的液面较平稳，但其结构与安装均较复杂。

目前，我国冷冻机厂生产的浮球节流阀都是这种非直通式的。这种浮球节流阀的结构是由壳体、浮球、杠杆、阀座、平衡管、阀芯和盖等组成的。

浮球节流阀在安装时的要求是浮球室的气体平衡管应接在筒身上，而不应接在液体分离器的吸气管上。液体平衡管不应接在液体分离器与蒸发器之间的供液管上，也不应接在低压循环储液筒的氨泵吸液管上，以免浮球室内液面波动过大。蒸发器中的液体往往呈气泡沸腾状态，致使气液混合物的密度显著降低，造成蒸发器中的实际液面要高于浮球室的液面，因此将浮球节流阀安装到蒸发器上时，最好把浮球节流阀适当降低一些。浮球节流阀的管路系统中一般应装设液体过滤器(采用每平方厘米250孔的钢丝网)，以保证进入浮球阀内的液体无杂质，避免阀门堵塞。此外，还要装设旁路手动节流阀，以便在浮球节流阀发生故障或清洗过滤器时仍可继续供液。

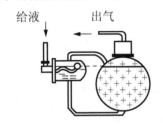

(a) 直通式浮球节流阀的安装示意图

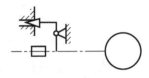

(b) 直通式浮球节流阀的工作原理

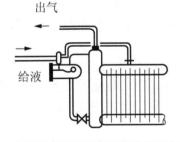

(c) 非直通式浮球节流阀的安装示意图

(d) 非直通式浮球节流阀的工作原理

图 3.39　浮球节流阀

4. 热力膨胀阀

热力膨胀阀是氟利昂制冷装置中根据吸入蒸气的过热程度来调节进入蒸发器的液态制冷剂量，同时将液体由冷凝压力节流降压到蒸发压力的。

热力膨胀阀的形式很多，但在结构上大致相同。按膨胀阀中感应机构动力室中传力零件的结构不同，可分为薄膜式和波纹管式两种；按使用条件不同，又可分为内平衡式和外平衡式两种。目前，常用的小型氟利昂热力膨胀阀多为薄膜式内平衡热力膨胀阀。

1) 内平衡式热力膨胀阀

内平衡式热力膨胀阀一般都由感温包、感应薄膜、顶杆、阀针、弹簧、调节杆、调节杆座、入口过滤器和毛细管等组成。热力膨胀阀的结构如图 3.40 所示。

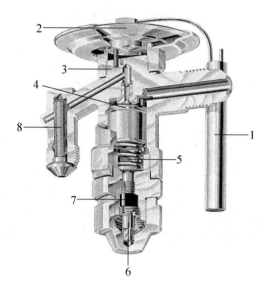

图 3.40 热力膨胀阀

1—感温包；2—感应薄膜；3—顶杆；4—阀针；5—弹簧；
6—调节杆；7—调节杆座；8—入口过滤器和毛细管

感温包里灌注氟利昂或其他易挥发的液体，把它紧固在蒸发器出口的回气管上，用以感受回气的温度变化；毛细管是用直径很细的铜管制成的，其作用是将感温包内由于温度的变化而造成的压力变化传递到动力室的波纹薄膜上去。波纹薄膜是由很薄的(0.1～0.2mm)合金片冲压而成的，断面呈波浪形，能有 2～3mm 的位移变形。波纹薄膜由于动力室中压力的变化而产生的位移通过其下方的传动杆传递到阀针上，使阀针随着传动杆的上下移动而一起移动，以控制阀孔的开启度。调节杆的作用是在系统调试运转中，用以调整弹簧的压紧程度来调整膨胀阀的开启过热度的，系统正常工作后不可随意调节且应拧上调节杆座上的帽罩，以防止制冷剂从填料处泄漏。过滤网安装在膨胀阀的进液端，用以过滤制冷剂中的异物，防止阀孔堵塞。

至于其工作原理，我们首先分析一下热力膨胀阀工作时波纹薄膜的受力情况。金属波纹薄膜受有三种力的作用：在膜片的上方，为感温包中液体(与其感受到的温度相对应的)的饱和压力对膜片产生的向下推力 p；在膜片的下方，受阀座后面与蒸发器相通的低压液体对膜片产生一个向上的推力 p_0(制冷剂的蒸发压力)；弹簧的张力 W 的作用。此外还有活动零件之间的摩擦力等因素构成的作用力，因为其值甚小，在分析时可以忽略不计。由以上分析可知，当三力处于平衡状态，即满足 $p=p_0+W$ 时，膜片不动，则阀口处于一定的开启度。而当其中任何一个力发生变化时，就会破坏原有的平衡，则阀口的开启度也随之发生变化，直到建立新的平衡为止。

当外界情况改变，如由于供液不足或热负荷增大，引起蒸发器的回气过热度增大时，则感温包感受到的温度也升高，饱和压力 p 也就增大，因此形成：$p>p_0+W$，这样就会导致膜片下移，使阀口开启度增大，制冷剂的流量也就增大，直至供液量与蒸发量相等时达到另一平衡。反之，若由于供液过多或热负荷减少，引起蒸发器的回气过热度减小，使感温包感受到的温度也降低时，则饱和压力 p 也就减小，因此形成：$p<p_0+W$，这样就会导致膜片上移，使阀口开启度减小，制冷剂的供液量也就减少，直至与蒸发器的热负荷相匹配为止。热力膨

胀阀的工作原理就是利用与回气过热度相关的力的变化来调节阀口的开启度的,从而控制制冷剂的流量,实现自动调节。内平衡式热力膨胀阀的结构原理如图 3.41 所示。

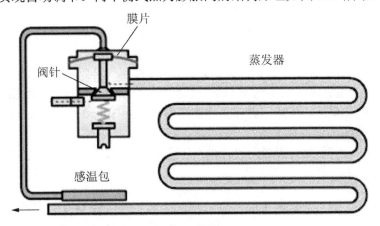

图 3.41 内平衡式热力膨胀阀的结构原理

另外,从上述关系也可看出,调节不同的弹簧张力 W,便能获得使阀口开启的不同过热度。与调定的弹簧张力 W 相对应的制冷剂的过热度称为静装配过热度(又称关闭过热度)。一般希望蒸发器的过热度维持在 3~5℃。

2) 外平衡式热力膨胀阀

外平衡热力膨胀阀与内平衡热力膨胀阀在结构上略有不同,其不同处是感应薄膜下部空间与膨胀阀出口互不相通,而且通过一根小口径的平衡管与蒸发器出口相连。换句话说,外平衡热力膨胀阀膜片下部的制冷剂压力不是阀门节流后的蒸发压力,而是蒸发器出口处的制冷剂压力。这样可以避免蒸发器阻力损失较大时的影响,把过热度控制在一定的范围内,使蒸发器传热面积充分利用。外平衡式热力膨胀阀的结构原理如图 3.42 所示。

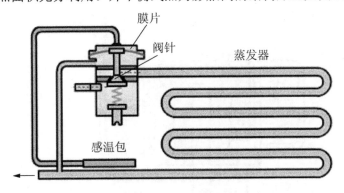

图 3.42 外平衡式热力膨胀阀的结构原理

内、外平衡式热力膨胀阀的工作原理完全相同,只是适用的条件不同,如果蒸发器中制冷剂的压力损失较大,使用内平衡式热力膨胀阀时,就会使蒸发器供液量不足,出口处气态制冷剂的过热度增大。也就使蒸发器的传热面积的利用率降低,制冷量相应减小。所以,在实际应用中,蒸发器压力损失较小时,一般使用内平衡式热力膨胀阀;而压力损失较大时(当膨胀阀出口至蒸发器出口制冷剂的压力降相应的蒸发温度降低超过 2~3℃时),应采用外平衡式热力膨胀阀。

3) 安装热力膨胀阀时应注意的问题

(1) 首先应检查膨胀阀是否完好，特别注意检查感温动力机构是否泄漏。

(2) 膨胀阀应正立式安装，不允许倒置。

(3) 感温包安装在蒸发器的出气管上，紧贴包缠在水平无积液的管段上，外加隔热材料缠包，或插入吸气管上的感温套内。

(4) 当水平回气管直径小于 25mm 时，感温包可扎在回气管顶部；当水平回气管直径大于 25mm 时，感温包可扎在回气管下侧 45°处，以防管子底部积油等因素影响感温包正确感温。

(5) 外平衡膨胀阀的平衡管一般都安装在感温包后面 100mm 处的回气管上，并应从管顶部引出，以防润滑油进入阀内。

(6) 当一个系统中有多个膨胀阀时，外平衡管应接到各自蒸发器的出口。

5. 电子膨胀阀

电子膨胀阀(图 3.43)是由电子电路进行控制的膨胀阀，它是变频制冷空调设备中的关键部件。电子膨胀阀有其他膨胀阀无法比拟的优点。它的流量控制范围大，动作迅速，调节精细，动作稳定，可以使制冷剂往、返两个方向流动。

在变频式制冷空调设备中，压缩机由变频电动机拖动，电动机的转速可以根据室内制冷量的需要而连续变化，最终使压缩机的制冷量达到连续变化的自动控制，为配合制冷量的连续变化，采用电子膨胀阀与变频式压缩机匹配使用。由于电子膨胀阀能够根据微型计算机的指令，迅速调节阀的开启度，快速控制制冷剂的流量，可减小房间室内的温差，因而能够增强空调的舒适程度，又可最大限度地节能。

图 3.43 电子膨胀阀

电子膨胀阀由主阀与定子线圈两部分组成，电子膨胀阀的驱动部件是一个脉冲步进电动机。其结构如图 3.44 所示。

【参考图片】

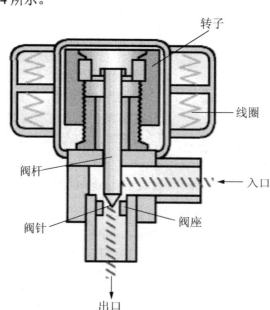

图 3.44 电子膨胀阀的结构

当定子线圈接受微型计算机送来的脉冲电压时，所产生的磁场与磁钢的磁场相互作用，产生一扭矩驱使转子组以一定的角度步进式向左或向右旋转，从而带动阀针上、下移动。

当转子组向右旋转至一定位置时，转子组上的撞块与螺纹套上的撞块相碰，阀体处于阀座上的阀口的最低位置，膨胀阀全闭。转子组向左旋转，阀口打开，当定子线圈工作完全开脉冲数后，膨胀阀全开。若转子组继续向左旋转，直至旋出螺纹套，弹簧可帮助转子组在右旋时可靠动作。

电子膨胀阀的优点：流量调节范围大；控制精度高；适用于智能控制；能适用于高效率的制冷剂流量的快速变化。

3.2.5 储液罐

储液罐(图 3.45)是位于冷凝器出口与干燥过滤器之间的制冷剂液体储存装置。空调系统开始工作时的负荷量大，要求制冷剂的循环量也大。当工作一段时间之后，负荷将减少，这时所需的制冷剂量相应地减少。因此，负荷大时，储液器中的液体制冷剂补充进来；而负荷小时，又可将液体制冷剂储存起来。即它能自动适应负载的变化，调节冷凝压力使冷凝器工作于最佳工况。

在进行系统维护的过程中，可以容纳绝大部分制冷剂，避免向大气环境排放制冷剂。

储液罐降低了调试过程对制冷剂充注量的精度要求。在以前充注制冷剂需要很精确，若灌注量太多，则空气立刻将会发生高压告警；若灌注太少，则会产生低压告警，而目前充注量则相对较为宽松，并无严格要求。

图 3.45　储液罐

同时，储液罐的存在可以把冷凝器容积充分利用，本来冷凝器中有 1/5 的容积是用来储存制冷剂液体的，这样对于机房专用空调的安全运行是很有利的。

3.2.6 干燥过滤器

1. 干燥过滤器的功能

干燥过滤器装在冷凝器与毛细管之间，用来清除从冷凝器中排出的液体制冷剂中的杂质，避免毛细管阻塞，造成制冷剂的流通被中断，从而使制冷工作停顿。同时吸收制冷系统中可能存在的水蒸气(内部充注硅胶)。

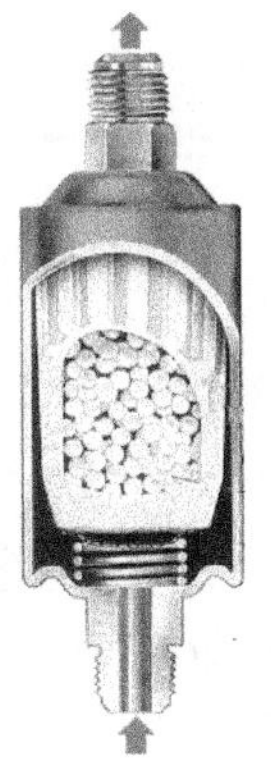

2. 干燥过滤器的结构

房间空调器的过滤器，其结构比较简单，即在铜管中间设置两层铜丝网，用来阻挡液体制冷剂中的杂物流过；对于机房专用空调设有干燥剂的过滤器(图 3.46)，在器体中还装有分子筛(4A 分子筛)，用来吸附水分。如果这些水分不吸走，有可能在毛细管出口或蒸发器进口的管壁内结成冰，使制冷剂流动困难，甚至发生阻塞，使空调器无法实现制冷降温。同时，水分还会与制冷剂反应产生盐酸等危害。当硅胶与分子筛组合使用时，可实现干燥与抗酸性能的双重功效，分子筛的吸附能力比硅胶更强。

图 3.46　干燥过滤器

制冷系统中水分的来源,主要是空调器使用一段时间后,由于安装不妥等原因产生振动,从而使系统中的管道产生一些微小的泄漏,使外界空气渗入。

对于机房专用空调,干燥过滤器的连接有两种形式:螺纹连接和焊接,如图3.47所示。例如,佳力图、PEX机房空调的干燥过滤器一般采用螺纹连接,此方式便于维护;而CM+则采用焊接,此方式可靠性较好。

(a) 螺纹连接   (b) 焊接

图 3.47　干燥过滤器的连接

3.2.7　视液镜

视液镜采用玻璃与钢件高温烧结工艺,产品外形美观,强度好,玻璃透明度高。视液镜适用于各种制冷设备、压缩机等。视液镜如图3.48所示。

图 3.48　视液镜

1. 视液镜的性能特点

(1) 视液镜密封结构及采用容易观察和灵敏度高的指示元件。
(2) 视液镜通过颜色变化指示系统中的含水量。
(3) 视液镜的最高工作温度为70℃。
(4) 视液镜的最大工作压力为35bar。

2. 视液镜的工作原理

液体水分指示器的设计为使用者提供一种准确的方法来确定系统内制冷剂的品质和含水量。通过广角的视镜可以目视系统的制冷剂,显示系统内部膨胀阀前制冷剂的状态,制冷剂是否充足可以直接反映,因此很容易看到系统内的气泡或闪蒸气体,表示冷媒剂量是否需要适当填充。在目视镜内中心位置的指示器元件对水分高度灵敏,并随着系统内的水分含量的变化逐渐改变颜色,用来显示系统内部不利物质水蒸气的浓度高低。

视液镜中间指示器的三种颜色分别对应三个英语单词:Dry(干燥)表示含水量在允许范

围内；Caution(警告)表示含水量增加；Wet(湿)表示需要更换干燥过滤器。

3.2.8 管路电磁阀

管路电磁阀是一种开关式的自动阀门，它的开与关是由电流通过电磁铁线圈时产生电磁吸力来控制的，用来自动接通和切断制冷系统的液体管路，在机房专用空调中得到了广泛的应用。管路电磁阀如图 3.49 所示。

电磁阀通常与压缩机同接一个起动开关，以配合压缩机的开与停，来自动接通和切断供液，避免压缩机停车后，大量制冷剂液体流入蒸发器中，造成下次起动时，压缩机吸入湿蒸气产生液击事故。此外，管路电磁阀还可以受压力继电器、温度继电器等发出的信号来控制，以组成制冷系统的自动控制系统。电磁阀只许制冷剂介质单向流动，安装时应注意其方向。

图 3.49 管路电磁阀

管路电磁阀进出口径大小的品种规格较多，但按其开启方式可分为直接式和间接式两大类。直接式用于小口径的电磁阀上，间接式用于大口径的电磁阀上。

1. 直接启闭式电磁阀

它是由电磁头所组成的电磁芯直接去开闭阀口，故又称为一次开启式的电磁阀。这种电磁阀结构简单，故障也较少，但因磁力较小，适宜用在小口管路上，如图 3.50 所示。

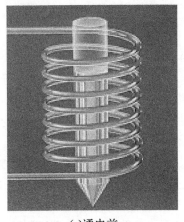 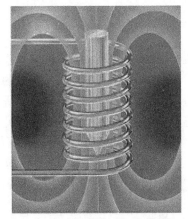

(a)通电前　　　　　　　　　　　　(b)通电后

图 3.50 直接启闭式电磁阀

2. 间接启闭式电磁阀

它的上部电磁头的结构原理与直接启闭式电磁阀相同，但它不是直接依靠电磁头来启闭的，而是直接启闭活塞浮阀组。

间接启闭式电磁阀的工作过程如图 3.51 所示。

(1) 线圈未触发，导阀阀芯关闭，主阀阀芯关闭。流体的压力通过平衡孔作用在主阀阀芯的上方，如图 3.51(a)所示。

(2) 线圈触发,导阀阀芯开启,主阀阀芯正在开启。作用在主阀阀芯上方的流体压力通过导阀泻入主阀阀芯下方,主阀开始打开,如图 3.51(b)所示。

(3) 线圈触发,导阀阀芯打开,主阀阀芯打开,流体压力作用在主阀阀芯的下方。主阀保持开启状态,如图 3.51(c)所示。

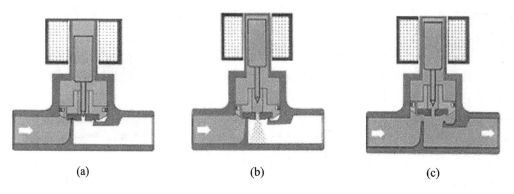

(a)　　　　　　　　　　(b)　　　　　　　　　　(c)

图 3.51　间接启闭式电磁阀的工作过程

3.2.9　手动截止阀

手动操作的截止阀与管路电磁阀的基本作用相同。但是,由于手动截止阀是由人为来动作的,因此必须安装在触手可及的地点。

手动截止阀的作用是在检修制冷机时,抽真空或灌注系统制冷剂时,关闭吸、排气腔通道之用。

3.2.10　气液分离器

气液分离器在制冷系统中的基本作用是分离出并保存回气管里的液体以防止压缩机造成液击。因此,它可以暂时储存多余的制冷剂液体,并且也防止了多余制冷剂流到压缩机曲轴箱造成油的稀释。因为在分离过程中,冷冻油也会被分离出来并积存在底部,所以在气液分离器出口管和底部会有一个油孔,保证冷冻油可以回到压缩机,从而避免了压缩机缺油。气液分离器如图 3.52 所示。

气液分离器的工作原理是带液制冷剂进入气液分离器时由于膨胀速度下降使液体分离或打在一块挡板上,从而分离出液体。

气液分离器的设计和使用必须遵循以下原则。

(1) 气液分离器必须有足够的容量来储存多余的液态制冷剂。特别是热泵系统,最好不要少于充注量的 50%,如果有条件最好做试验验证一下,因为用节流孔板或毛细管在制热时节流,可能会有 70%的液态制冷剂回到气液分离器。还有高排气压力,低吸气压力也会让更多的液态制冷剂进入气液分离器。用热力膨胀阀会少一些,但也可能会有 50%的液态制冷剂流到气液分离器,主要是在除霜开始后,外平衡感温包还是热的,所以制冷剂会大量流过蒸发器而不蒸发从而进入气液分离器。在停机时,因为气液分离器是系统中最冷的部件,所以制冷剂会迁移到这里。因此要保证气分有足够的容量来储存这些液态制冷剂。

图 3.52　气液分离器

(2) 适当的回油孔及过滤网保证冷冻油和制冷剂回到压缩机。回油孔的尺寸要尽量保证没有液态制冷剂回流到压缩机,但也要保证冷冻油尽量可以回到压缩机。如果是运行中气液分离器中存有的液态制冷剂,推荐使用直径为 0.040in (1.02mm);如果是因为停机制冷剂迁移到气液分离器推荐使用 0.055in(1.4mm)[谷轮的应用工程手册直接给出 0.040~0.050in(1.02~1.3mm),并给出一般气液分离器是 0.0625~0.125(1.6~3.2mm)]。当然如果有条件也可能用试验优化这个尺寸,以达到最好的效果。还有过滤网,谷轮推荐使用不小于 30×30 目(0.6mm 孔径),这里推荐使用 50×60 目,这好像有点矛盾,不过考虑到在中国空调安装的水平,特别是分体式的安装,经常会有杂质进入系统,所以用大点的孔径会稳妥些。

(3) 气液分离器的压力损失尽可能小。冷冻油和制冷剂的流量由出口 U 形管的尺寸控制,所以它的尺寸也决定了制冷剂的压力损失,因为进入出口管的制冷剂是高速的。这里有一个参考值,对于 R22、R134、R410A,在 5℃蒸发温度,30℃吸气温度时压力损失为 7kPa(饱和状态下的压力)。但是不同制冷剂换算成压力又是不同的,前面提的压力损失又是针对几种制冷剂,所以这些参数只是作为参考。

此外,为了让气液分离器更好地工作,还有以下结构特点。

(1) 为了防止虹吸现象,在出口 U 形管上部有一个平衡孔,以防止停机后重新起动时制冷剂液体因虹吸而进入压缩机。

(2) 气液分离器尽量靠近压缩机安装,有四通阀的安装在四通阀和压缩机之间,有过滤器的安装在它和压缩机之间。图 3.53 显示了气液分离器安装时管路的高度最好比压缩机回气口要低。

(3) 为了避免由于外界温度变化而对气液分离器里的制冷剂过热度造成影响,因此最好能在气液分离器外面包一层保温棉。

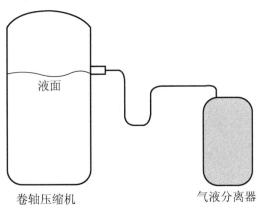

图 3.53 气液分离器的安装位置

3.2.11 分液器

在制冷系统中分液器的使用是十分普遍的,尤其在氟利昂系统中伴随可以自动调节液体流量得以控制蒸发器出口过热度的热力膨胀阀的使用,分液器得到了更为广泛的应用。分液器(图 3.54)是连接在热力膨胀阀的出口端的一种装置,在分液器的出口部位焊接有毛细管,并和制冷系统中的蒸发器的制冷流程连接,为蒸发器提供均匀的制冷剂。分液器的目的是使经过热力膨胀阀节流的制冷剂通过分液器后能够均匀分配给蒸发器的每个制冷流程,使制冷剂能够以最大效能被利用,从而优化蒸发器的性能。

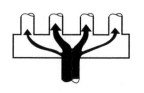 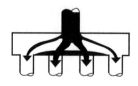 

(a) 上供液　　　　　　(b) 下供液　　　　　　(c) 侧供液

图 3.54　分液器

在热力膨胀阀供液的制冷系统中，由于液态制冷剂经过膨胀阀的节流作用后，压力降低，从而成为液态和气态混合的两相流体，在这个两相流中占据整个流体体积绝大多数重量的液体部分实际的总体积却微乎其微。以氟利昂 R22 为例，在 7℃ 的蒸发温度情况下，液体部分占整个两相流总重量的 77%，体积却只占总体积的 7%，由于重力对液体部分比气体部分的影响大，因此造成液体和气体的流速不同。

在制冷系统中，大多采用传统的集管为蒸发器供液，这类集管设计简单、便于加工；在以热力膨胀阀为节流装置的制冷系统中，此类集管则暴露出其分液不均的弱点。

所以，只有均匀地混合气液两相流，并使其能够均匀分配到蒸发器的各个回路中去，才能达到最好的换热效果。由此可见，制冷剂的高流速对于分液器能否成功分液起到了至关重要的作用。也正是这个原因，现在国际上通用的分液器在进口端都增设了孔板结构，通过孔板的压力降使制冷剂的压力降低、流速增加，并且在孔板后设置起分流作用的椎体，这样流出膨胀阀的气流两相流被均匀地分配到椎体旁边的各路流程孔中，通过分液器后端毛细管的沿程阻力保持了这种混合状态的平衡。

分液器组件的安装(图 3.55)及使用要点如下。

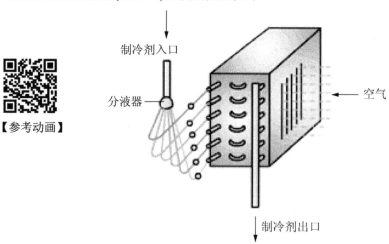

图 3.55　分液器的安装

(1) 分液器每一分路的压降尽量相同，这里每一分路是指从分液器出口到分液管，再到蒸发器，直到蒸发器出口(或到完全蒸发为气体的部分，也就是过热部分)，这包括蒸发器里每一分路的负荷也要一样，如流过迎风面和背风面的长度尽可能相近，不然蒸发快慢也会影响压力的变化，如果不一样，会影响分液器的分液效果。

(2) 分液器与膨胀阀之间的距离尽可能短，如果可能则可直接把分液器焊在热力膨胀阀的出口；如果不能在一起，那么距离也不能超过 610mm。

(3) 分液器不管是什么形式的，压降都会对热力膨胀阀产生较大的影响，在选型时要充分考虑，而且必须使用外平衡式的热力膨胀阀。

(4) 为了避免重力的影响，分液器尽量垂直安装。

(5) 对于使用分液器多路供液的蒸发器采用热气旁通能量调节时，热气最好不要在蒸发器中部引入，通常在膨胀阀和分液器之间引入，为了不影响分液器的分液效果，要使用一个专门的气液混合接头将热气和液体混合后，再进入分液器，而且最好是立即进入，中间不再接任何连接管，以免气液分层过于严重而影响分液效果。

所以，分液器和热力膨胀阀的广泛应用大大提高了制冷系统的自动化控制，并且均匀的供液系统同时也优化了蒸发器的换热效能。

3.2.12 高低压力控制器

制冷系统中的高低压力控制器是起保护作用的装置，如图 3.56 所示。

高压保护是上限保护。当高压压力达到设定值时，高压控制器断开，使压缩机接触器线圈释放，压缩机停止工作，避免在超高高压下运行损坏零件。高压保护是手动复位。当压缩机再次起动时，应先按下复位按钮。在重新起动压缩机前，应先检查造成高压过高的原因，故障排除后才能使机器正常运转。

低压保护是为了避免制冷系统在过低压力下运行而设置的保护装置。它的设定分为高限和低限。其控制原理如下：低压断开值就是上限和下限的压差值，重新开机值是上限值。低压控制器是自动复位，要求工作人员经常观察机器的运行情况，出现报警时要及时处理，避免压缩机长时间频繁起停而影响使用寿命。

图 3.56 高低压力控制器

3.2.13 电磁四通换向阀

【参考动画】

图 3.57 电磁换向阀

热泵型空调器是通过电磁换向阀(图 3.57)的动作，改变制冷剂的流动方向，以达到夏季制冷、冬季制热的。例如，在夏季，电磁换向阀的动作使低压制冷剂进入室内侧蒸发器中蒸发，吸收室内空气热量，使其温度降低，达到室内冷气循环；在冬季，电磁换向阀又换向动作，使高压制冷剂进入室内侧蒸发器，此时蒸发器将作为散热器使用，使进入的高温高压制冷剂通过管壁散去热量，使流动的空气温度上升，从而使室内温度升高。

电磁换向阀主要由控制阀与换向阀两部分组成，如图 3.58 所示。通过控制阀上电磁线圈及弹簧的作用力来打开和关闭其上毛细管的通道，以使换向阀进行换向。

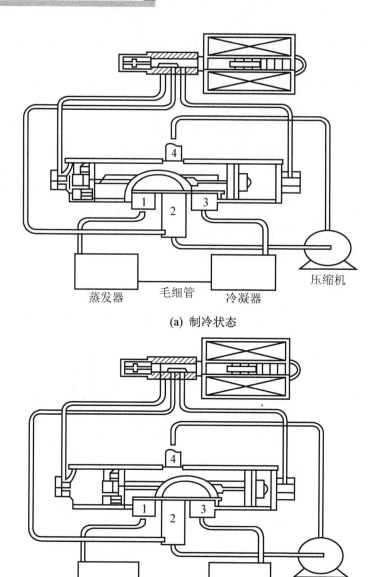

图 3.58 电磁四通换向阀

当空调器制冷时，电磁线圈不通电，控制阀内的阀塞将右侧毛细管与中间公共毛细管的通道关闭，使左侧毛细管与中间公共毛细管连通，中间公共毛细管与换向阀低压吸气管相连，所以换向阀左端为低压腔。在压缩机排气压力的作用下，活塞向左移动，直至活塞上的顶针将换向阀上的针座堵死。在托架移动过程中，滑块将室内换热器与换向阀中间低压管连通；高压排气管与室外侧换热器相连通。这时，1、2 相通，3、4 相通，空调器做制冷循环。

当空调器制热时，电磁线圈通电，控制阀塞在电磁力的作用下向右移动，这样关闭了左侧毛细管与公共毛细管的通路，打开了右侧毛细管与公共毛细管的通道，使换向阀右端为低压腔，活塞就向右移动，直至活塞上的顶针将换向阀上的针座堵死。这时高压排气管与室内侧换热器沟通，2、3相通，1、4相通，空调器做制热循环。

通过总结四通阀的工作原理，可以看出，空调不管是处于制冷状态或是制热状态，电磁四通换向阀四条进排气管正常情况下一定为两冷两热，并且泾渭分明。

3.3 机房专用空调的加热和加湿系统

3.3.1 机房专用空调的加热系统

智能型机房专用空调的电加热器一般采用由本机计算机控制的晶闸管无级调节电加热器(图 3.59)。它具有三级电加热功能，可根据房间的热负荷分三级投入运行，其作用是将除湿过程中所造成的过低温度空气再加热，以保证出口空气温度在规定范围内。通常采用螺旋翅片 U 形不锈钢加热管，部分还带有整体的散热片，使机体带有较大的传热表面，发热速度快，热量均匀，这样可以减少高温聚积，它允许在较小的空间有较大的安装容量，特殊的隔绝系统可避免湿气进入构件而使绝缘下降或使散热片等构件氧化，导致热阻增大，散热效果下降。

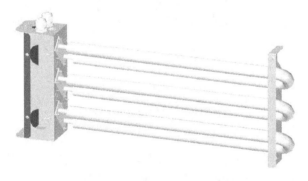

图 3.59　机房空调的电加热器

加热器有自动恒温起动安全装置，通常带两个自动复位开关和一个手动复位开关(CM+加热器仅有一个手动复位开关)。由本机计算机根据被控房间内的实际温度，准确无误地将房间所需的热量加入空调的风道系统。它可用于不同的工作阶段，当高温超过 75℃时，恒温器便切断送电，避免了其他有极加热方式对用户电力资源的浪费，大大节省了机房专用空调的运行费用。

3.3.2 机房专用空调的加湿系统

对于有一定湿度要求的通信机房，安装的恒温恒湿空调机组一般都配置加湿器，其作用是当室内相对湿度较低时，自动控制加湿，使室内空气的湿度达到要求。智能型机房专用空调的加湿方式主要根据用户所在地域的不同及水质差异，有红外线式与具有先进自动冲洗功能的电极式加湿器可供用户选择。下面分别予以介绍。

1. 红外线式加湿器

红外线式加湿器是一种用于空调系统加湿的设备。它由高强度石英灯管、不锈钢反光板、不锈钢蒸发水盘、温度过热保护器、进水电磁阀、手动阀门、加湿水位控制器等组成，如图 3.60 所示。

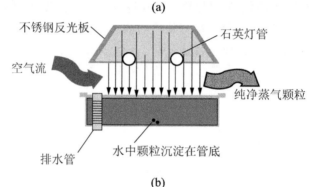

图 3.60　红外线式加湿器

红外线式加湿器可在水不沸腾的状况下快速蒸发，产生洁净蒸气用于加湿。运行中自动保持水位，进水管喷水时水面杂质自行经隔板溢入溢水槽排出，泄垢管自动泄漏部分水垢，延长了设备的清洗周期。该加湿器适用于恒温恒湿场所，特别是还要求高洁净的场所，在硬水地区更显示出优越性。

当空调房间湿度低于设定的湿度时，由计算机输出加湿信号，高强度石英灯管电源接通，通过不锈钢反光板反射，5～6s 即可用远红外波激化水盘表面水分子，使湿蒸气进入机房专用空调的风道系统，以达到加湿目的。水位是由浮阀来控制的，并且和进水电磁阀共同组成了一个自动供水系统，如果供水量偏小或者无水供应，那么通过一个延时装置将自动切断红外线加湿灯管系统接触器线圈的电源，使之停止工作，在加湿器不锈钢反光板上部和水盘下部各有一个过热保护装置，当停水或水压不够时，设备出现过热现象；当温度达到设定值时，保护装置将断开加湿器工作状态，并同时引发加湿报警出现。

红外线加湿方式尤其适合水质较差且需要常年加湿地域的用户使用。

2. 电极式加湿器(图 3.61)

一般自来水的电导率为 125～1250μs/cm，其中含有微量导电离子(如钙、镁离子等)，水就是一种导电液体。当自来水进入电极加湿罐时，水位逐渐上升，直到水位漫过加湿罐内的电极时，电极将通过水构成电流回路，并把水加热至沸腾，产生洁净蒸气。电极加湿器通过控制加湿罐中水位的高低和电导率的大小来控制蒸气的输出量。

电极加湿器开机后，计算机控制器先开启进水阀，使水通过进水盒(此时计算机可以测出进水的电导率)进入加湿罐的底部，然后逐渐上升并接触到电极，水接触到电极后，电极就通过水构成电流回路，加热水并使之沸腾，水位越往上升，电极所流过的电流就越大，当水位升到最高点时，计算机控制器就会通过高水位检测电极，检测出此信号，并关闭进水阀。

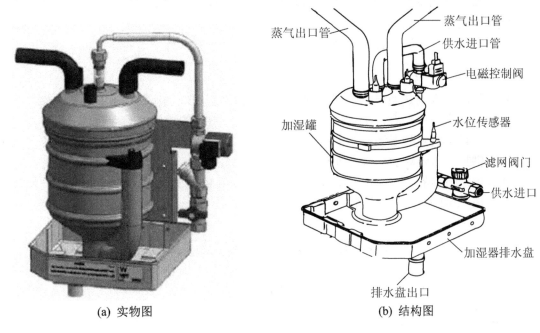

(a) 实物图　　　　　　　　　　　(b) 结构图

图 3.61　电极式加湿器

随着蒸气量的不断输出，电极罐中的水位逐渐下降，这时计算机控制器将再次开启进水阀，给电极罐补新水，满足所需要的加湿量要求。

当加湿罐中的矿物质不断增多和水的电导率过高时，计算机控制器及时打开排污阀，排掉部分水及污物，加湿器再次自动补水，使得电极式加湿器内的钙镁离子保持最低浓度，大大减缓了加湿器电极结钙的速度，从而确保加湿器工作在最佳状态和达到延长加湿罐寿命的目的。

试验证明，采用自动冲洗程序的佳力图机房专用空调电极式加湿器的使用寿命比其他品牌机房专用空调的电极式加湿器的使用寿命高出 3～4 倍。这样大大提高了电极式加湿器的使用寿命，降低了用户对机房专用空调的使用成本。而且电极式加湿器采用模拟量控制的微处理器，通过 0～10V 模拟量信号输入调节加湿器的加湿量，从而大大提高了调节精度。

电极式加湿器的使用条件：①环境：温度为 5～40℃，相对湿度小于 80%RH；②供水水质为洁净的自来水或软化水，电导率为 125～1250μs/cm(电极加湿器不能使用去离子水、纯净水或蒸馏水)；③供水压力为 0.1～1.0MPa；④供水水温为 4～40℃。

电极加湿器控制方式有两种：①ON/OFF 开关式控制方式，手动或干接点控制加湿器启停。②模拟量控制方式，一般接收外部 0～10V 或 4～20mA 标准控制信号实现加湿器蒸气输出量的大小。

电极式加湿比红外式加湿具有更大的应用灵活性，因为加湿罐无需安装在气流内，但是，发出加湿指令时需要加热水至沸腾，对湿度变化的反应速度较慢。

3. 超声波加湿器

超声波加湿器采用超声波高频振荡技术，将水雾化为 1～5μm 的超微粒子，通过风动装置，将水雾扩散到空气中，从而达到均匀加湿空气的目的。据亚都商业公司副总经理胡军介绍，超声波加湿器的优点是加湿强度大、加湿均匀、加湿效率高；节能、省电，耗电仅为电加热式加湿器的 1/15～1/10；使用寿命长，湿度自动平衡，无水自动保护；兼具医疗雾化、冷敷浴面、清洗首饰等功能。但它的缺点是对水质有一定的要求。

4. 纯净加湿器

纯净加湿技术则是加湿器领域刚刚采用的新技术。纯净加湿器通过分子筛蒸发技术除去水中的钙镁离子，彻底解决"白粉"问题。通过水幕洗涤空气，将空气加湿的同时净化空气，再经风动装置将湿润洁净的空气送到室内，从而提高环境湿度。新一代纯净加湿器多采用模糊控制，随温度、湿度变化而自动调节加湿量，运用动平衡原理将环境相对湿度控制在人体最适宜的 45%～65%RH。当室内相对湿度高于 50%RH 时，加湿器便自动降低加湿量，使环境始终处于恒湿状态。

3.4 机房专用空调的风道系统

风道系统通常由电动机、风机和空气过滤器组成。

3.4.1 电动机

电动机为安全标准 IP54 全密封风冷式，并有 r 级绝缘。电动机安装在可调校的活动底座上，并配合可调校的电动机带轮做风量的调校。

风量的调节有两种方式：

(1) 机械调整。在某些型号的空调中，风量的调整可借助于可调校的底盘及电动机皮带盘。

(2) 电气调整。大多数空调风量的调整是通过电动机转速的变化来达到的，可根据室内温度无级调速。

目前，EC 电动机在机房专用空调中的应用最为广泛，实物图如图 3.62 所示。

图 3.62 EC 电动机

EC(Electrical Commutation)电动机电源为直流电源、内置直流变交流(通过六个逆变模块)、采用转子位置反馈、三相交流、永磁、同步电动机(直流无刷只是电源品质和电动机的表象,而不是电动机的实质,EC 电动机实质上是三相交流永磁同步电动机)。

EC 电动机为内置智能控制模块的直流无刷式免维护型电动机,自带 RS485 输出接口、0~10V 传感器输出接口、4~20mA 调速开关输出接口、报警装置输出接口及主从信号输出接口。该产品具有高智能、高节能、高效率、使用寿命长、振动小、噪声低及可连续不间断工作等特点。

无刷直流电动机由于省去了励磁用的集电环和电刷,在结构上大大简化。同时,不但改善了电动机的工艺性,而且电动机运行的机械可靠性大为增强,使用寿命增加。采用永磁无刷直流电动机驱动替代原先的感应电动机驱动具有巨大的优越性。EC 电动机和 AC 电动机效率对比如图 3.63 所示。

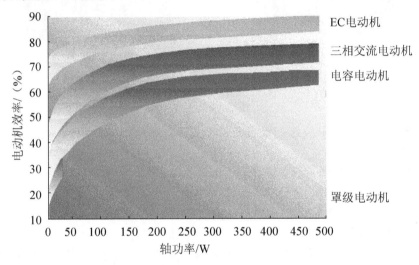

图 3.63　EC 电动机和 AC 电动机效率对比

(1) 损耗小、效率高。因为采用了永磁体励磁,消除了感应电动机励磁电流产生的损耗;同时永磁无刷直流电动机工作于同步运行方式,消除了感应电动机转子铁心的转频损耗。这两方面使永磁无刷直流电动机的运行效率远高于感应电动机,小容量电动机的效率提高更明显。

(2) 功率因数高。由于无刷直流电动机的励磁磁场不需要电网的无功电流,因此其功率因数远高于感应电动机,无刷直流电动机可以运行于 1 功率因数,这对小功率电动机极为有利。无刷电动机与感应电动机相比不但额定负载时具有更高的效率和功率因数,而且在轻载时更具有优势。

(3) 调速性能好、控制简单。与感应电动机的变频调速相比,无刷直流电动机的调速控制不但简单,而且具有更好的调速性能。

(4) 逆变器容量低,因此逆变器成本低。无刷直流电动机需要矩形波电流,逆变器持续运行时的电流额定值指的就是这个矩形波的峰值。感应电动机需要正弦波电流,逆变器持续运行时的电流额定值一般指的是这个正弦波的有效值。为保持逆变器对电动机电流的控制能力,逆变器直流电压与电动机感应电动势间应有足够的差值。因此,无刷直流电动机梯形波感应电动势和感应电动机正弦波感应电动势可以达到的峰值都受到逆变器直流电压的限制。在这种情况下,若假定无刷直流电动机和感应电动机电流的峰值相等,则前者功率输出要比后者高出33%。也就是说,同一台整流器/逆变器可以驱动比感应电动机输出功率高出33%的无刷直流电动机。

3.4.2 风机

风机一般采用全铝制结构,并经静态及动态平衡测试及调校。风机的低转速设计使运行噪声减至最低。目前,常用的是离心风机和涡流风机,如图3.64所示。

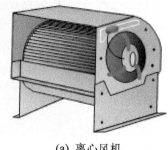 

(a) 离心风机　　　　　　　　　　(b) 涡流风机

图 3.64　风机

同时,电动机带动风扇的转动也有两种形式:皮带传动(自对中垫轴承和双皮带驱动)和电动机直联。

其中,涡流风机具有如下显著的优势。

(1) 直接驱动,高效节能。

(2) 全铝制风机,质量轻,运转平稳,高效节能。

(3) 机外余压增加到500Pa。

(4) 通过多级输入变压器,可以实现在风量不变的情况下根据实际需要自动调节送风静压。下送风机组的涡流风机位于中部,使出风气流可以在机组下部内扩展,然后以低速压进入活动地板空间,损耗小,无扰动,噪声低,占用空间小,振动小,并且避免了使用皮带驱动所需的定期维护及更换皮带(皮带在空调中经历制冷、加热、加湿及除湿等影响非常容易老化)、增加运行成本等缺点。可拆卸风机盖板,即使在打开机组前门的情况下,也能完全隔绝气流,做到真正不停机维护,内衬绝热吸音材料进一步降低风机噪声。

例如,目前有三款风机,分别是离心风机(皮带传动)、离心风机(电动机直联)、涡流风机(电动机直联),如图3.65所示。要求风速都达到7000m³/h,静压达到450Pa,测试发现离心风机的输入功率为2.6kW;离心风机的输入功率为2.3kW;而涡流风机的输入功率仅为1.9kW。

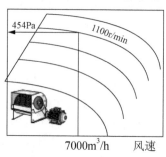 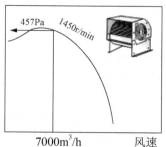 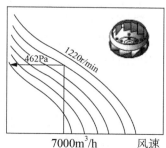

图 3.65　三种风机性能的比较

3.4.3 空气过滤器

为了达到空调机房的高洁净度要求，在风道系统设置了空气过滤装置，空气过滤器应便于更换。机房专用空调过滤网的外框选材一般分为铝合金外框和纸板边框，机房专用空调过滤器一般以纤维过滤材料经打褶后再配以纸质边框组合而成，如图3.66所示。

机房专用空调过滤网迎风面积大，流入的空气中的尘埃粒子被过滤材料有效地拦截在过滤材料纤维中，洁净空气从另一面均匀流出，因此气体通过过滤器是平稳均匀的。

机房专用空调过滤网适用于机房专用空调系统的初级过滤，多级过滤系统的预过滤主要用于过滤 5.0μm 以上颗粒灰尘及各种悬浮物。过滤网应符合美国 ASHRAE 52.2 或欧洲 CENEN 779 标准，其效率值按标准规定为90%。机房专用空调过滤网在国际标准被订为 G 级，一般常以 G4 级别最为常见。

过滤网标准如下：

图 3.66　空气过滤器

1. 国标要求

产品需具备 GB/T 14295—2008《空气过滤器》规定的方法检验，对粒径不小于 5.0μm 微粒的大气尘计数效率不小于20%而小于70%的过滤器为中效空气过滤器。

2. 选材标准

(1) 机房专用空调过滤网常用滤料有合成纤维、针织棉、无纺布等。

(2) 机房专用空调过滤网初阻力应不大于80Pa。设计时，可按初阻力的两倍为终阻力，作为空调过滤器的计算阻力。

(3) 机房专用空调过滤网初阻力不得超过产品样本阻力的 10%。可再生或可清洗的滤料再生清洗以后，效率应不低于原指标的85%，阻力不高于原指标的115%。

(4) 滤材要求：滤材抗断裂，不易脱落。具有耐腐蚀、耐磨性及弹性恢复性能。具有对流体。

(5) 机房空调过滤网应符合防火要求，空气过滤器的涂料闪点应不低于163℃。

(6) 机房空调过滤网不宜独立使用，宜与中效空气过滤器组合使用。

3.4.4 微压差控制器

图 3.67　微压差控制器

微压差控制器(图 3.67)可用于感知风道中的压力差和气流差，一般带有双刻度的设定点调节旋钮。在机房专用空调中一般含有两个，按作用不同分为风机气流安全开关和过滤网堵塞开关。

风机气流安全开关的作用如下：①检查室内风机送风是否正常；②串联在控制电路中,通过软皮管取风机的吸气压力。(注：CM+ 采用 NTC 热敏电阻来探测气流丢失。)

过滤网堵塞开关的作用是判断过滤网是否堵塞。通过软皮管分别取大气压和过滤网后的空气压力,堵塞开关比较两个压力的差值进行判断输出。(注:CM+ 无此功能。)

3.5 机房专用空调电气、控制监测系统

3.5.1 机房专用空调微型计算机控制单元

【参考视频】

目前,通信运营商所采购的智能型机房专用空调的本机控制计算机都采用了 PID 控制方式(即比例+积分+微分控制方式),可准确无误地使被控环境的温度控制在±0.5℃的范围以内,相对湿度可控制在±2%的范围内(附佳力图智能型机房专用空调在用户机房内的 24h 实测温度及湿度图表)。PID 控制方式说明如下:

比例幅度(P)——稳定:是实际温度与设定温度之间的允许偏差,以℃表示。

积分控制(I)——准确:是由实际温度与设定温度的差值大小及差值持续时间长短来决定的。积分控制是对总控制输出连续轻微地增加或减小制冷或加热,以使实际温度续渐靠近并到达设定值的。

微分控制(D)——预期:是根据温度的变化速率而做出反应。温度变化越快,微分控制便会越大。微分控制可以阻止因负荷突然变化造成实际温度过度偏离温度设定值,起到预期控制的作用。

另外,智能型机房专用空调的本机控制计算机采用大屏幕 LCD 显示屏,部分还使用触摸键操作,如图 3.68 所示。为减小设备起动时对电网的冲击,智能型机房专用空调的所有运动部件均由本机控制计算机实行顺序起动。为了便于邮电用户实现大联网,各个公司可随时向用户提供开放式接口协议。

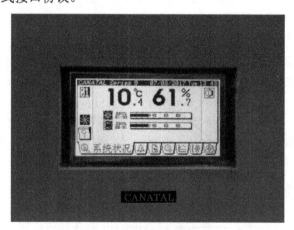

图 3.68 微型计算机控制单元

同时,绝大部分智能型机房专用空调,采用了先进的模块结构,如图 3.69 所示。一台主控模块空调可携带多台副模块空调。在设计思想上,机房专用空调采用自动分工、数据同步、顺序加载、控制备用、控制级数扩展、平均控制值,主模块与备份模块之间除了模块与模块间可以备份外,且零部件之间也可以由主控计算机控制相互间进行备份。这样极大地提高了模块与模块之间、备份与备份之间的可靠运行,并且比同类模块在使用寿命上

提高了 30%。由于模块化体积小，便于用户安装与搬运和不断扩容，是目前世界上最为先进的模块式机房专用空调。

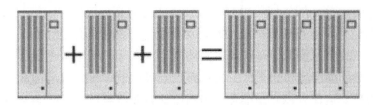

图 3.69　模块结构空调

现在在通信领域所使用的机房专用空调，其自身的微型计算机控制系统所具有的功能如下。

(1) PID 控制程序：使温度、湿度精确控制在±1℃和±2%RH 以内。

(2) 随意设定：设定点、控制参数、过限警戒点均能随意设定，配合不同环境的需要。

(3) 数据保存：所有设定及数据均存储在永不散失记忆体内，即使电源中断，设定的数据也能得到保护。

(4) 安全密码：三级安全密码提供不同权限于不同人士，防止未经授权者更改参数或干扰机组操作。

(5) 重要事件记录：系统备有自动记录最近几十个重要事件发生的日期及时间功能，有助于分析和排除故障，重要记录包括恢复电源、开关机组、发生警报、确认和消除报警。

(6) 自动起动备用机组：无需增加任何配件即可做到主备机的功能，主机与备机之间可定时进行工作切换，以保证每台机组运行时间基本相同，主机故障自动切换到备机，同时，当机房内有严重的警报条件存在或热负荷超过预设值，导致室内温度不能维持在设定点上时，系统能自动起动备用机组，保证室内温度在所要求的范围内。

使用这种工作模式，我们可在机房始初化制冷量配置时，不需要选择到最大的峰值负荷，因为峰值负荷出现的时间非常短，而当出现峰值负荷时，备用机组又可以自动起动以满足室内热负荷的要求。因此，既可以降低初次投资成本，又能降低运行成本，同时还保证了机房环境条件的精密控制，最大限度地达到节能的目的。

(7) 诊断程序：内置诊断程序简化调试和排除故障。

(8) 联网功能：系统内置配备 RS422/485 通信端口，通过双绞线和连接电话的调制解调器，机组可跟其他相容的设备联网至中央监视系统或大楼中央管理系统。

(9) 开机模式选择：系统设有三种不同的开关模式。

(10) 程序再启动：在电源中断的情况下，机组可编程为"手动"或"自动延时"再启动。

(11) 部件运行记录：控制系统能自动记录重要部件的累积工作时间，以供效能分析和计划维修之用。

(12) 压缩机自动切换程序：自动的"先/后"切换使用压缩机程序，使压缩机的运行时间均匀并延长压缩机的使用寿命。

(13) 部件顺序启动：系统在启动部件时，能顺序编排各部分启动时间达到最小的冲击电流。

(14) 温湿度记录图：系统备有温度和湿度曲线图，显示最近 24h 温度和湿度变化。

(15) 具备 Co-Work 联机功能，是真正的模块化结构。

(16) 短振告警：使压缩机低压报警时，设备能得到充分保护。

(17) 缺相保护：当电源缺相和反相时，对各用电部件进行保护。

同时，目前在局域网的温度采样中，有本地取样和平均值取样两种方式。本地取样即每台空调根据自身的温湿度传感器作为控制基准点而控制，平均取样方式是将所有空调的温湿度采样值的平均值作为控制基准点，所有空调都是根据同一平均值来控制的。采用平均值取样的控制方式，可避免机组之间的反向功能运行，如一台机组运行加湿功能，另一台机组运行除湿功能，保证了局域网中所有机组都按同一模式运行，消除了能源浪费的潜在可能。

3.5.2 通信用空调的电气系统

【参考动画】

1. 基站空调的电气系统

基站空调器电气系统主要由两大部分组成，即室外机控制电路和室内机控制电路。下面以一台三洋基站空调为例，简单介绍基站空调的电气控制系统。

1) 室外机控制电路(图 3.70)

(1) 市电引入和检测电路：为空调压缩机和控制板电路引入接口，1~8 分别为 A 相、中性线、地线、留空、A 相、B 相、C 相、中性线。其中，5~8 接口分别并接电缆线到控制板，进行相序的判断，同时提供控制板及其他部件的电源。

(2) 压缩机供电电路：市电经电源引入接头到三相交流接触器上桩头，下桩头接入压缩机中。图 3.70 中的交流接触器共有五对触点，其中 52C 为交流接触器的控制线圈，连接到控制板中，控制其他四对触点的开关；中间三对为三相电源线，是常开触点，当 52C 线圈通电时(220V)，压缩机电源接通；最左边的接线为压缩机曲轴箱加热装置(CH)的供电，为常闭触点，但压缩机工作之后，曲轴箱加热装置停止工作，起到压缩机开机前的预热作用。

(3) 室外风机电路：结合图 3.70，对于风机的 8P 插接器，1、2 脚连接风机电容，其中 2 脚又作为风机的中性线端。3、4 脚串联着 49FO(室外风机热保护)、49C(压缩机热保护)，5、6、7 脚均为风速调整，5 脚为最高转速，6 脚中挡，7 脚为低转速。

(4) 空调保护装置：CT(电流互感器)挂接在交流接触器的 A 相上，作为压缩机过载保护的检测装置；结合图 3.70，A 相电源通过 L1F(3.15A)熔丝，连接 63PH(高压开关)、49FO(室外风机热保护)、49C(压缩机热保护)、RY3(继电器)、52C(交流接触器)，只要当串联电路中任何一个保护保护开关断开，52C 线圈就会失电，三相交流接触器断开，压缩机停止工作。

(5) 其他电路：20S 为四通阀供电线路，当空调需要制热时，20S 将会通电(220V)；TR 为变压器，一次侧输入市电，二次侧输出 14V 交流电，作为控制板的供电电源。TH6、TH7、TH8 为温度传感器，分别为压缩机排气温度检测、室外机冷凝器盘管温度检测和室外温度检测。控制板最左上角为室内机和室外机的信号连接线。

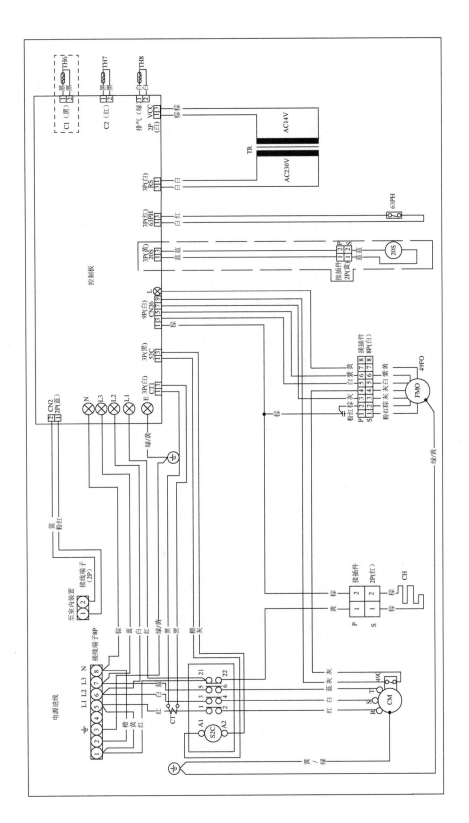

图 3.70 室外机布线图

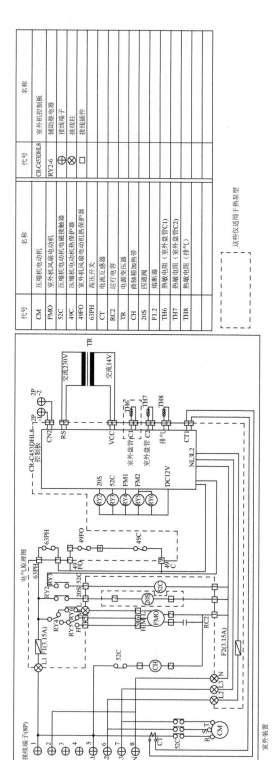

图 3.70 室外机布线图(续)

2) 室内机电路(图 3.71)

(1) 电源引入和控制板供电电路：市电引入接线端子共五个，1、2 脚为单相相线和中性线，3 脚为地线，4、5 脚为室内、外机信号连接线。TR1 为变压器一次侧输入市电，二次侧输出两个不同等级的交流电提供给控制板使用。

(2) 室内风机电路：对于风机的 8P 插接器，1、2 脚连接风机电容，其中 2 脚又作为风机的中性线端。3、4、5、6 脚均为风速调整，3 脚为最低转速，4 脚低转速，5 脚为高转速，6 脚为最高转速，7、8 脚串接着 49FI(室内风机热保护器)。

(3) 其他电路：CS(室内机控制屏)的供电和信号连接电路，MOV(膨胀阀)的供电驱动电路，LM(自动风门叶片电动机)的供电电路，TH1、TH2、TH3 为温度传感器，分别为室内温度检测、室内机蒸发器盘管温度检测和出风口温度检测。

2. 机房专用空调的电气系统

机房专用空调器电气系统主要由两大部分组成，即主电路和控制电路。下面以一台佳力图 9 型机房专用空调为例，简单介绍机房空调的电气控制系统。其电路图如图 3.72 所示。

图 3.72 所示为主电路的三相电引入，分别为 Line1、Line2、Line3，到达主令开关，而后通过断路保护器 BMF、交流接触器 MF、过流保护器 OMF 接到室内风扇电动机；另一路 Line2、Line3 的线电压 380V 通过断路保护器 BXO 到达变压器 TX1，输出三对线：12V 通过 BX1 输出；另两对 24V 通过 BX2、BX3 输出。其中，12V 给两块 I/O 板、一块主板供电；两路 24V 为整机所提供的控制电压。

图 3.73 所示为压缩机的控制和供电部分。在供电部分中，L1、L2、L3 三相电先通过断路保护器 BC1、BC2，而后通过交流接触器 C1、C2，最后到达压缩机。其中，L3 这路相电压同时还通过压缩机各自交流接触器的辅助常闭触点给加热带供电，以便在压缩机没起动前给它预热。在控制部分，变压器通过 BX3 输出的 24V 主要给压缩机的各保护控制电路供电，其中 HP1、HP2 为高压保护，LP1、LP2 为低压保护，部分型号还有压缩机的保护模块。但无论是高压保护、低压保护或是过热保护，最终都反映在压缩机交流接触器的线包断电，从而交流接触器跳开，保护压缩机。

图 3.74 所示为加热器的控制和供电部分。在供电部分中，市电 L1、L2、L3 中的三组两相电先通过断路保护器 BH1、BH2、BH3，而后通过交流接触器 H1、H2、H3，最后到达加热器。在控制部分中，变压器通过 BX2 输出的 24V 主要是给加热器的各保护控制电路供电，最为主要的是加热器的过热保护装置。若保护器过热保护触发，则最终反应在加热器交流接触器的线包断电，从而交流接触器跳开，保护了空调。

图 3.75 所示为加湿器的控制和供电部分。在供电部分，L1、L2、L3 三相电先通过断路保护器 BHU，而后通过交流接触器 HU，最后到达加湿器。在控制部分，变压器同样通过 BX2 输出的 24V 主要给加湿器的各保护控制电路和进出水阀供电，其中有 SLV 水位监测；加湿罐过脏保护。若加湿罐太脏，导致保护器保护触发，则加湿器排水电磁阀 VHD 通电打开，从而使加湿器排水。若水位太低，则加湿器进水阀 VHS 通电打开，进行注水作业。当然，所有的这些都是基于加湿器控制开关旋钮在 ON 挡位上。

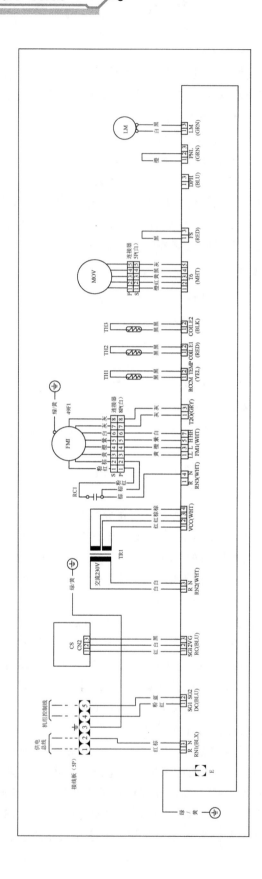

图 3.71 室内机布线图

第3章 机房专用空调的结构与工作原理

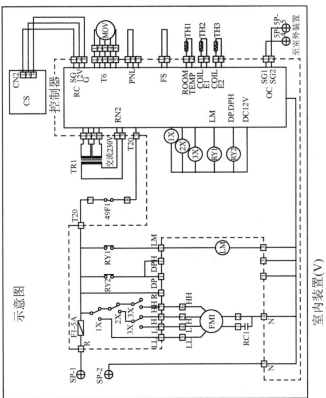

图 3.71 室内机布线图(续)

图 3.72 风机的控制和供电

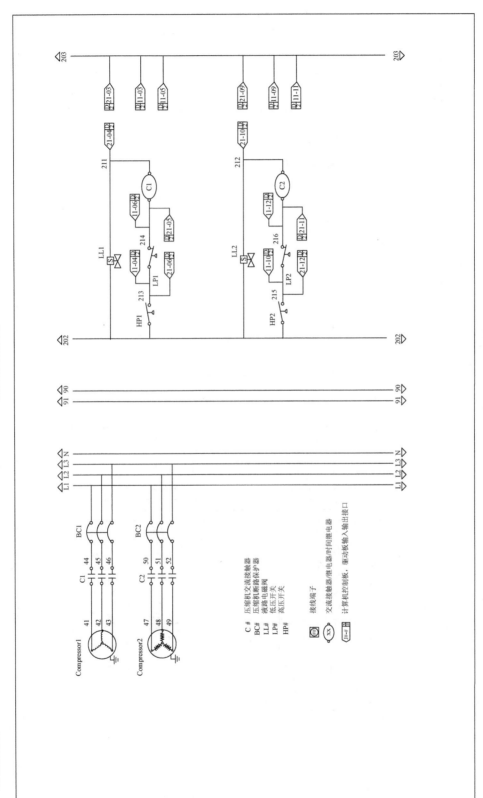

图 3.73　压缩机的控制和供电

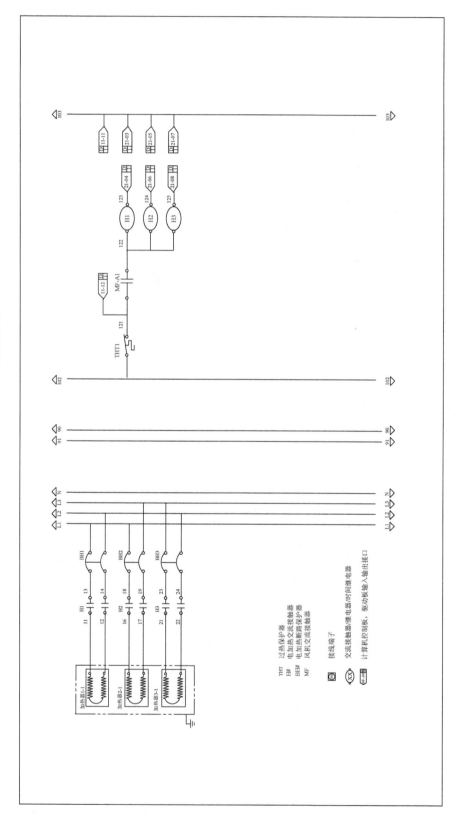

图 3.74 加热器的控制和供电

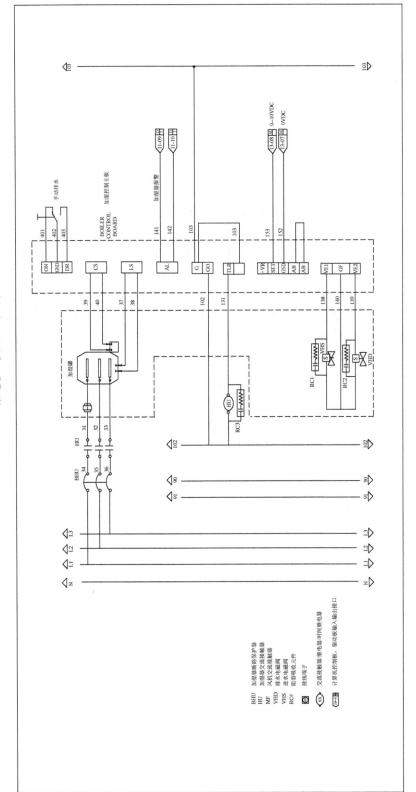

图 3.75 加湿器的控制和供电

本 章 小 结

(1) 机房空调器的结构由制冷系统、加湿系统、加热系统、风路系统、电气系统、箱体和面板七大部分设备构成。

(2) 机房专用空调中的制冷系统由压缩机、冷凝器、蒸发器、节流装置四大部件及储液罐、干燥过滤器、视液镜、分液器、管路电磁阀、手动截止阀、气液分离器等辅助部件组成。

(3) 机房专用空调的电加热器一般采用由本机计算机控制的晶闸管无级调节电加热器。

(4) 通信机房中安装的恒温恒湿空调机组,配置的加湿器主要有红外线式和电极式加湿器两种可供用户选择。

(5) 风路系统由离心风机、涡流风机、轴流风机、风道等组成。

(6) 机房专用空调的本机控制计算机都采用了 PID 控制方式(即比例+积分+微分控制方式)。

(7) 电气系统由电动机、温度控制器、过载保护器、起动继电器、主控开关和相序检测、电容器、除霜器、电加热器等组成。

复习思考题

1. 机房专用空调的结构由哪些设备系统组成?
2. 压缩机的功用是什么? 有哪些类型?
3. 毛细管和膨胀阀有何功用? 二者有什么区别?
4. 为什么一般氟利昂制冷系统中要装设干燥过滤器?
5. 电磁换向阀有何功用? 由哪几部分组成?
6. 机房空调器内有哪几种风机? 各有什么特点?

第 4 章

IDC 机房的气流组织

IDC 机房虽然也属于通信机房，但其高功耗、高集成度、高热密度、高保障要求的特点明显区别于传统机房，IDC 机房的机架排列方式和机架内发热特点也与传统机房不同，因此气流组织的问题在 IDC 机房中至关重要，将直接影响到机房的可靠性、可用性和经济性。

IDC 机房在国外发展了 20 多年，在国内也发展了 10 多年，随着计算机技术的进一步发展和刀片式服务器的推广应用，IDC 机房在功率密度上还将大幅提升，届时目前 IDC 机房的常规配置标准和建设手段俨然无法满足需求。多年的经验教训告诉我们，解决好气流组织问题则 IDC 机房成功了一半。就目前国内外的一些研究情况来看，气流组织仍是探索和争议的焦点。因此，深入探讨这一问题，并在实践中不断进步，对于 IDC 机房的发展具有重要意义。

数据中心通过约束空调送出的冷气流或者约束数据设备排出的热气流，让冷气流直接进入数据设备或让热气流顺利返回机房空调，避免气流在输送过程发生泄漏和混风。一方面有效避免数据设备出现高温或局部过热，另一方面保证较低的送风温度和较高的回风温度，最大限度地利用空调送出的冷量和风量，提高了空调的制冷效率，达到降耗节能的目的。本章通过介绍现有数据机房的气流组织，对比了一些气流组织的技术特点和使用场景，并对气流组织进行综合比较，供大家在设计和选择气流组织时参考。

4.1 目前数据中心空调存在的问题

目前 IDC 机房建设规模不断扩大，服务器的集成度不断提高，给数据设备的功率提升和其部署方式带来了新的冷却问题，这使得 IDC 机房内的制冷空调问题已经超越电源存在的问题，成为电信运营 IDC 的首要问题。

从现在 IDC 的运行情况来看，IDC 机房空调电源中断、空调冷量设计、机房大环境气流组织不合理、机柜内部小环境气流组织不合理、机柜热量过大、机柜布置不合理等问题是导致机房过热的主要原因和问题。对于这些热点问题，应该从空调电源保障、空调的配置、气流组织和高密服务器布置等方面进行探讨和解决。

4.1.1 IDC 机房空调解决方案

IDC 机房内发热厉害，温度梯度变化也大，通风降温复杂，而空调使用的是市电，一旦停电，就会造成机房温度蹿升。在一般的通信机房，由于功率密度低，柴油发电机起动延迟和常规的电源倒闸操作是没有问题的，但是对 IDC 机房来说，在电源中断的这段时间内是难以接受的，空调会停止制冷，特别是空调风机的停机导致了气流循环的中断。据测试，在单机柜 5kW 负载情况下，机房温度会在发电机起动延迟和电源倒换过程中升高 5~20℃；如果电源中断时间过长，就会演变为一场灾难。可见，保障 IDC 机房空调的电源可靠性和提升可用性是重中之重，必须制定可靠的空调电源保障方案，以防止空调电源中断或尽量缩短电源中断时间。另外，IDC 的空调配电可以采用以下两种方法。

1. IDC 空调双电源方案

对于 IDC 机房，同一个机房的空调电源最好不要同时使用同一路电源，以防止一路电源中断就会导致机房温升过高。IDC 机房的空调配电屏，进线电源必须有两路，两路电源必须来自不同的低压配电系统，两路电源间可以手动切换或者采用 ATS 自动倒换，如果采用 ATS，那么最好设置成不同的主路(但是在油机供电下，要注意 ATS 的自动切换可能会引起部分油机的过载)；一旦电源中断，可以缩短中断时间并减小影响面。图 4.1 所示就是目前 IDC 机房普遍使用的单、双 ATS 空调电源屏。

(a) 单 ATS 方案

(b) 双 ATS 电源屏内部结构

图 4.1　单、双 ATS 空调电源屏

2. 空调配电屏接线方法

相邻的空调应该从不同的空调配电屏引出，如果 1 个机房布置 16 台空调，两块空调配电屏，那么 1、3、5、7 等奇数空调就从配电屏 1 引入(主要使用市电 1)，2、4、6、8 等偶数空调从配电屏 2 引入(主要使用市电 2)。这样即使一路电源发生异常，也只影响到部分空调，恢复的时间很快。

一个大型的 IDC 机房最好有两块以上的空调配电屏，以方便上述方法的空调接线，如果仅采用一块空调配电屏，空调配电屏内部的断路器要有备份和冗余。

可以将以上方法进行综合应用，既采用单 ATS 方案，又采用双 ATS 电源屏方案。

4.1.2　空调配置

机房空调的冷量要大于机房的最大热负荷并有富余。空调的配置原则是根据机房总热量总体规划空调设计，按照 $N+1$ 原则配置空调数量的。可是我们会遇到这样一个问题：空调已经按照 $N+1$ 配置，为什么 IDC 机房温度会降不下来？

1. 分区配置原则

传统的配置是以机房为单位的；采用的是房间级制冷，空调以机房为单位进行制冷，但这种方法的配置和冗余并不适用于大型的 IDC 机房。

现在的 IDC 机房由于建设规模大、面积大和机柜功率密度高，因此不宜设计为正方形，而应为长条形，这样有利于空调布置，并减少空调的送风距离。而且如果按照房间级配置空调，一台空调发生故障，由于冗余的空调相距过远，气流组织无法送达，会造成局部机柜设备过热。因此，大型 IDC 机房的空调要进行分区配置，即把一个大型的 IDC 机房划分为若干个分区，然后保证每一个分区内的空调均有冗余，这样空调发生故障后，每一块区域内的服务器才是安全的。例如，某电信的 IDC 机房，就以四列的机柜为一个分区，然后按照每个分区都满足 $N+1$ 的冗余方式配置，是一种比较安全的办法。

2. 空调冷量取值要合理

机房空调的冷量计算要采用显冷量，而不是空调全冷量。要保证机房空调的总显冷量始终大于机房的热负荷，但是机房空调的显冷量是一个变值，它标注的显冷量是在 23℃、50% 下测定的，随着机房湿度的增高，机房空调的显热比会下降。例如，一台制冷量标注 100kW 的机房空调，测试工况下显冷量 90kW，当机房相对湿度达到 65% 以上时，空调的显冷量只有 80kW，20% 的冷量消耗在除湿过程中。设计过程中如果按 90kW 或者 100kW 的数据设计，在夏季高温高湿环境下，机房的冷量就会不够。另外，在较大的 IDC 机房里面，由于混风情况的存在，导致空调的冷量进一步下降。因此，在确定空调的制冷总容量时，必须加大 30% 以上，目前经验认为，空调的总制冷量必须是机房热负荷的 1.3～1.5 倍，大型 IDC 必须取上限。

3. 合理的 N 值

从 IDC 运行情况来看，$N+1$ 的 N 数值要合适，N 大了，冗余度不够，机房不安全；N 小了，机房会安全，但投资大且造成空调运行的能效比过小，如果采用冷备用空调(停机)，部分冷风也会从停机的空调回风口跑出来，造成气流短路或者气流倒灌，影响机房的原有气流组织，如果能够以低速或者低风量运行备用空调，那么总体风机功率就可以下降，效率提升；IDC 机房空调的 N 取值 4～5 是比较合理的，这与分区配置的道理是一样的。

另外，对于部分新建和扩建机房，由于负荷的不确定，空调无法一步安装到位，随设备的增加而陆续增加的，这种情况要统一规划好空调的位置，并跟踪机房热负荷的变化情况，适时增配空调，确保机房始终满足 $N+1$ 原则。

空调配置多，可以提高机房的安全性，但会降低空调的能效比，导致耗电量上升。如何以较少的备用机房空调在高密度机房情况下实现冗余，是机房空调运行的一个难题。

4.2 通信机房气流组织形式

4.2.1 数据中心冷却存在的问题

目前气流组织是数据中心冷却的首要问题，如果规划不好，就会导致机房过热和空调的低效。从图 4.2 中可以看出，该机房内安装了 11 台空调，已经远远大于该机房所需求的制冷量，但是依然存在部分高温区，那么是什么原因导致机房过热？原因就是设备布置问题 (在低密度机房布置了高密度设备)，引起气流组织不合理，导致了局部热点。为了消除这种过热，只好降低机房的设定温度，这又导致了部分空调的过度工作。

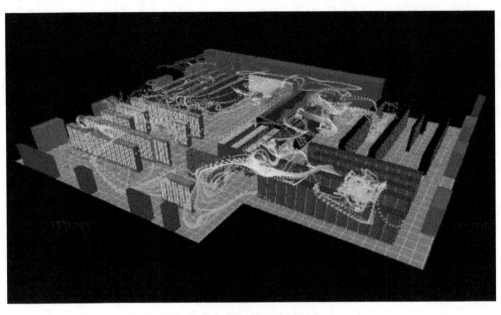

【参考图文】

图 4.2 数据机房的热点问题

4.2.2 通信机房气流组织

这是数据机房规划和设计的重点和难点，气流组织的产生、气流组织的配送和气流组织的返回都要合理，一个高效且有着良好气流组织的 IDC 机房是规划和设计出来的，而不是靠后期改造出来的。对于一个新建的 IDC，从有利于气流组织的角度出发，如新建的数据机房空调应该是下送风方式，并通过冷热风道进行分离。目前的送风方式有上送下回、侧送侧回、上送上回及下送上回等多种方式，但是下送风方式比上送风更有利于机房的气流组织和提高送风效率，如图 4.3 所示。冷热通道分离是指各个机柜服务器均以面对面、背靠背的方式进行布置。冷热气流组织隔离后气流组织更合理，而且增大送风和回风之间的温差，从而提高机房空调机组的效率。目前的研究表明，在达到相同制冷效果的前提下，下送风所需风量比上送风所需风量小，这也就说明下送上回式风比上送下回气流组织的效率更高。

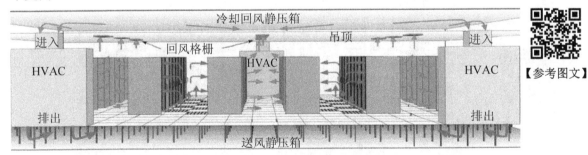

【参考图文】

图 4.3 典型的下送风和冷热风道分离

目前，冷热通道分离成为一个热门做法，被普遍应用，各机柜以面对面和背靠背成排的方式进行布置，冷风道配置开口地板，热风通道没有开口地板，冷空气从开口地板进入两排柜子中间，形成冷通道(又称为冷池)，冷风经过服务器，进入热风通道(又称为热池)，冷热通道之间达到一定程度的隔离。

但是从实际情况来看，仅仅这样还是不够的，在机柜的顶部和整列机柜的头尾处，送风和回风的混合还是存在的，如图 4.4 所示。如果能够进行冷通道或者热通道的封闭，那气流组织就会更理想。

【参考图文】

图 4.4　在机柜的上部存在冷热通道混风现象

1. 冷通道封闭

各机柜以面对面成排方式布置，在冷通道上机柜的顶部和整列机柜的两端进行封闭，从而实现冷通道降耗减排的封闭，通过约束机房空调送出的制冷风量，避免冷气流在输送过程发生泄漏和混风，让冷气流直接进入数据设备，并充分冷却数据设备，并让带走数据设备热量的热气流顺利返回到机房空调，如图 4.5 所示。

由于冷通道封闭约束的是机房空调送出的冷气流，因此我们常称为精确送风，冷气流直接冷却设备，消除以往"先冷环境，再冷设备"导致混风严重的缺点，解决了机房内局部过热问题，提高了空调利用效率、降低了机房能耗。

需要注意的是，整个数据机房内的所有冷通道都必须被密闭，这样才可以体现封闭的优势，仅仅封闭机房内的部分冷通道没有太多的作用和意义，因为在没有封闭的地方，跑出的冷风都可以与热风混合从而抵消预期的节能效果。封闭冷通道后，空调的送回风温度均可以提升，使制冷系统在高效情况下运行。

【参考图文】

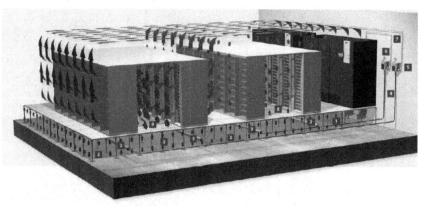

图 4.5　冷通道封闭气流示意图

但是在实际运行情况下，冷通道被封闭后，整个机房除冷通道,外其余的空气温度会变得更热，都属于高温区，温度将在 30~40℃。一年内绝大部分时间的室外空气温度低于机房的热通道温度，因此机房外墙建议不进行保温处理。而且在这种高温下，用户会以为空调发生故障，即使事先沟通，知道该情况机房空调未发生故障，进入机房巡视的人也会感觉很不舒服，因此要和用户充分沟通，让他们认识并接受这种观念。否则用户就会要求降低空调设置温度，这样一来，节省下来的能量又回去了。

2. 热通道封闭

热通道封闭即各机柜以面对面成排方式布置，在热通道上机柜的顶部和整列机柜的两端进行封闭，以管道或者天花板的形式把热风引回空调机组内，这样送风与回风之间也实现了隔离，如图 4.6 所示。

图 4.6　热通道封闭示意图

热通道封闭是对设备排出的热风通道进行封闭，也就是空调的回风气流，因此可以称为精确回风。

由于冷风送到整个机房，机房处于一个较平均的温度水平，而热通道能够保持较高的温度。现有资料显示：在典型的高热机房中，服务器热风和机房室温的温差一般在 17℃左右。如果机房温度按 ASHRAE TC9.9 要求保持在 22℃，那么 17℃的温差可以使服务器的排风温度达到 39℃。但在实际的热风封闭系统中，制冷机组的送风量往往会比服务器的需求量多，而且会有少量的机房空气进入热通道，这样导致回风温度略有下降，但仍然达到 38℃，这样高的回风温度使得与制冷盘管的热交换更充分，制冷设备利用率更好，总效率也更高。回风温度的提高对制冷机组制冷量的影响适用于几乎所有的空调，所有的制冷系统在回风温度较高时都将具有更大的制冷量。

3. 通道封闭需要考虑的因素

(1) 通道封闭会增加建设成本。在机柜的前方和后方安装密封盲板均会增加成本。

(2) 通道封闭会造成回风温度升高。密封越好，空调的回风温度越高，要关注空调设备和用户工作环境温度的运行限制。

(3) 通道封闭要不影响到现有的消防系统。在对冷热通道封闭的过程中，会对消防系统产生影响，一旦发生火灾，消防气体不容易进入封闭的通道内，影响消防系统的使用，针对这种情况，某通信的技术人员在 IDC 中心采用了可以自动敞开的柜顶，在柜顶安装有电磁铁(图 4.7)，正常情况下，电磁阀线圈得电，吸住柜顶挡板；电磁线圈和消防联动，一旦发生火灾，电磁线圈失电，柜顶挡板在重力的作用下自动打开，冷通道从封闭模式变成敞开模式。这样做带来两个好处，一个是解决了消防问题，另一个是和市电联动，在市电中断过程中，敞开的通道可以延长服务器的宕机时间。

(a) 和火警联动的通道挡板　　　　　　　(b) 吸住通道挡板的电磁铁

图 4.7　可以自动敞开的柜顶

4.3　通信机房气流组织的比较和选择

现有的气流组织方式有很多，大致可以分为上送风方式和下送风方式两大类，本节对这两大类方式各列举了较为典型的四种气流组织，即八种气流方式进行比较。

4.3.1　上送风+风管+下位送风或定向送风方式

通过上送风恒温恒湿空调、风管、风量调节阀、风口等设备把冷风输送至机柜附近，根据风管和机柜位置的不同，把风管直接延长到服务器位置的称为下位送风，直接把风管风口吹向服务器的称为定向送风(图 4.8)，下位送风和定向送风均是对以往普通风管送风的一种局部改良，通过这种改良，尽量让风管靠近服务器，使冷气流离开风口后，能够直接冷却服务器。

但是由于下位送风与定向送风和环境没有进行完全的隔离，气流在离开风管，进入服务器的过程中，还是存在少量冷热气流的混合，因此这种气流组织还不是严格意义上的精确送风，为一种准精确送风方式，或者是一种亚精确送风方式。

特点：风管制作方便，施工简单，出口风量可以通过风阀进行调节，投资比较低。但风管设计的合理性直接关系到机房的冷却效果，设计不好会导致局部过热；另外，风管送风的适应性较差，主设备发生变化或进行调整时，风管和风口需要进行调整和变动，不宜变动。

适合：改造或新建项目，特别适合一些老机房的改建项目，由于风管尺寸的限制和部分混风度存在，机房服务器的功率密度不能太大，适用的单机柜密度为 1~2.5kW。

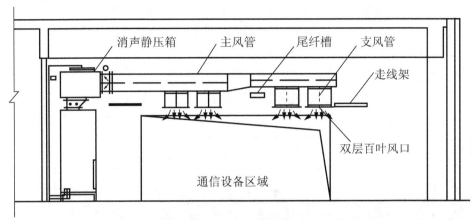

(a)下位送风示意图

(b)下位送风案例

图 4.8　定向送风和下位送风

4.3.2　上送风+风管+冷风直接输送至机柜方式

通过上送风恒温恒湿空调、风管、风量调节阀、门板式送风器等设备把冷风直接输送至机柜内[图 4.9(a)]，这种方式对冷通道封闭比较完整，为严格意义的精确送风。IT 机房气流组织改造前后如图 4.9(b)和图 4.9(c)所示。

机房空调必须采用上进下出风方式，空调下端安装在连接风道的静压箱上，每台空调下端静压箱之间要加装可控制风阀，当某一台出现故障时，打开风阀作为冗余空调互补之用，以保证风道有冷风流过；每列主设备安装需要合理组合排列，通信设备下端固定在风道上，每台通信设备下端对应一个可调送风口；对于侧面进风的通信设备，将两列进风面先进行背对背排列，再安装在送风道上端，风道相对的面进行可调式送风口侧开，使两列通信设备之间处于冷风对流环境之中；每列风道都有风阀和泄压口，可根据通信设备的发热量调节送风大小，使整个空调的送风系统处于良好的运行状态。采用风道送风需要注意空调总电源开关，应当与机房消防告警装置进行联动控制安装，能够在机房内出现烟雾告警时，自动切断空调电源，确保机房安全可靠。

特点:通过这种送风方式,每个机柜的风量可以根据负荷进行调整,调整方式可以采用手动或者自动进行。该方式消除局部热点比较明显,但投资大,风管设计制作难度大,不宜施工,需考虑消防问题,气流中断对服务器的影响较大。

适合:改造或新建项目,特别适合一些老机房的改建,由于密封比上送风+风管+下位送风或定向送风方式彻底,因此单机柜功率密度要大些,一般在2～3kW。

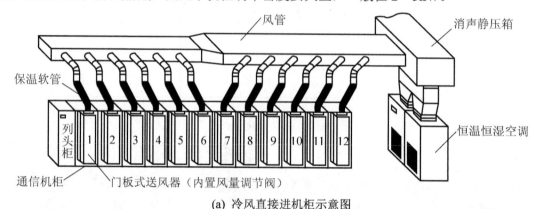

(a) 冷风直接进机柜示意图

(b) IT机房气流组织改造前

(c) IT机房气流组织改造后

图4.9 冷风直接输送至机柜

4.3.3 上送风+风管+冷池方案

各机柜以面对面成排方式布置,在冷通道上机柜的顶部和整列机柜的两端进行封闭,通过上送风恒温恒湿空调、风管、导风柜、封闭冷通道(冷池)等设备把冷风直接输送至冷通道区域内,实现精确送风,如图4.10所示。

特点:高热机房解决方案,气流组织合理(在冷池内二次均匀和分配),风管制作不宜,投资大,施工复杂,需考虑消防问题。

适合:由于需要冷热通道分离和机柜顶部的密封,老机房设备的布置方式不吻合,而且没有足够空间进行机柜密封,因此该方案适合在新建项目中采用,单机柜功率密度在5kW左右。

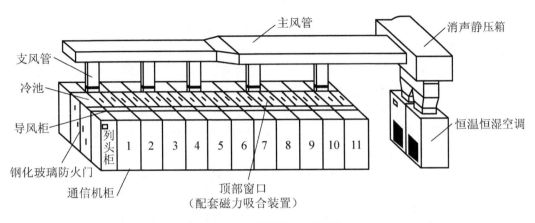

图 4.10 上送风冷池示意图

4.3.4 空调上送风+风管+冷风直接输送或定向送风或下位送风

这是一种混合方式，适用于一个机房内布置不同机型和机柜功耗相差较大的机房，对可以封闭的机柜进行冷通道封闭，对无法封闭的机柜采用开放方式，但风管的出风口风量可调，并尽量靠近设备的进风口，空调的冷气采用通过风管、导风柜、下位送风、定向送风方式送到设备侧，实现部分区域精确送风，如图 4.11 所示。

特点：是对前面几种方案的综合应用，该方案适用于复杂的非标准场所，根据主设备的要求来进行封闭，或者采用下位送风和定向送风方式。

适合：此类方法适用于改建项目，特别是安装小型机的场合，由于小型机难以进行冷热通道封闭，故只能采用这种混合方式进行；由于是风管上送风，故单机柜功率密度不宜过大，一般建议在 2.5kW 以下，如果超过该功率密度，则要给予额外的风量和冷量。

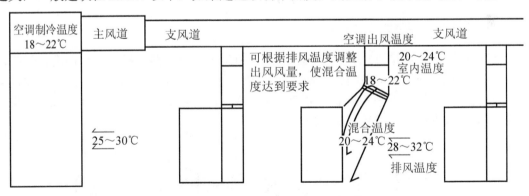

图 4.11 综合送风示意图

4.3.5 空调下送风+架空地板+密封机柜送风方式

通过地板下送风把冷风输送至精密机柜内部，带走数据设备热量后，气流从机柜后部或者上部排出，回到空调，如图 4.12 所示。目前机房空调大多数采用上送风方式或下送风方式，从实际效果来看，下送风方式效果要好于上送风方式，这是因为热气流会上升，冷气流下沉容易形成空气对流，当空调送出的冷风与热源气流方向一致时，会加速这种空气流动效果，利于设备的降温和减轻风机的功耗。另外，上送风方式采用送风风管，风管的截面肯定要小于下送风活动地板的截面，这导致送风的风阻增大，风机耗能增加，而且导致远近端风量分配不均。

特点：标准机柜，机柜布置灵活，可以背靠背布置，也可以同向布置，而且机柜进口设置挡板，不用时可以关闭，也可灵活控制风量；该方案投资小，标准化施工非常方便。

适合：只适用于新建项目，但是送风柜的尺寸限制了机柜的风量，导致机柜的功率不能太大，一般单机柜功率密度3kW以下，如果个别机柜密度较大，那么就要在机柜进风口安装风机，以获得额外的冷量。

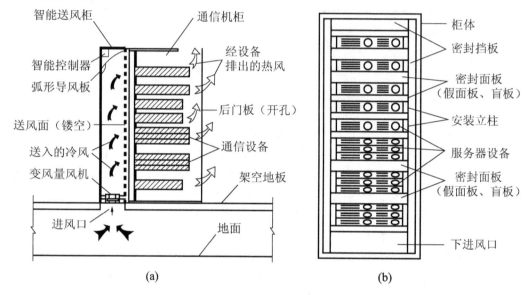

图4.12　新型工艺机柜示意图

4.3.6　下送风空调+架空地板+冷池

各机柜以面对面成排方式布置，在冷通道上机柜的顶部和整列机柜的两端进行封闭，从而实现冷通道的封闭，即机柜的冷通道被封闭成为一个冷池(图 4.13)，空调冷风通过架空地板形成的静压箱后再进入冷池，进行气流二次均压后再对服务器进行冷却，气流带走服务器热量后从机柜后部或者上部排出，回到空调。

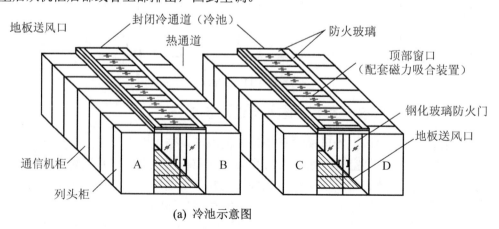

(a) 冷池示意图

图4.13　冷池密封

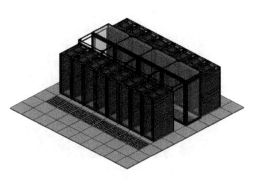
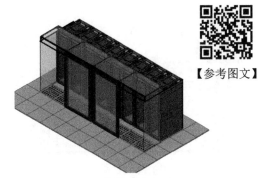

(b) 双排冷池密封　　　　　　　　　　　(c) 单排冷池密封

图 4.13　冷池密封(续)

特点：冷通道封闭有利于气流组织的均衡。通道封闭前，出风量和空调的距离有关，距离空调较近的区域，送风温度较低，受文丘里效应的影响，出风量较小；中部风量相对较大；远端由于距离远，风量较小，温度较高。整个冷风区域内送风风量和温度不均匀。冷通道封闭后，远离空调送风区域和靠近空调的送风区域风量也略有不同，但是地板下部的空调送风进入冷通道后，因为整个冷通道封闭形成静压箱，气流再次均衡，使得封闭通道内的气流组织呈现较好的均匀度，送风量因静压提高而均衡。同时机柜上部和下部只有 2℃左右的温差，而且在一定高度上，温度变化减小。其为目前最常用的高热机房解决方案，地板下送冷风，投资适中，施工较为方便，非常适合在新建机房应用。

适合：新建或改建项目，单机柜功率密度为 4～8kW，如果需要冷却更高密度的服务器，需要增加冷池的面积或者安装活化地板以获得额外的冷量。

4.3.7　下送风空调+架空地板+热通道封闭回风

通过地板下送风把冷风输送至机柜附近，对热通道进行封闭，热通道封闭后热风直接回到空调，如图 4.14 所示。

特点：地板下送冷风，天花板热回风，节能高效。但投资大，不宜施工，且不适用于蒸发式机房空调。热风需强制抽风回到空调；施工联动方面的考虑复杂和烦琐。这种方式在实际应用上很少采用。

适合：采用水冷空调的新建项目，单机柜功率密度可达 5～8kW。

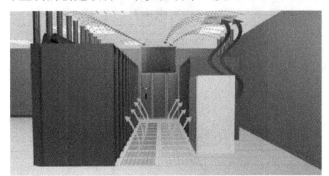

(a) 热通道封闭示意图

图 4.14　热通道封闭方式

(b) 热风管案例1

(c) 热风管案例2

图4.14 热通道封闭方式(续)

4.3.8 空调下送风+架空地板(活化地板)+冷池+天花板回风

该方案同时在数据中心敷设冷、热通道。通过地板下送风把冷风输送至机柜附近,热风从天花板回风。在高密度机柜前端配置活化送风地板,并可根据发热点的热负荷的容量调节活化地板的出风量,如图4.15所示。

特点:这是对4.3.6节和4.3.7节所述方式的综合应用,属于超高热解决方案,但是该方案投资过大,不宜实施。

适合:新建机房,机柜功率密度可达12~20kW。

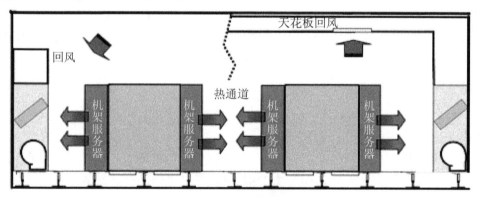

图4.15 冷池+活化地板+热风管示意图

4.4 通信机房气流组织的综合比较

如4.3节所述,前四种方式为上送风气流组织,上送风方式要求制作风管,故必须明确机柜最大功率后再配置空调和主风管,随着通信设备同步增加再增加支路风管等设施,各种气流具体比较见表4-1。

表 4-1 上送风四种方式综合比较

上送风方式	方式 1	方式 2	方式 3	方式 4
名称	风管方式+下位方式	直接输送至机柜	上送风+冷池	混合方式
占用空间	小	中	大	中
投资成本	小	大	大	大
施工难度	简单	复杂	复杂	复杂
冷却效果	中	好	好	好
冷量调节	可调	差	差	可调
空调冗余	好	差	好	差
功率密度	1.5～2.5kW	2～3kW	<5kW	<2.5kW
适用情况	新建、改建均可	新建或改建	新建	改建
推荐指数	★★	★★★	★★★	★★★

注：采用上送风方式，风管的风阻较大，造成空调风机下降，需要根据现场情况决定是否需要调整风机皮带轮或者更换风机。

4.3 节中的后四种为下送风方式，由于顺应热压，故气流组织比上送风方式更为合理，气流组织综合比较见表 4-2。

表 4-2 下送风四种方式综合比较

下送风方式	方式 5	方式 6	方式 7	方式 8
名称	新型工艺机柜	冷池	热通道封闭	冷池+活化地板
占用空间	小	大	中	大
投资成本	小	中	高	高
施工难度	简单	中	复杂	复杂
气流均匀	中	好	好	中
冷量调节	可调	局部可调	不可调	可调
空调冗余	好	好	好	好
功率密度	<3kW	4～8kW	5～8kW	12～20kW
适用情况	新建	新建或改建	新建	新建
推荐指数	★★★★☆	★★★★★	★★★★	★★★★

注：要保证数据机房合适的地板高度、楼房的净高和机架间距，同时要保证通道封闭的完整性。

4.5 数据机房热点解决注意事项

1. 关注地板高度、楼房的净高和机架间距

地板下除消防管道外，建议尽可能不要安装任何电缆、线槽或管道等，这些干扰物会强烈干扰地板下空间的送风气流分布，增加风阻，使不同机柜中设备的冷却性能不均匀。

活动地板的高度对机房空调的空气循环效率有着重大的影响，架空地板的高度应根据负荷密度、机房面积综合确定。所需的净高度取决于机房的大小、功率密度和空调的设计方案。对于气流组织来说,活动地板高度是越高越好,大型 IDC 机房建议地板净高不小于 600mm,一般认为每个机柜的功率密度低于 3kW 时建议地板的高度为 600mm,功率密度在 3～5kW 时建议地板高度为 800mm,功率密度大于 5kW 时建议地板高度为 1000mm。并根据机架负荷可以适当加大机架间距。

IDC 机房的高度不宜太低,要保证回风层的层高,如果这个高度太低,则会影响空调的回风效果,导致机柜内部的热量不容易返回空调;另外,在市电中断过程中,机房层高也会影响服务器宕机的时间,因此要保障机房的层高。建议的机房高度如图 4.16 所示。

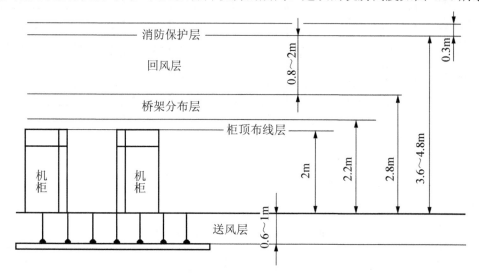

图 4.16　地板和机房层高

2. 要保证冷风道的完整(若采用冷通道封闭形式)

冷通道要做到完全封闭,这样才能保证气流组织,常规的解决措施如下:

(1) 地板安装必须不漏风。只有在冷通道内才能根据负荷大小替换相应的通风地板。通风地板的通风率越大越好,建议采用高通风率地板。不建议使用可调节的通风地板,因为阻力大,而且运维一般做不到精细的管理。

(2) 冷通道前后和上面要求完全封闭,不能漏风。建议采用能自动关闭的简易推拉门,在门上建议安装观察玻璃。目前很多冷通道上部的封闭板采用透明板,因为透明板在安装较长时间后,上面会形成一层灰尘,定期清洗工作量特别大。建议冷通道上部的封闭板采用不透光的金属板,机柜前面安装 LED 节能灯解决冷通道照明问题。

(3) 机柜前部的冷通道必须封闭,没有安装设备的地方必须安装盲板,建议使用免工具盲板,如图 4.17 所示。机柜两侧的设计不能漏风。机柜如果有前后门,建议使用直径超过 8mm 的六角形孔,通风率不低于 70%,风阻要小。如果管理上没有要求,建议机柜尽可能不安装前后门。

(4) 地板下电缆、各种管道和墙的开口处要求严格封闭,不能漏风。地板上的开口或开孔也都要严格封闭,不能漏风。

实际使用中,如果发现机房某处的温度过低,就表明该点的冷风存在泄漏。

第 4 章　IDC 机房的气流组织

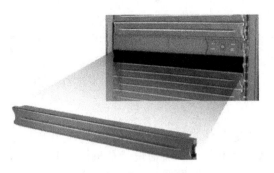

图 4.17　免工具盲板

3. 开口地板的布置

开口地板应该布置在需要冷风来对设备进行冷却的位置。不要在机房空调机组附近放置开口地板，否则空调送出的冷风很容易返回空调，开口地板与空调机组之间应保持至少 2m 的间距。

由于防静电地板的尺寸为 600mm×600mm，因此对于单个机柜功率密度小于 5kW 时的最佳布局是七块地板摆两排机柜，设备对其冷通道，如图 4.18 所示。

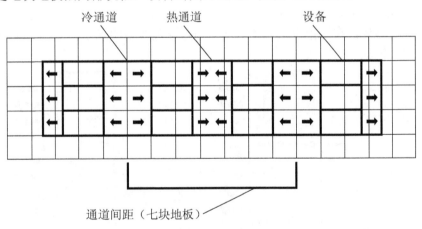

图 4.18　低密度机柜地板布局

对于高密度机柜，可以根据功率密度和通风地板的通风率决定八块或九块地板摆放两排机柜，如图 4.19 所示。

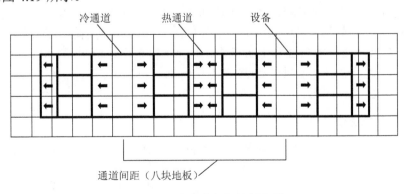

图 4.19　高密度机柜地板布局

标准机柜的宽度为 600mm，刚好对应一块地板。服务器机柜的长度一般为 1000～1100mm，相应的热通道宽度为 800～1000mm。为了不使热通道过窄，我们建议机柜的前门及前门框为外挂式，后门为内嵌式，这样前门框和前门的厚度就安装到冷通道内(机柜本身的深度一般为 1000mm 就能满足需要)，热通道的宽度相应的不至于过窄。

4. 机柜内部气流

对于服务器来说，如果空调总的制冷量和机房大环境气流可以满足机房要求，最后还要保证机柜内部服务器的温度正常，换句话说就是机柜内服务器产生的热量要能通过机柜内部的小气流组织及时带走。在机柜里面，一方面，空气气流会选择流阻最小的路径，我们要阻止机柜内热空气同冷空气混合；另一方面，在一个机架内，冷气从下部送入，自下而上流动，机架最上部服务器温度往往是最高的，如果机柜内部的小气流组织不合理，或者冷风进风量不够，就会造成服务器局部过热。

1) 消除气流回流

在存在气流回流的情况下，机架正面的垂直温度梯度会很大，部分机架前部的上下温度差可达 10℃。因此，一方面要使用盲板或挡板来封闭服务器被拆除或者未安装的空间，防止部分冷空气直接跑到热风风道内，另一方面也可以防止服务器的热风通过这些部位回到服务器的冷风风道内，造成气流组织短路。安装挡板可以防止冷却空气绕过服务器上的入口形成热空气循环，在机柜上层服务器的入口，温度有了明显下降。图 4.20 所示是安装盲板前后的对比情况。

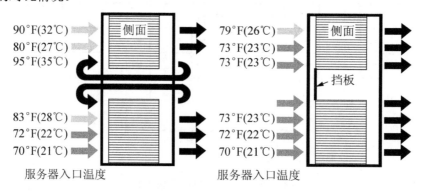

图 4.20　未使用盲板和使用盲板后服务器的进风温度对比

2) 新型工艺机柜

新型工艺机柜是专门对机柜内进行优化和机柜气流组织设计，直接在机柜内部进行送风，采用盲板和漂浮式盲板来封闭机柜上未使用的单元，机柜的前门和服务器形成一个单独的冷通道，热风从机柜的后面和上端排出，避免了机柜内气流短路，气流组织比较合理。根据这一原理，浙江电信分公司在 2008 年专门研制了新型工艺机柜(图 4.21)，并在部分电信公司的 IDC 机房进行应用。

5. 更高密度服务器布置

从 IDC 运行情况来看，我们会遇到两种不同的热点问题，一种是在低密度区域布置更高密度服务器造成的局部温度过高；另一种是整体热点，所有服务器均是高密度设备，造成整个机房温度过高问题出现。对于前者，建议重新设计 IDC 机房；对于后者，最好不要这样布置，如果逼不得已，最好能采取一些特殊的补救措施。

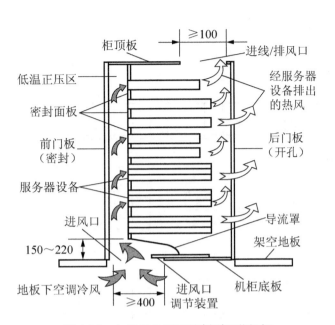

图 4.21　电信 IDC 采用的新型工艺机柜

1）局部高密方案

不同功率密度的服务器不宜布置在同一机房，尤其是在固定密度区域布置更高密度服务器，会导致机房局部热点问题突出。但在实际过程中，往往又不可避免。例如，用户一定要这样布置，而沟通无效的情况，如何解决这些问题？

方法一：在现有的运行空间内加强冷却能力。

如果用户无法对其高密度服务器进行分散，这种情况下，就要想办法增加冷却能力，在机房里增加空调设备(图 4.22)，并在高热区域增加开口地板的数量，也可以安装地板下气流辅助装置(图 4.23)，或安装特制的回流管道(图 4.24)，确保高密度服务器可以得到足够的冷量，同时服务器排出的热量可以顺利返回空调。

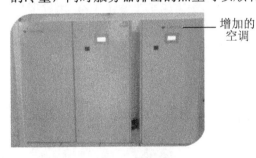
图 4.22　增加空调设备

图 4.23　地板下气流辅助装置

图 4.24　机房的回风管

方法二：分散热机架。

在实际情况中，由于机房空间的限制，增加空调冷量的方法很难实现，因此将高密度负载进行分散是一个比较有效的方法，这样分开的高密度机架可以有效地"借用"邻近机架的冷量来进行冷却。例如，某 IDC 机房，用户要在机柜设计功率 4.5kW 的机房放置部分 12kW 的核心网络设备(cisco N7K)，在解决这个问题时就采用了热量分散原则，将两个机架布置在不同的两列,并留出三个机柜的位置用来冷却这个高密度机架,这样可以将机房平均功率密度控制在设计的范围内,如图 4.25 所示。

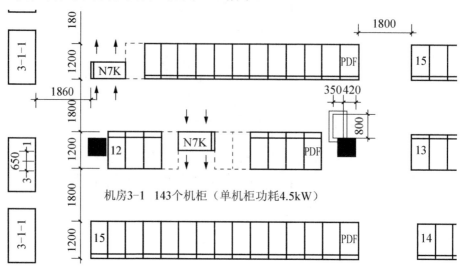

图 4.25　分散热机架布置法

2) 整体高密方案

如果所有服务器均是高密度设备,则必须重新设计 IDC 机房,但是我们会面临一个问题,就是风冷空调的冷却极限(目前为 5kW/m²),如果机柜的发热过大(现在一个机柜的热量就轻松突破 20kW),我们应该如何解决这个问题呢?

采用增加机柜的间距或者降低服务器的放置密度,从而降低整个机房的平均功率密度,可以把功率密度控制在风冷极限的范围以内。在电信某 IDC 机房,用户服务器单机柜铭牌功率为 20kW(图 4.26),实测为 13kW,机柜发热严重。而用户又很着急,为了完成这个任务,电信在规划这个机房时,加大了冷风道和热风道的间距,将冷风道从 1.2m 提升到 4.8m(图 4.27),并增加了热风道的间距,这样一来,单位功率密度就下降了 1/2;另外增加了机房空调数量,提升了地板高度,把地板高度提升到 1.2m,并启用了栅栏地板(图 4.28),保证了机柜所需的冷风风量。

图 4.26　单机柜 20kW

图 4.27　超大间距冷通道

图 4.28　栅栏地板

从使用效果看,该机房冷却效果良好,圆满地解决了用户的需求。但是这种解决方案存在成本较高的问题,这种解决方法只有在对成本不敏感的情况下使用才是合理的。

4.6 数据机房气流组织的发展趋势

所有传输至数据中心内 IT 负载的电能最终都将转化为热能，必须被排出去，以避免过热。事实上所有 IT 设备均借助气流冷却，即每一台 IT 设备都从机房环境中吸入冷空气，再将热空气排放到房间中。由于一个数据中心可能包含数千台 IT 设备，其结果是数据中心内有数千条热气流路径，它们的总和构成数据中心总的热气流输出；热量必须被移除。空调系统对数据中心的作用就是高效率地收集这些复杂的热气流并将其所携带的热量排出机房。

房间级制冷是实现数据中心冷却的传统方法。在这种方式中，通过一台或多台并行工作的空调系统将冷空气输送到数据中心内，并吸取机房环境中较热的空气。这种方式的基本原理是空调机不仅提供原始制冷量，还要充当一个大型混合器，在机房内不断搅拌和混合空气，使之达到均匀的平均温度，防止热点出现。这种方式只有在混合空气所需功耗仅占数据中心总功消很小一部分时才有效。数据模拟和实验表明，当数据中心的平均功率密度为每台机柜 1~2kW 量级时房间级制冷才有效，换算为单位面积功率密度为 $323 \sim 753 W/m^2 (30 \sim 70 W/ft^2)$。可以采用各种各样的方法提高房间级制冷系统所支持的功率密度，但是始终会遇到极限。然而，现代 IT 设备的功率密度正在将峰值功率密度推高至每台机柜 20kW 或更高，其数据模拟和实验表明，依靠空气混合的房间级制冷已不再能有效地起作用。

为解决这一问题，出现了新的关注于行级或机柜级制冷的设计方式。在这些新设计方式中，特别将空调系统与机柜行或单独的机柜集成。这样可以使可预测性大大提升，并可解决更高密度的散热问题，提升效率，另外还有许多其他优点。在本节中，将对各种不同的制冷方式进行介绍和对比。结果将显示，这三种方式各有其相应的应用，总体而言，对于更高密度的应用场所，预期将出现从机房级制冷转向行级制冷的趋势。

4.6.1 房间级、行级和机柜级制冷架构

每一套数据中心制冷系统均有两项主要功能：提供总制冷量，并将冷空气分配至 IT 负载。第一项提供总的制冷容量的功能对所有制冷体系结构均相同，即空调系统的总制冷量(以 kW 为单位)必须大于 IT 设备总功率负载的容量(kW)。不管制冷系统是在房间级、行级还是机柜级的设计，都需要满足这一功能。各种制冷体系架构之间的主要差异在于它们如何执行第二项关键功能，即向负载分配冷空气。与电流分配不同，电流被约束在线缆内且作为设计组成部分清晰可见，气流只是大体受机房设计的约束，实际气流在实施过程中并不可见，并且在不同设施上会有相当大的区别。对气流的掌控是不同的制冷系统设计方式的主要目标。

图 4.29 以平面图方式描绘了三种基本制冷架构。在图 4.29 中，黑色方框表示成行布局的机柜，箭头表示机房空调机组与 IT 机柜内负载的逻辑关联。机房空调机组的实际物理布局可能有所不同。在房间级制冷架构中，机房空调机组与机房相关联；在行级制冷架构中，CRAC 机组与机柜行相关联，而在机柜级制冷中，CRAC 机组则被分配至单个机柜。

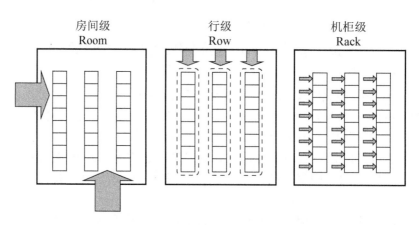

图 4.29　三种级别制冷架构的平面图

4.6.2　房间级制冷架构

在房间级制冷架构中，CRAC 机组与机房相关联，并行工作以应对机房的总体热负载。房间级制冷架构可能由一台或多台机房空调组成，机房空调提供完全不受管道、风门、通风口等约束的冷空气，或者供风和/或回风可能受到高架机房地板或顶部压力回风系统的部分约束。更多知识点本章前几节已经予以详细介绍。

在设计中，对气流的关注通常有很大的不同。对于较小的机房，机柜有时会随意摆放，气流系统因此没有系统规划。对于较大、较为复杂的数据中心，可利用机房高架地板将冷空气分配到经过周密规划的机柜冷通道，其目的很明确，即引导气流并使之与 IT 机柜对应。

房间级制冷架构的设计受机房物理特性的影响很大，包括天花板高度、机房形状、地板上下的障碍物、机柜布局、机房空调的位置、IT 负载功率密度分布等因素。其结果是可预测性和均一性较差，特别是在功率密度增大时更是如此。因此，可能需要利用流体动力学计算模型(CFD)对设计安装细节进行计算。此外，诸如 IT 设备移动、增加及变更等也可能使性能模型失效，而需要进一步的分析和测试。特别地，确保机房空调的冗余性将变得非常复杂并难以验证。

房间级制冷体系架构的另一个明显缺点是，在大部分情况下机房空调的制冷量并未完全得以利用。这种状况通常由机房设计造成，机房空调送出的冷空气有相当一部分绕过 IT 负载直接返回机房空调，这部分短路循环的气流并没有对 IT 负载实施冷却，实质上是降低了机房空调的总制冷量。将导致即使在机房空调的附加制冷量(kW)尚未完全利用，IT 设备的制冷要求也可能超出 CRAC 的制冷容量。

4.6.3　行级制冷架构

在行级制冷架构中，机房空调机组与机柜行相关联，以针对特定机柜行为设计目的。机房空调机组可以安装在 IT 机柜之间，可以架空安装，也可以在地板下安装。如图 4.30 所示，系统将一组高密度 IT 机柜与高密度行级制冷系统和高密度 UPS 及配电系统在预制造、预测试的区域中进行集成。与房间级制冷架构相比，其气流通路较短，且更为明确。此外，气流可预测性要好很多，机房空调的全部额定制冷量均可得到利用，并可以实现更高密度的布局。

图 4.30　标准化、模块化多机柜高密度区域前视图

除制冷性能之外，行级制冷架构还有许多其他优点。气流路径缩短可降低空调风机功率，提高效率。这不是一个小优点，因为对于许多负载较低的数据中心，机房空调风机功率损耗这一项的功耗就会超过总 IT 负载功耗。

行级制冷设计可以根据目标机柜行的实际需求确定制冷量和冗余度。例如，行级制冷架构允许一行机柜高密度应用，如安装了刀片式服务器，而另一行机柜则应安装较低密度的 IT 设备，如交换机。此外，对具体行可针对性地采用 $N+1$ 或 $2N$ 式冗余设计。

行级制冷架构可以应用于无高架地板的环境。这样可以提高地板的承载能力，降低安装成本，不再需要入口坡道，并使得数据中心可以设在没有足够净空来安装高架地板的建筑物内。这一点对高密度数据中心尤为重要，因为其机房高架地板的高度可能需要 1m 或更高。行级制冷产品的示例在图 4.31 和图 4.32 中给出。

图 4.31　行级制冷解决方案

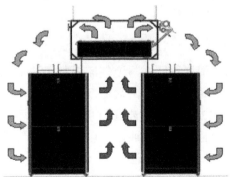

图 4.32　架空式制冷解决方案

【参考图片】

如图 4.31 和图 4.32 所示，行级地板安装和吊顶安装的系统都可以配置成热通道气流遏制系统，由此来扩展功率密度。这种设计通过排除气流混合的可能性以进一步增加

性能表现的可预测性。房间级制冷系统也逐渐开始使用气流遏制来增加功率密度。冷、热通道气流遏制系统都用于使数据中心内的气流混合最小化。每种解决方案都有其独有的优势。

服务器排出的热空气可通过三种方式被传送到空调：无气流遏制系统、热通道气流遏制系统及机柜气流遏制系统。这些方法均采用行级制冷概念(如将空调机置于距 IT 机柜几步范围内)。下面分别予以介绍。

1. 无气流遏制系统

无遏制区域采用热通道和冷通道的标准布局和标准宽度来防止冷热气流的混合。为此，开放区域取决于一行内的多台机柜，对独立制冷 IT 机柜不起作用。由各行机柜(在某些情况下还包括墙壁)形成的冷、热通道对冷、热气流进行隔离，如图 4.33 所示。IT 设备机柜距离行级空调越近，热空气的捕获量和被制冷的量也越大。随着 IT 机柜与行级空调机之间距离的增加，数据中心内热空气与周围空气的混合也就越多。

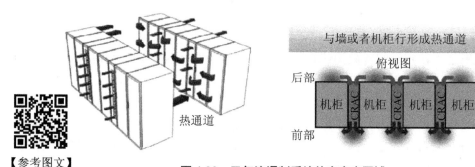

图 4.33 无气流遏制系统的高密度区域

何种情况下采用本方法：

(1) IT 机柜处于经常会移动和重新定位的区域。

(2) 使用的 IT 机柜来自多个不同的厂商。

需要权衡的因素：即便是在较低密度下仍需要更多的行级空调，以便很好地收集来自所有 IT 机柜的热废气。

2. 热通道气流遏制系统

热通道气流遏制区域与无气流遏制区域基本相同，只是每两行之间的热通道均被遏制。热通道通过天花板及通道两端的门加以封闭，成为废热排放通道，如图 4.34 所示。此外，机柜的后门被去除。废热被遏制系统隔离，不能与数据中心环境空气相混合。需要一面墙壁或另一排机柜来构成冷通道，以隔离冷空气供应。

何种情况下使用本方法：

(1) 在必须节约占地面积的情况下此方法被普遍采用，因为它与两行低密度机柜的占地面积相同。

(2) 在采用热通道、冷通道布局的数据中心。

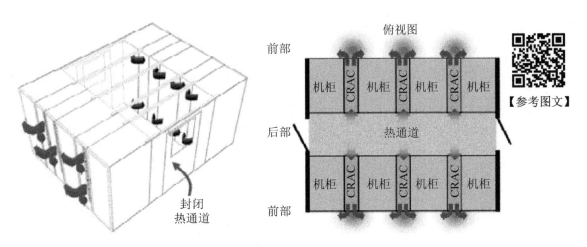

图 4.34　热通道气流遏制系统的高密度区域

需要权衡的因素：
(1) 热通道遏制挡板会提高基建成本。
(2) 热通道遏制可能因为热通道内高温而超出工作环境规定限制。
(3) 与某些类型的电缆、配电条、标签及其他并非针对高温设计的材料不兼容。
(4) 不能对单行机柜使用。
(5) 法规监管机构可能要求热通道内有灭火设施。

3．机柜气流遏制系统

机柜遏制系统(也称为"机柜气流遏制系统")与热通道气流遏制类似，只是利用设备机柜的后框架和一系列挡板形成后部气流通道将热空气加以遏制。此通道可被连接至一台 IT 机柜或一排机柜，如图 4.35 所示。用于构建热空气通道的挡板会使常规机柜的深度增加 20cm(8 in)。在必要时，可选用一系列的前挡板将冷、热气流完全遏制，如图 4.36 所示。这种可选的前部遏制将使机柜深度再增加 20cm(8 in)。

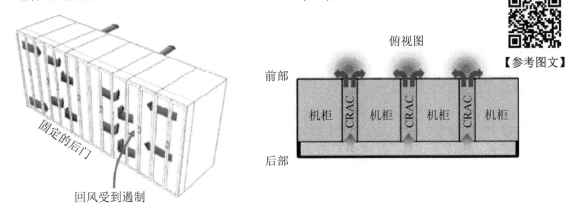

图 4.35　机柜气流遏制系统的高密度区域

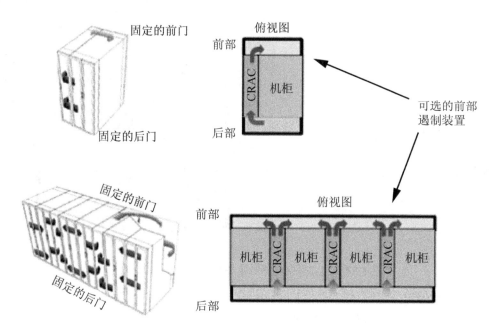

图 4.36 机柜气流遏制外加选装前部遏制的高密度区域

何种情况下使用本方法：

(1) 在热通道气流遏制系统为优选方法的情况下，只剩一个奇数行为无气流遏制系统。

(2) 要求经常操作且便于管理通信电缆时。

(3) 在独立开放式数据中心环境或混合式布局等情况下需要实现完全隔离时——仅当可选的前部气流遏制系统应用时。

(4) 在缺乏任何形式的制冷、高密度设备放置于高温下的布线室内——仅当可选的前部气流遏制系统应用时。

(5) 需要消音时——仅当可选的前部气流遏制系统应用时。

需要权衡的因素：

(1) 前方和后方密封挡板会增加基建成本。

(2) 在单一机柜配置中，当需要制冷冗余时，成本会大幅增加。

4. 三种行级制冷高密度区域方法的总体比较

以上三种行级制冷高密度区域方法的总体比较见表 4-3。

表 4-3 区域密封方法比较

选择依据	无气流遏制系统	热通道气流遏制系统	机柜气流遏制系统	备注
最大限度减少占地面积	好	好	中到差	(1) 无气流遏制系统和热通道气流遏制系统可实现最小的行间距。 (2) 机柜气流遏制系统使机柜深度增加 8in，但这在合并应用中可能可以接受。 (3) 前方与后方密封使机柜深度增加 16in——应根据可用地面空间加以权衡

(续)

选择依据	无气流遏制系统	热通道气流遏制系统	机柜气流遏制系统	备注
易于变更管理	好	中到差	中到差	当采用气流遏制系统特别是前部遏制相关硬件来约束机柜时,将机柜插入现有行或从中取出都更为困难
最大限度降低能耗	中	好	好	无气流遏制系统布局与现有数据中心布局紧密相关,这可能增加行级制冷的数量
易于冗余	中	好	中到差	(1) 热通道气流遏制系统行级 CRAC 位置与冗余无关。 (2) 需要更多的行级 CRAC 来保持机柜气流遏制系统内的冗余
最大限度减少行级 CRACS 数量(特别是在低密度下)	差到中	好	中到好	(1) 机柜气流遏制系统和带有前部遏制的机柜气流遏制系统可能被限制,因为并非所有冷风可以像热通道气流遏制系统一样在所有行级冷却器之间共享。 (2) 无气流遏制系统与机柜功率密度紧密相关,高密度需要较少的行级空调机柜气流遏制系统。 (3) 带有前部气流遏制系统的机柜气流遏制系统受冗余等级的影响(需要更多台的空调)
消音	差	中到差	好	(1) 仅采用机柜气流遏制系统时为差到中。 (2) 当采用带有前部气流遏制系统的机柜空气遏制时较好。 (3) 将降低制冷设备的噪声强度,但不会完全消除噪声
设施处于热学状况不稳定或非数据中心空间内	差	差	好	(1) 仅采用机柜气流遏制系统时为差到中。 (2) 当采用带有前部气流遏制系统的机柜气流遏制系统时较好。 (3) 实例包括布线室、办公室和商业空间
成本	取决于机柜功率密度和机柜数量等变量			尽管热通道气流遏制系统有附加盲板,会增加成本,但它所需要的行级空调数量要少于无遏制,特别是在较低的机柜功率密度下

由于行级制冷架构简单且预先确定的几何布局使性能可以预测,因此完全可由制造商加以表征说明,而且相对不受机房几何形状或其他机房约束条件的影响。这使规范和设计实施都得以简化,特别是在每台机柜超过 5kW 的密度下更是如此。

尽管这种制冷架构表面看起来比房间级制冷架构需要更多的空调机组,其实并非如此,特别是在功率密度较高的情况下。

4.6.4 机柜级制冷架构

在机柜级制冷中,机房空调与机柜相关联,以冷却特定机柜为设计目的。空调机组直接安装在 IT 机柜上或其内部。与房间级或行级制冷架构相比，机柜级制冷气流路径更短，且定义更为准确，使得气流完全不受任何设施变动或机房约束条件的影响。机房的全部额定制冷量均可得到利用，并可实现最高的负载密度(每台机柜最高 50kW)。图 4.37 给出一个机柜级制冷产品示例。其为机架与 CRAC 集成系统示例，该系统在送风和回风端均采用了全管道方式。该示例展示了一台一侧装有冷凝片和风扇的服务器机架。从服务器排出的热气经过冷凝片，冷却后的空气又被服务器的进气口吸入循环利用。

【参考图文】

图 4.37　机柜级制冷解决方案

与行级制冷类似，除具有高密度能力之外，机柜级制冷架构还有其他独有的特性。气流路径缩短可降低风机功耗，提高效率。如前所述，这并不是一个小优点，因为对于许多负载密度较低的数据中心，机房空调风机功率损耗这一项就会超过总的 IT 负载功耗。

机柜级制冷设计可以针对目标机柜的实际需求确定制冷量和冗余度。例如，对刀片式服务器和网络交换机可采用不同的功率密度。此外，对具体机柜可针对性地采用 $N+1$ 或 $2N$ 式冗余。相比之下，行级制冷架构只能在机柜行这一层级规定这些特性，而房间级制冷架构仅允许在机房级指定这些特性。

由于机柜级制冷架构特定的物理形状使制冷性能可以预测，因此完全可由制造商加以表征说明，而且完全不受机房几何形状或其他机房约束条件的影响。这使功率密度范围及设计都得以简化。

这种方式的主要缺点是相比其他方式需要大量空调设备及相关管路，特别是在较低负载密度的情况下。

4.6.5　混合型制冷架构

房间级、行级和机柜级制冷架构可以在同一数据中心中不受限制地任意组合使用。事实上，很多数据中心都适合采用混合型制冷架构。具体而言，功率密度范围较宽的数据中心可以采用如图 4.38 所示的全部三种制冷类型的组合。

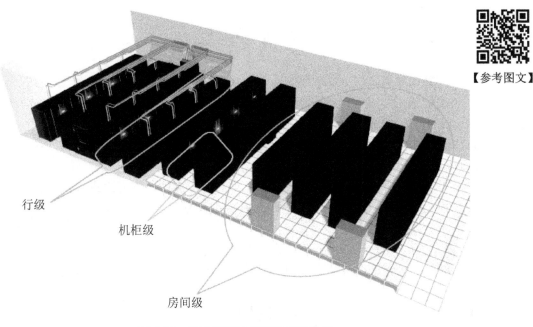

行级
机柜级
房间级

图 4.38 混合型制冷系统的机房布局

(1) 房间级制冷：向机房送风，但主要服务于布局诸如通信设备、低密度服务器及存储器的低密度区域。目标密度为每台机柜 1~3kW，323~861W/m²(30~80W/ft²)。

(2) 行级制冷：向配备刀片式服务器或 1U 服务器的高密度或超高密度区域供风。

(3) 机柜级制冷：向独立的高密度机柜或超高密度机柜供风。行级和机柜级制冷架构的另一有效应用是，将现有采用房间级制冷的低密度数据中心的功率密度提升。在此情况下，现有数据中心内机柜的小群组配备行级或机柜级制冷系统。行级或机柜级制冷设备可有效地隔离新的高密度机柜，使其事实上与现有房间级制冷系统"没有热关联"。通过这种方式，高密度负载可被叠加到现有低密度数据中心内，而不需要改动现有房间级制冷系统。布局后，这种方式可形成与图 4.38 所示相同的混合型制冷架构。

对上述总结和分析将得出以下结论：

(1) 房间级制冷架构灵活性差、布局困难，且在高密度条件下运行效果差，但在较低密度应用方面具有投资成本低和简便等优势。

(2) 模块化行级制冷架构在灵活性、布局速度和解决高密度方面具有许多优势，但投资成本上却与房间级制冷架构类似。

(3) 模块化机柜级制冷架构最为灵活、布局迅速，并可解决极高的负载密度，但是投资成本最大。

本章所介绍的数据机房实际的气流组织非常复杂，气流组织的好坏还与空调的布置、机柜的布置方式、地板的高度选择、风管的截面和制作等因素相关，由于篇幅的限制，这里只对数据机房气流组织的方式进行罗列和比较，并对部分下送风气流组织进行推荐，作为大家对机房建设选择气流组织时的参考和借鉴，以避免走弯路和减少不必要的浪费。

本 章 小 结

(1) IDC 机房具有高功耗、高集成度、高热密度、高保障要求等特点。

(2) 保证 IDC 机房空调的电源可靠性是至关重要的，必须制定可靠的空调电源保障方案，以防止空调电源中断或尽量缩短电源中断时间。

(3) 机房空调的冷量要大于机房的最大热负荷并有富余，空调应根据机房总热量，按照 $N+1$ 原则配置。

(4) 气流组织是指对气流的流向、流量、压力和均匀度按一定要求进行组织和分配。

(5) 在数据中心机房范围内，按照送、回风口布置位置和形式的不同，气流组织形式多种多样。

(6) 目前数据中心中冷热通道分离成为一个热门做法，被普遍应用。

(7) 房间级、行级和机柜级制冷架构可以在同一数据中心中不受限制地任意组合使用。

复习思考题

1．IDC 机房空调配置和解决方案有哪些？
2．通信机房有哪些气流供给组织方式？
3．数据机房气流组织的发展趋势有哪些？
4．数据机房行级制冷架构分为哪几种？请简述各自的优缺点。

第 5 章

通信机房空调设备的安装和日常维护

5.1 空调设备技术维护要求

各通信运营商的电源空调维护规程(简称《规程》)中都明确规定对空调运行情况的要求，维护部门和维护人员应按规程要求并结合本地具体情况制订空调维护实施细则和检查监督机制，通过定期及不定期检修对空调各部件进行预检预修、维护保养和临时故障处理，确保空调机的安全、稳定、高效运行，为通信设备提供正常工作所需的环境。各通信机房对温湿度、洁净度等环境因素的要求前面已介绍。下面简要说明中国电信和中国移动的《规程》中关于空调部分的环境要求和技术要求。

1. 通信机房环境要求

(1) 房间密封良好(门窗密闭防尘，封堵漏气孔道等)，气流组织合理，保持正压和足够的新风量。

(2) 机房内设备和电缆的布放不能影响空调系统的送、回风通道。

(3) 为节约能源，冬季通信机房温度尽可能靠近温度下限，夏季尽可能靠近温度上限。

(4) 安装空调设备的机房不准堆放杂物，环境应整洁，设备周围应留有足够的维护空间。

2. 空调技术要求

(1) 定期清洁各种空调设备表面，保持空调设备表面无积尘、无油污。

(2) 设备应有专用的供电线路，电压波动不应超过额定电压的-15%~+10%，三相电压不平衡度不超过 4%，电压波动大时应安装自动调压或稳压装置。

(3) 设备应有良好的保护接地，与局(站)联合接地可靠连接。

(4) 空调室外机电源线室外部分穿放的保护套管及室外电源端子板、压力开关、温湿度传感器等的防水防晒措施应完好。

(5) 空调的进、出水管路布放路由应尽量远离机房通信设备；检查管路接头处安装的水浸告警传感器是否完好有效；管路和制冷管道均应畅通、无渗漏和堵塞现象。

(6) 使用的润滑油应符合要求，使用前应在室温下静置 24h 以上，加油器具应洁净，不同规格的润滑油不能混用。

(7) 充注制冷剂、焊接制冷管路时应做好防护措施，戴好防护手套和防护眼镜，配备必要的灭火设备。

(8) 空调系统应能按要求自动调节室内温、湿度，并能长期稳定工作；有可靠的报警和自动保护功能、来电自动起动功能。

(9) 定期对空调系统进行工况检查，及时掌握系统各主要设备的性能、指标，并对空调系统设备进行有针对性的整修和调测，保证系统运行稳定可靠。

(10) 定期检查和拧紧所有接点螺钉，尤其是空调机室外机架的加固与防蚀处理情况。

(11) 科学合理地采用变频等节能技术。

5.2 空调设备日常维护及巡检项目

本节所要介绍的是分体柜式空调机、机房专用空调机和中央空调的日常维护。定期维护与保养是延长空调设备使用寿命、减少故障发生的重要手段。事实证明，很多空调机故障甚至部件的严重损坏都是由于缺少必要的日常维护或是维护不当造成的,因此,要想提高空调机维护水平与质量,加强和完善日常维护是基础和关键所在。

5.2.1 分体柜式空调机的日常维护与保养

1. 《规程》相关要求

对于分体柜式空调的保养要求,各通信运营商的维护规程中都有相关规定。例如,中国移动的《规程》对普通商用空调设备维护的具体规定如下。

(1) 机房内安装的普通商用空调设备应能够满足长时间运转的要求,并具备停电保存温度设置,来电自起动功能。

(2) 使用普通商用空调应注意的事项如下:

① 勿受压:空调器外壳是塑料件,受压范围有限,若受压,面板变形,影响冷暖气通过,严重时更会损坏内部重要元器件。

② 换季不用时:清扫滤清器,以免灰尘堆积影响下次使用;拔掉电源插头,以防意外损坏;干燥机体,以保持机内干燥。室外机安装保护罩,以免风吹、日晒和雨淋。

③ 停用后重新使用:检查滤清器是否清洁,并确认已装上;取下室外的保护罩,移走遮挡物体;冲洗室外机散热片;试机检查运行是否正常。

④ 运行期间每季做一次来电自起动功能试验。

⑤ 运行期间每月清洗室外机冷凝器翅片、疏通排水管道。

对于普通分体空调设备的维护,中国电信的《规程》中规定空调设备维护的条件要求如下:

第268条 空调维护人员应对普通分体空调系统进行定期巡检和不定期维护检修,巡检人员应具有较高维修能力和水平。

第269条 每年检查普通分体空调室外机电源线部分的保护套管防护措施、室外电源端子板的防水防晒措施是否完好。

第270条 定期检测、校准空调的显示温度与空调实际温度的误差,每月检查、清洁空调表面和过滤网、冷凝器等。

第271条 检查空调制冷效果,可以根据空调的进回风温差、系统的高低压和蒸发器的结露情况进行综合判断,根据需要给空调机补充制冷剂。

第272条 规定了普通分体空调设备的维护(表5-1)。

表5-1 普通分体空调设备的维护

维护项目	维护内容	维护周期
普通分体、柜式空调	定期清洁空调过滤网	月
	(1) 检查室内外风机工作是否正常。 (2) 清洁室内机设备表面及机柜。 (3) 检查清洁空调冷凝器、蒸发器	季
	(1) 检查空调制冷系统是否正常。 (2) 检查空调排水是否正常,排水管是否完好。 (3) 拧紧和加固所有接点螺钉;检查和处理室外空调机架的腐蚀情况	年

注:由于各厂家设备型号不同,如果与表中规定的不符,应以设备说明书规定周期为准。

中国电信的《规程》还对无人值守局站(包括接入网点、微波和光纤中继站等)的设备维护做出了具体的规定,虽然相对而言,无人值守的通信局站一般规模较小、等级较低,其维护要求可以稍微适当放宽,但规定仍需要定期维护。

2. 定期维护与保养的具体项目

无论哪家通信运营商的《规程》,对于制订空调的日常保养都是最基本的要求。为使日常维护工作真正发挥作用,应在《规程》的基础上,根据空调实际使用情况和当地气候特点,制定细致合理的维护保养作业工艺流程,并严格遵守。下面介绍分体柜式空调定期维护与保养的具体项目。

1) 维护内容

不管是维护还是保养之前,都应该注意先关闭电源。

(1) 电气维护。电气线路中的连接处必须紧固,无污物和潮气;所有电气元件必须由技术熟练的电工进行检查和维护。接到压缩机的电压的波动应在3%以内;检查继电器接点的状态和连接的严密性。

检查保安器装置及接出装置;各相相电压的不平衡度应该在3%以内。检查外部供电电源分总开关保安器装置。

(2) 机器维护。冷风机的管理及维护必须由懂得制冷技术的人员进行。

(3) 滤尘网的清洗。滤尘网放置于蒸发器的下部,其清洗期限取决于使用环境,一般每月清洗两次。清洗步骤如下:停止运行冷风机,切断总电源,然后拆下回风百叶,抽出滤尘网,用吸尘器吸掉滤尘网上的灰尘及污物,再用温水洗净。

(4) 蒸发器的清洗。当蒸发器翅片上的灰尘或其他外界堆积物增多时,应进行清洗。其步骤如下:停止运行冷风机,切断总电源,然后拆下回风百叶,抽出滤尘网,用气体或水反向吹蒸发管表面,清除管子周围剩余的灰尘,然后装上滤尘网。

(5) 风冷冷凝器的清洗。当室外部分冷凝器上的灰尘杂质堆积增多时,应进行清洗。其步骤如下:停止运行冷风机,切断总电源,用气体或水反向吹冷凝排管表面。清洗时应注意:不能将蒸发器或冷凝器表面翅片碰伤,万一碰伤应进行修复;清洗完后应待电路各接线部位的水干后才能重新开启机器。

(6) 电动机的维修。应按要求定期检查各电动机的运行情况,定期加润滑油。必须定期检查整个制冷系统是否有泄漏现象,发现泄漏要及时解决。

2) 月检和年检

在进行月检、年检或其他维护保养工作之前,必须先断开所有电源切换开关,使所有转动与循环的设备停止,千万不能疏忽,否则,有可能导致设备损坏甚至造成人身伤害。

每月要进行下列检查:

(1) 检查风机皮带与带轮的磨损并校准方向。

(2) 检查清洗或替换空气过滤网。

(3) 检查排水盘与排水管,确定排水盘完全清洁和排水管无阻塞。

(4) 检查冷凝器水管是否泄漏。

每年的年检要进行下列检查:

(1) 检查整个制冷剂管路是否有泄漏。

(2) 检查风机皮带的磨损及是否有合适的皮带张力。

注：春季巡检要求在 2 月中旬前开始，5 月中旬前完成，以保证夏季来临前空调设备的正常工作；秋季巡检要求在 9 月中旬后开始，12 月中旬前完成。

3) 保养检查步骤(以大金空调为例)

(1) 打开空调进风口面板，取出室内机过滤网，用水清洗并甩干放回。

(2) 观察空调排水管排水是否通畅，排水管是否完好，有无漏水现象，地面无积水；如发现排水不畅或者地面有积水，清洁室内机积水盘或更换排水管，同时注意空调室内机出水口高度要高于出水口墙洞，防止排水不畅。

(3) 检查机房环境温度是否正常，在面板上查看空调设定温度是否准确；出风口有无结霜结露等现象，用点温计或便携式温度计测量出风口的温度和进风口的温度，确保温差在正常的范围内，如有必要，定期校准空调的显示温度与空调实际温度的误差。

(4) 断开空调的断路器，过一会儿之后重新合上，等待 2~3min 后看空调是否自动起动；待空调压缩机起动后，将手放在出风口位置感觉出风口温度，初步判断制冷效果。

(5) 用高压水枪对室外机进行冲洗，如果无法进行冲洗，则需要用刷子刷去冷凝器上的灰尘。特别在夏季高温季节，室外机如果过脏，会散热困难影响空调工作产生高压故障；同时观察室外机周围环境，若有阻挡物应及时移除，保障室外机排风通畅。

(6) 检查载冷剂铜管，管路周边和接头处无氟利昂跑、冒、滴、漏现象，管路固定良好，管路保温套完整良好无破损，无裸露的铜管。

(7) 将空调设置到制热状态，待压缩机工作后，将压力表接到空调三通阀的高压端，测量值如果在 3.5~4.0kPa 是正常的。低压测量：将空调设置到制冷状态，待压缩机工作后，将压力计接入三通阀的低压端进行测量，低压在 0.4~0.6kPa 属于正常。

(8) 用钳形电流表测试空调压缩机三相电流和室外风机工作电流，电流值符合标准。

(9) 检查空调是否具有独立的上级空气开关(又称断路器)，开关容量是否符合要求；如有复接其他电器，应移除；如空气开关性能不好或者容量不满足需求，应及时更换。

(10) 检查各类电源线、信号线、接地线连接可靠、无松动、腐蚀，如有需要，可用螺钉旋具进行紧固。

(11) 检查室外机固定的安全性：如是否随意放置在木架上、未固定(已装铁底座的除外)、固定机架松动、固定的墙壁/地面松动或塌陷、机架或螺栓严重生锈等，如有以上安全隐患，应及时处理。

(12) 检查洞孔封堵情况。

5.2.2 机房专用空调机的日常维护与保养

机房专用空调机的日常维护及巡检的目的如下：①保证精密空调性能正常发挥；②及时发现并消除空调机组故障隐患；③预防性维护降低综合维护成本。

1. 《规程》要求和定期维护保养项目

专用空调设备的维护包括空气处理机的维护、风冷冷凝器的维护、压缩机部分的维护、加湿器部分的维护、冷却系统的维护、电气控制部分的维护和工况测试等工作。中国移动和中国电信的《规程》对各项维护工作都有具体要求，下面进行简要介绍。

1) 空气处理机的维护

(1) 检查带轮和电动机的装配是否牢固和正确并调整,检查风机带轮与风机电动机带轮是否在同一平衡轴线上。

(2) 检查风机皮带,根据皮带的松紧度和磨损情况进行调整或更换。检查方式是用手将主动轮与被动轮之间的皮带按下,按下距离应该在 10~15mm。如果皮带过紧,则很容易损坏轴承座。(CM+独特的风机系统设计,整个风机系统可以从前面轻松搬出,只需轻松将电动机底架提起后把新皮带放入带轮即可,如图 5.1 所示。)

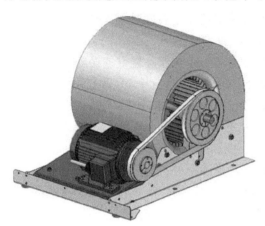

图 5.1 CM+空调皮带的更换方法

(3) 定期更换或清洁空气过滤网。在更换空气过滤网的过程中,不同的机房空调也有不同的更换方式,如佳力图、PEX 空调等可以直接向前移开过滤网。而 CM+空调必须先将空气过滤网抬起来才能移走和更换。PEX、CM+空调空气过滤网的更换如图 5.2 所示。

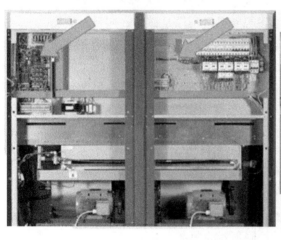

图 5.2 PEX、CM+空调空气过滤网的更换

(4) 蒸发器翅片(图 5.3)应明亮,无明显阻塞和污痕现象;若蒸发器翅片脏,则可用水加中性清洗液进行清洁。

(5) 翅片水槽和冷凝水盘应干净无沉积物,保持冷凝水管应畅通。冷凝水盘和冷凝水管如图 5.4 所示。

图 5.3 蒸发器翅片

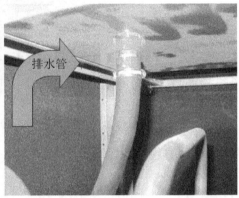

图 5.4 冷凝水盘和冷凝水管

(6) 送、回风道及静压箱无漏风现象；保持通道的完整性，减少冷、热气流混合。

(7) 检查室内风机运行情况是否正常，查看其与风扇转轴是否安装牢固。转动风扇叶轮，确保它不会摩擦到风筒。用于该组件的轴承是永久密封和自助润滑的，检查风机轴承润滑程度，转动带轮，查看风扇转轴内的运动情况。如发现有任何过大的移动，或有噪声和过大的振动，则要更换轴承。测试风机运行电流和温度。

(8) 检查空调机底部水浸工作是否正常。要把容易漏水的部件尽可能地纳入挡水条内部。水浸和挡水条如图 5.5 所示。

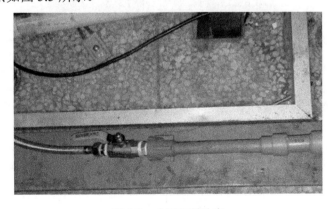

图 5.5 水浸和挡水条

(9) 必要时应测量出风口的风速及温差。

2) 风冷冷凝器的维护

(1) 外机固定正常，能抵御大风；风扇支座紧固，扇叶转动正常、无抖动、无摩擦、无异常噪声。

(2) 定期检查风机工作是否正常，根据需要测试风机的工作电流。

(3) 定期检查、清洁冷凝器的翅片，保证翅片干净，无积灰和脏堵现象。冷凝器的清洁如图 5.6 所示。

图 5.6　冷凝器的清洁

(4) 定期检查风机调速器工作是否正常。

3) 制冷系统的维护

(1) 检测压缩机工作表面温度、压缩机表面有无凝露和压缩机回气口有无过热等现象。

(2) 检查压缩机的运行是否平稳，机械声是否正常；测试压缩机的高、低压压力及压缩机的工作电流是否正常。

(3) 观察视液镜内制冷剂的含水量和流动情况，判断系统水分是否正常，有无缺液现象，根据需要及时补充制冷剂。

(4) 检查系统的干燥过滤器的进出口有无温差，若温差较大，则说明干燥过滤器有堵塞现象，需更换干燥过滤器。压缩机、视液镜和干燥过滤器如图 5.7 所示。

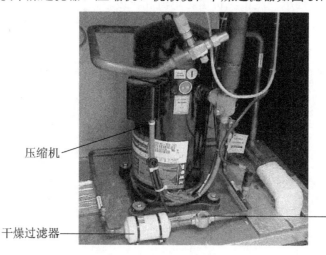

图 5.7　压缩机、视液镜和干燥过滤器

(5) 检测高低压保护开关整定值是否正常(高压告警点为 22～25kgf/cm^2，低压告警点为 1.7～2.1kgf/cm^2)，必要时重新进行整定(通过校准螺钉)。高低压保护开关如图 5.8 所示。

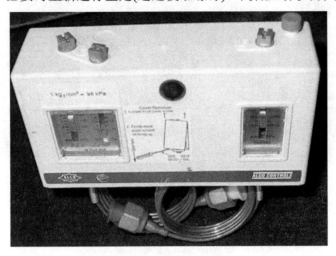

图 5.8　高低压保护开关

(6) 测试系统过热度，必要时调整膨胀阀的开启度。

(7) 检查制冷剂管道固定位置有无松动或振动情况，必要时重新固定；检查管路上有无制冷剂泄漏等情况；检查制冷剂管道保温层，发现破损应及时修补。制冷剂管道和保温层如图 5.9 所示。

图 5.9　制冷剂管道和保温层

4) 加湿器部分的维护

(1) 保持加湿水盘和加湿罐的清洁，定期清除水垢。

(2) 检查供排水电磁阀工作是否正常，测试加湿电流是否正常。

(3) 检查给、排水路是否畅通。

(4) 检查加湿器电极、远红外管，保持其完好无损、无污垢。加湿罐和电极如图 5.10 所示。

图 5.10 加湿罐和电极

当电极加湿器的加湿量达不到预定加湿量时,如果其他部件都工作正常,则说明应清洗蒸气桶,清洗步骤及注意事项如下。

(1) 去掉外壳,去掉连接件,将加湿桶上半部分拿下来。

(2) 排除加湿罐中所有水垢和淤泥。

(3) 敲打加热电极,去除电极上的水垢,允许保留一小部分。

(4) 检查加湿桶上部水位探测器,冲洗去除附在上面的杂质。

(5) 冲洗蒸气桶中的过滤器。

(6) 清洗时不能使用酸性或化学洗涤物,当由于水的电导率不足而引起加湿量不够时,可在筒中加少许食盐。

在红外线加湿器(图 5.11)正常运行过程中,矿物颗粒等沉积物会聚集在加湿器水盘上。这些沉积物必须定期清除,才能保证加湿器高效运行。若需更换加湿灯管,则具体步骤如下。

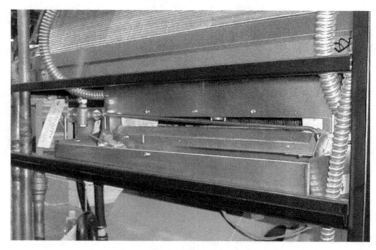

图 5.11 红外线加湿器

(1) 断开主隔离开关电源。

(2) 拔掉所有红外加湿器控制线的对插端子,并剪开红外加湿器动力线的紧固扎带。单门系统红外加湿器的对插端子密封在红外灯管上方的空腔内,插拔前需先拆开红外加湿器前面的接线盖板。双门和三门系统的对插端子在红外加湿器的左端,未密封,可直接插拔。

(3) 将加湿器水盘中的水排完后,拆除排水管,然后拆除加湿器左右固定螺钉(各两个),托出整个加湿器。

(4) 打开接线盖板(单门系统的红外加湿器接线盖板已拆开),可以看到陶瓷接线座,然后用万用表查找出被烧坏的灯管。

(5) 拆除加湿器的水盘。

(6) 拆除中间固定灯管的支架。

(7) 从陶瓷端子座上松开固定需更换灯管电线的螺钉(注意用手托住灯管的两端)。

(8) 直接把灯管向下拉,更换新灯管。

切记别让石英灯管(图 5.12)直接接触水,也不能沾上油,因为任何油类(包括手印上的油)都会大大缩短灯管的使用寿命。所以,操作时应始终戴着干净的棉质手套。

图 5.12　石英灯管

5) 冷却系统的维护(如果需要使用)

(1) 冷却循环管路畅通,无跑、冒现象,各阀门动作可靠;定期清除冷却水池杂物及清除冷凝器水垢。

(2) 冷却水泵运行正常,无锈蚀,水封严密。

(3) 冷却塔风机运行正常,水流畅通,播洒均匀。

(4) 冷却水池自动补水、水位显示及告警装置完好。

6) 电气控制部分(图 5.13)的维护

(1) 检查空调报警内容,根据空调报警内容进行相应的检查或维修;检查空调参数设置是否合理。

(2) 检查电器箱内空气开关、接触器、继电器等电器是否完好,断电情况下紧固各电器接触线头和接线端子的接线螺钉。

(3) 用钳形电流表测试所有电动机的负载电流、压缩机电流、风机电流,观察测量数据与原始记录是否相符。

(4) 测量回风温度和相对湿度,偏差不得超出标准。

(5) 检查设备的保护接地情况。

(6) 测试设备的绝缘状况。

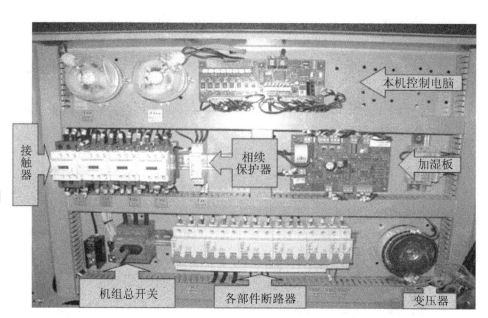

【参考图片】

图 5.13　佳力图机房专用空调电气系统

专用空调设备各部分的维护见表 5-2。

表 5-2　专用空调设备的维护

维护项目	维护内容	维护周期
送回风系统	检查风机皮带和轴承	月
	(1) 清洁或更换过滤器。 (2) 清除冷凝沉淀物	季
	(1) 检查和清洁蒸发器翅片。 (2) 检查室内风机运行情况，并测试风机电流	年
	检查水浸探测器情况	年
冷凝器	检查冷凝器翅片堵塞情况，根据需要进行清洗	季
	(1) 检查外机的固定情况。 (2) 检查风扇的运行状况	年
制冷系统	(1) 检测压缩机表面温度和压缩机回气口有无过冷、过热等异常现象。 (2) 通过视镜检查并判断制冷剂有无异常	月
	测试压缩机工作电流	季
	(1) 检测压缩机吸排气压力(高温季节前)。 (2) 测试高低压保护装置。 (3) 检查制冷剂管道的固定情况。 (4) 检查并修补制冷剂管道保温层	年
加湿器	(1) 检查加湿水盘和加湿罐。 (2) 检查给、排水路是否畅通	季
	(1) 检查加湿器电极、远红外管是否正常。 (2) 检查供排水电磁阀工作是否正常,测试加湿电流是否正常	年

(续)

维护项目	维护内容	维护周期
电气控制	检查空调报警内容，根据空调报警内容进行相应的检查或维修	月
	(1) 检查空调参数设置是否合理。 (2) 检查电气箱内空气开关、接触器、继电器等是否完好，紧固各电气接触线头和接线端子的接线螺钉。 (3) 测试回风温度、相对湿度并校正温度、湿度传感器。 (4) 检查设备的保护接地情况。 (5) 检查设备的绝缘情况	年

综上所述，机房专用空调维护要做到"看""听""摸"。

(1) 看：即目测。值班人员用肉眼对设备可见部位进行观察来发现设备的异常现象，如渗油漏油，管路变形腐蚀，接水盘积水，过滤网脏等。

(2) 听：即耳闻。机房专用空调压缩机和冷凝器风扇在正常运行状态会发出均匀节律和有一定响度的声音；而当设备出现故障时，会夹杂着噪声或声音响度异常。可以通过正常时和异常时的音律、音量变化来判断故障的性质。

(3) 摸：即手触。对于不带电的外壳和部件，如干燥管、膨胀阀、压缩机等可以通过触摸其局部温度的变化来发现设备工作的异常现象。

2. 巡检

在日常维护工作中，通信运营商往往要求值班人员定期巡检和抄表，以确保机房设备安全稳定地运行，对于机房专用空调巡检的内容如下。

(1) 检查机房精密空调温、湿度是否正常，应为22℃，湿度设置值应为50%RH；回风温度在(22±2)℃，湿度在(50±20)%RH。机房空调工作状态和温、湿度的显示如图5.14所示。

(2) 检查机房精密空调工作状态是否正常，以及压缩机的开启台数。

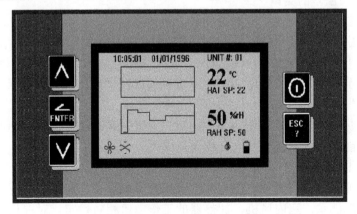

图5.14 机房空调工作状态和温、湿度的显示

(3) 检查压缩机、风机运行时有无异响、异味、异动。

(4) 检查机房精密空调过滤网有无脏堵；周边应无漏水，对于下送风机房空调应打开防静电地板检查，每班至少一次。若发现不明原因的漏水，应查明原因，找到漏水点，避免事态扩大。要向主管汇报，并做好记录。

(5) 机组告警装置要及时复位，复位后间隔15min要进行确认。

3．工况测试

应每年对空调系统进行一次工况测试，以及时掌握系统各主要设备的性能，并对空调系统设备进行一次有针对性的整修和调整，保证系统运行稳定可靠，不带病工作。

1) 高、低压力的测试

高、低压力可反映设备的工作状况及是否存在故障(如制冷剂的多少、制冷管路是否畅通、蒸发器和冷凝器的换热性能等)。测试方法如下：

(1) 拧开压缩机吸排气三通阀上测试接口上的封帽。

(2) 将双压表的两根高低压软管接在对应的测试接口上，并拧紧双压表边上的两个截止阀。

(3) 用专用轮扳手顺时针打开三通阀顶针。

(4) 设置回风温度和回风湿度，使设备制冷工作，待压缩机运行稳定后(一般运行5min即可)，读出压力表的指示值。

(5) 顶针逆时针关紧三通阀。

(6) 拧送双压表上的两个截止阀，放掉双压表软管内的制冷剂。

(7) 拆下软管，盖上并拧紧封帽。

(8) 将回风温度、湿度设置到合理值。

高低压的压力范围根据制冷剂的种类而不同，目前机房专用空调常用的制冷剂为氟利昂R22，工作压力的高压应为15~20bar，低压为4~5.8bar。

注意：测试时高、低压压力表出现摆动现象，该数取平均压力。若压力摆动幅度较大(低压大于$2kgf/cm^2$，高压大于$4kgf/cm^2$)，需查明原因。若高压表指针剧烈抖动，则将高压端三通阀开启度关小，即将顶针逆时针转动。

2) 进、出风口温差的测试

温差作为度量空调制冷效果的常见方法，因其测试方法简单、理解直观，而被多数维护人员采用；但由于影响温差的因素很多，具有很大的局限性，因此只能作为粗测使用。

测试方法如下：通过设置使设备运行在制冷状态；待空调运行稳定，将温湿度仪放在回风口，温度指示稳定时，读数为T_1；将温湿度仪放在出风口、仪器指标温度稳定是T_2，T_2-T_1为进出口温差。

工作在制冷状态下，一般温差为6~10℃。天气干燥时温差偏大，潮湿时偏小。测试的时间间隔尽可能短，以免工况变化引起误差增大。

3) 工作电流的测量

用钳形电流测量各工作部件的电流值，包括对室内风机、室外机、压缩机、加热器、加湿器工作电流的测量。室内风机、加热器的工作电流相对稳定，对三相风机的三相电流也基本一致。当测出电流超过额定值时，应查明原因。室外风机有调速和非调速之分，非调速风机的电流值应在额定值以内。加湿器有红外线和电极式两种。红外线加湿器的电流值是稳定的，三相电流应基本一致；电极式的电流值与加湿罐的使用时间和水压力的变化有关，其三相电流应基本一致。

5.2.3 中央空调的日常维护与保养

中央空调虽然在调节环境"四度"与控制精度方面不及机房专用空调,但其广泛的适应性、集中性和规模性,使其在通信机房、其他机房或办公楼的应用中占有相当大的份额。因此,维护人员对中央空调的维修保养必须掌握并遵照维护作业计划执行,要做到对于一般性故障能够处理,并能协助厂家技术人员处理疑难故障。

中央空调的维护包括制冷机组的维护、冷冻水型机房空调的维护、冷却塔的维护、水系统的维护、水泵的维护、电动机和配电及控制系统的维护等工作。中国电信的《规程》对各项维护工作都有具体要求,下面进行简要介绍。

1) 制冷机组的维护

(1) 制冷机组的操作请严格遵照厂家说明书进行,按程序开、关机;并掌握机组出现故障时的紧急停机方法和操作要求。

(2) 定时巡视记录机组运行情况,检查运行数据是否正常,查阅机组报警内容。

(3) 定时巡视记录供油压力、油温是否正常;每季检查润滑油油位,根据需要补充合格的润滑油;每年清洗油过滤器并检查润滑油的质量,润滑油每两年更换一次。

(4) 定时巡视记录冷冻水进出水温、水压和水量情况;巡视蒸发温度和蒸发压力;能根据冷冻水出水温度和蒸发温度差判断蒸发器的结垢情况(正常温差在 2~4℃),根据需要清洗蒸发器水管内的结垢。

(5) 定时巡视记录冷却水进出水温、水压和水量;巡视冷凝温度和冷凝压力;能根据冷却水出水温度和冷凝温度差判断冷凝器的污染情况(正常温差在 2~4℃),根据需要清洗冷凝器水垢。

(6) 定时巡视记录压缩机电动机的三相电源和电流值是否正常,监视主电动机温度,关注主电动机的冷却状况;巡视压缩机和整个机组的振动是否正常,是否有异常噪声;离心机要巡视主轴承温度和轴位移是否正常。

(7) 定期对机组及周围环境进行清洁,及时消除油、水、制冷管路、阀门和接头等处的跑、冒、滴、漏现象。

(8) 定期检查压缩机、电动机和系统管路部件的固定情况,如有松动,应及时紧固。

(9) 定期检查机组外部各接口、焊点是否正常,有无泄漏情况;每季检查制冷剂液位是否正常,根据需要补充制冷剂。

(10) 每年检查判断系统中是否存在空气,如果有,要及时排放。

(11) 每年测量压缩机电动机的绝缘值是否符合要求。

(12) 每年检查压缩机接线盒内接线柱的固定情况;检查电线是否发热,接头是否松动;定期检查控制箱内电气是否存在接触、振动等现象,防止元器件和电缆磨损。

(13) 每年检查机组的电磁阀和膨胀阀是否正常工作。

(14) 制冷机组的检修须由具备相应资质的专业技术人员担当,并遵照厂家技术说明书进行。

2) 冷冻水型机房空调的维护

(1) 每天两次实地巡查机组运行是否正常,有无异常告警。

(2) 每月检查皮带松紧度和磨损情况,若有问题,应进行调整或更换。

(3) 每季更换或清洁空气过滤网。

(4) 每季检查比例调节阀工作是否正常。

(5) 每季检查冷凝水排水情况及机组出风情况。

(6) 每年测试水浸片是否正常。

3) 冷却塔的维护

(1) 定时巡视记录冷却塔的运行电流。

(2) 每天两次实地检查冷却塔的运行情况；风叶转动应平衡，无明显振动、刮塔壁现象；水盘水位适中，无少水或溢水现象。

(3) 使用齿轮减速的，每季应停机对齿轮箱油位进行检查、补油；皮带传动的，每月对皮带及带轮进行检查，必要时进行调整；每季检查风机轴承温升并补加润滑油。

(4) 每月清洗冷却水塔和塔盘。

(5) 每季定期检查布水装置是否正常。

(6) 每季检查凉水塔的补水装置是否正常。

(7) 每季检查填料的使用情况，是否有堵塞或破损情况。

(8) 每年检测一次冷却塔电动机的绝缘情况。

(9) 每年检查冷却塔管路及结构架、爬梯等的锈蚀情况，及时进行处理。

(10) 冬季，冷却塔要做好防冻措施；停用的冷却塔要放尽水盘内的水，风机叶片要防止因积雪导致变形。

4) 水系统的维护

(1) 每月检查冷却水是否清洁，根据需要进行水质更换；根据水质需要加入缓蚀剂、阻垢剂(可外委进行)。

(2) 每季检查冷冻水系统软化水的水质情况，检查软化水系统。

(3) 每月检查膨胀水箱，水质应干净，箱体无积垢；水箱水位适中，无少水和溢水现象。

(4) 每月检查压力表和温度计指示是否准确，表盘需清晰，损坏的应及时进行更换。

(5) 每月检查冷却塔和膨胀水箱的补水浮球阀是否正常。

(6) 每季清洗水管管路上的过滤器。

(7) 每季检查水系统阀门，各个阀门开关应灵活可靠，内外无渗漏，发现漏水情况应及时处理。

(8) 每季检查水系统管路，管道及各附件外表应整洁美观、无裂纹，检查连接部分有无渗漏，发现问题应及时处理。

(9) 每年对水管管路和阀门去锈刷漆，保证油漆完整无脱落；保温层破损的应及时进行修补。

(10) 冬季，室外管路要做好防冻措施。

5) 水泵的维护

(1) 巡视记录水泵电流和压力表读数，检查有无异响或振动，检查水泵的漏水情况。

(2) 每月清洁泵组外表及机房的环境卫生。

(3) 每季补充润滑油，若油质变色、有杂质，应及时检修。

(4) 每季检查水泵的密封情况，若有漏水，应进行检修。

(5) 每季检查联轴器的连接螺栓和橡胶垫，若有损坏应及时更换。

(6) 每年紧固机座螺钉并对泵组做防锈处理。

(7) 每年对水泵检修一次,对叶轮、密封环、轴承等重点部件进行检查,并清洗叶轮和叶轮通道内的水垢。

6) 电动机、配电及控制系统的维护

(1) 各电动机运行正常,轴承润滑良好,绝缘电阻在 2MΩ 以上;所有接线牢固,负荷电流及温升符合要求。

(2) 熔断器及开关的规格应符合要求,温升不应超过标准。

(3) 各种电器、控制元器件表面清洁,结构完整,动作准确,显示及告警功能完好。

集中式(中央)空调设备的维护见表 5-3。

表 5-3 集中式(中央)空调设备的维护

维护项目	维护内容	维护周期
冷水机组	(1) 清洁设备表面。 (2) 检查机组有无漏、跑、冒、滴等异常情况	月
	(1) 检查压缩机、电机和管路组件的固定螺钉。 (2) 检查制冷剂液位是否正常,根据需要补充	季
	(1) 拧紧机组固定螺钉。 (2) 检查系统是否存在空气,根据需要排除空气。 (3) 检查冷凝器和蒸发器结垢情况,根据需要清洗。 (4) 检查主轴承温度和轴位移是否正常。 (5) 检查电动机接线盒接线柱固定是否可靠。 (6) 测试电动机的绝缘情况。 (7) 检查电磁阀和膨胀阀的工作是否正常	年
冷冻水型机房空调	检查调整风机皮带	月
	(1) 清洁或更换过滤器。 (2) 清除冷凝沉淀物,检查排水管路是否畅通	季
	(1) 检查水浸探测器。 (2) 清洗换热器翅片。 (3) 检查并修补管道保温层。 (4) 检查风机运行情况。 (5) 检查比例调节阀工作是否正常	年
冷却塔	检查冷却塔冷却水是否清洁	月
	(1) 对风机轴承和齿轮箱补加润滑油。 (2) 检查冷却塔布水和补水装置是否正常;检查填料使用情况	季
	清洗冷却塔、塔盘	半年
	(1) 检查和紧固所有固定螺钉。 (2) 对冷却塔管路、机构架和爬梯去锈刷漆。 (3) 冬季做好防冻措施	年
水系统	(1) 检查冷却水水质,根据需要进行水质更换,根据需要加药。 (2) 检查膨胀水箱工作是否正常。 (3) 检查压力表、温度计和放空阀是否正常,损坏的应及时更换。 (4) 检查膨胀水箱的补水装置是否正常	月

(续)

维护项目	维护内容	维护周期
水系统	(1) 清洗水管管路上的过滤器。 (2) 检查管道是否正常,有无渗漏现象	季
	(1) 检查水系统阀门工作是否正常,对阀门进行保养。 (2) 对水管管路和阀门去锈刷漆。 (3) 冬季做好防冻措施	年
水泵	清洁泵组外表	月
	(1) 补充润滑油。 (2) 检查水封情况。 (3) 检查联轴器是否正常	季
	(1) 更换润滑油。 (2) 紧固机座螺钉。 (3) 测试电动机的绝缘情况。 (4) 对泵组去锈刷漆。 (5) 根据需要对水泵进行解体检修	年

5.3 如何监督检查日常维护情况

为了对日常空调维护情况进行有效的检查、监督与指导,检查机制的建立必不可少,其中,组织保障、制度严密和考核跟进是关键。各《规程》中都有相关规定和要求。这里要强调说明的有如下几点:

(1) 维护作业计划。维护部门应制订切实可行、科学有效的年、半年、季、月维护作业计划。维护班组、维护个人据此并结合所维护设备的情况制订自己的作业计划,并严格遵照执行。

(2) 设备档案。设备档案的建立从设备安装验收之日开始,一直到报废回收截止。档案应记录设备经历的所有维护历程,包括日常保养、部件维修更换、故障处理、大中修改造等。

(3) 检查维护情况。该工作由专人负责,分定期检查和不定期抽查两种。检查内容有维护作业计划执行情况、设备运行情况和设备档案填写情况等。

(4) 考核。必须建立日常维护情况与绩效挂钩的考核体系,才能有效监督并激励日常维护工作的不断改进。

(5) 月总结与分析。建立月质量分析会制度,总结检查情况,指出不足,提出改进意见是会议一项重要内容。

5.4 通信用空调的施工建设规范

为达到设备的设计性能和最大限度地延长其使用寿命,正确安装空调设备是至关重要的。

制冷系统的设备及管道安装完毕后,需要进行调试,调试完毕后还要进行试运转。只有当试运转达到规定的要求后,方可交付验收和使用。

5.4.1　基站空调的施工安装规范

1. 室内机的安装标准

(1) 室内机容量符合设计要求。

(2) 室内机安装位置应符合施工图的设计要求，壁挂空调应距屋顶 200～500mm。

(3) 室内机安装位置应与通信设备保持一定距离。

(4) 壁挂空调不能安装在设备顶部。

(5) 室内机安装的位置应有利于通信设备的冷却及冷、热风的交换。

(6) 室内机背部靠墙，需做好防振加固，室内机安装应考虑利于冷凝水的排放。

(7) 空调电源应在交流配电箱中设置独立的断路器，电源线走线整齐统一，明线应外加 PVC 套管。

(8) 当基站内采用柜式空调时，室内机的金属外壳应接保护接地线，保护地线的两头均应压接铜鼻子，与机壳可靠接触，用螺钉固定，接地线的另一头连接至机房室内总接地排。

2. 室外机的安装标准

(1) 室外机的安装位置应利于出风和散热。

(2) 室外机与室内机之间的距离应尽量短，以利于发挥空调的效率。

(3) 室外机应根据机房的实际情况选择安装方式，空调室外机与室内机之间的连接管子必须由下向上引入室内，以防室外的雨水顺着管子流进机房，空调室内、外连接铜管要固定，排水管不应漏水，排水管子室外出水口的位置不能高于室内机凝结水的容器底部，应注意将空调冷凝水引出机房并且排入下水道。

(4) 室外机的安装必须保证维护方便。

(5) 室外机正前方散热空间应大于 1500mm。

(6) 两台室外机之间的距离应不小于 450mm。

(7) 柜机空调室外机固定于墙面时应使用专用支架，离墙面距离应在 200～400mm。

(8) 室外机必须安装在高于地面 300mm 以上的铁架上。

(9) 室外机的安装应注意安全和牢固。

(10) 室外机在考虑防盗要求时应安装安全防护网。

(11) 室外管线应包扎、固定可靠。

(12) 室外铜管必须靠墙固定，需每隔 1.5m 固定一次。

(13) 室外铜管入室前要做出一个回水弯。

(14) 空调室外线缆必须采用三相五线橡皮电缆，管线较长的应采用 PVC 管套护固定。

(15) 空调机的安装必须严格按照产品说明书的要求及注意事项进行施工。

安装空调时，应按日常维护的规定进行必要的设置和测试，留下记录。通常，基站空调夏季设置为制冷，冬季则设置为定期除湿。空调机测试包括电流测试、压力测试、绝缘测试、相序错误时的保护功能试验、断电后恢复供电的自起动功能试验。

5.4.2 机房专用空调的安装规范

1. 场地准备

(1) 设备开箱后要检查设备的规格、型号及所带的备件是否与合同的装箱单相符,设备外观与内部是否完全无损。

(2) 风冷型空调机室内机与室外机组在出厂时都充有 0.2～0.5MPa 氮气,在设备开箱后应首先检查,如发生异常情况,应及时与厂家联系,如无问题即可进行就位工作。

(3) 为了达到良好的隔热、隔湿效果,窗面应密封或至少安装双层玻璃,为了避免湿空气进入房间,采用聚乙烯薄膜型天花板贴乙基墙纸或涂塑料基油漆。

(4) 机房内一般人员较少,可适量注入新鲜空气,一般为循环风量的 5%,为了防止灰尘通过缝隙进入,房间应维持正压,并且进入的新鲜空气的加热、制冷、加湿、除湿负荷应考虑总进气的负荷要求。

(5) 为减少空气分布阻力和对房间任何部分通道的堵塞,要仔细放置所有电缆和管道,所有在抗静电地板下的电缆和管道应水平放置,尽可能与空气道平行。

(6) 上送风空调机最好设置在单独房间内,为保证足够的回风气流,必须留有足够的送风和回风开口面积,并要注意送风方向,要顺着空气流动的方向送入空调房间内。

2. 机房空调的安装标准

(1) 为确保室内机正常运行,应尽量选择宽敞的空间作为室内机的安装场地。

(2) 避免将室内机置于狭窄的地方,否则会阻碍空气流动,缩短制冷周期,并导致出回风短路和空气噪声。

(3) 避免将室内机置于凹处或狭长房间的末端,安装位置如图 5.15 所示。

(4) 避免将多个室内机机组紧靠在一起,以避免空气气流交叉、负载不平衡和竞争运行。

(5) 为了方便日常保养与维护,不要将其他设备安装在机柜上方(如烟雾探测器等)。

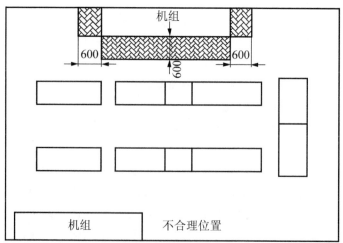

图 5.15 室内机安装位置示意图

(6) 当空调机为下送风时,建议地板高度应不小于 300mm,空调机四周应留有足够的维修空间,其距离应能够方便地打开机柜的门及为维修人员提供适当的活动空间。无法送风的地板如图 5.16 所示。

图 5.16 无法送风的地板

(7) 室外机的安装应放置在较为空旷且空气干净的地方,为了方便空气流动,提高散热效果,室外机的周围及上部不应有遮挡物存在。条件恶劣,散热不佳的安装环境如图 5.17 所示。

图 5.17 条件恶劣,散热不佳

(8) 室外机由于条件限制必须侧装时,应做好牢固的支撑固定架,并严格按照上进下出的原则连接气管和液管。

(9) 气管和液管的安装要求美观、整齐、横平竖直,多根管道布置在同一平面支架上,不要将一部分管道重叠在另一部分管道上。严格按要求安装的管路如图 5.18 所示。

图 5.18　严格按要求安装的管路

(10) 要使室内、室外机连接管道的长度尽量缩短和减少弯头,并且都应具有良好的保温,不允许有断接和遗漏,并且用支架固定好。合理的布置如图 5.19 所示。

图 5.19　合理的布置

(11) 当室外机组安装高于室内机组时,气管的垂直高度每升高 7～8m 应设一个存油弯,停机时搜集冷凝的制冷剂和冷冻油,开机时确保冷冻油能够流动。室外机组高于室内机组的安装示意图如图 5.20 所示。

(12) 水平气管应向冷凝器方向倾斜,这样一旦停机,油液和已冷凝的制冷剂就不能流回机内。

(13) 当室外机组安装低于室内机组时,需注意管道安装高度差及坡度的方向,使润滑油可以顺利地返回压缩机。室外机组低于室内机组的安装示意图如图 5.21 所示。

第 5 章 通信机房空调设备的安装和日常维护

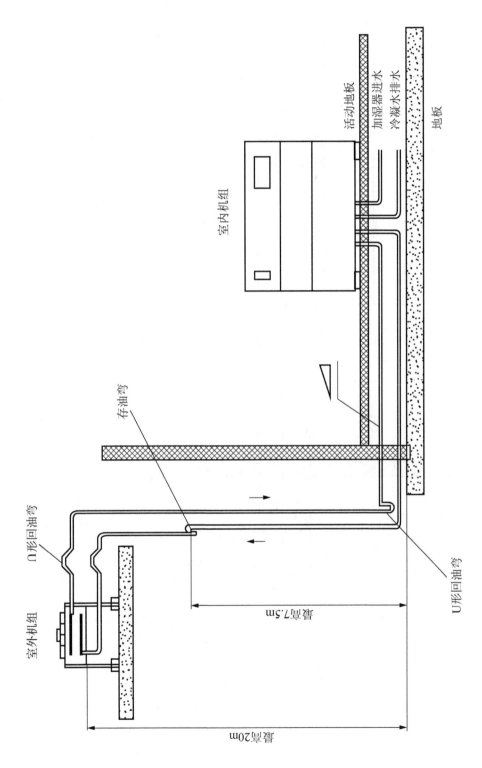

图 5.20 室外机组高于室内机组的安装示意图

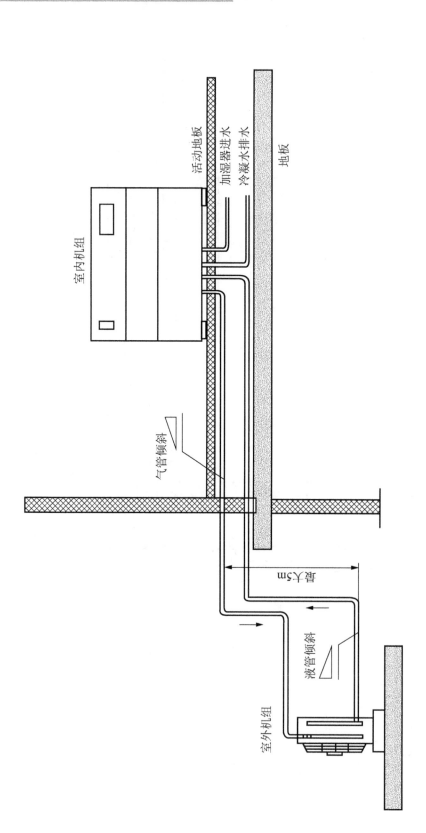

图 5.21 室外机组低于室内机组的安装示意图

(14) 穿过砖体结构的所有铜管均应加上绝缘层，以免损坏管道，并可以确保一定的柔性。

(15) 在开始架设管道之前，应检查管件内部是否干燥、清洁，通常用直管连接时，应用无水乙醇清洁管道内壁两遍，并随时注意用塞子封闭管道的端头。

(16) 在焊接过程中，应使用正确的工具和焊料，焊接工作区应非常清洁，四周不得有易燃物品，以防止产生有毒气体。另外值得注意的是，在完成最后一个接头的焊接之前，应在相关的位置卸下有关的螺母接头，以避免管内压力升高。

(17) 在所有管道连接完成之后，用氮气进行试压检漏，充气压力应不小于 1.4MPa，并且要从高、低压部分同时充入氮气，直至平衡为止。

(18) 在充入氮气后，24h 的保压时间应无泄漏，如 24h 内气温变化较大，由于气体的热胀冷缩特性，压力会有微小变化，如温差为 3℃，压力变化不大于 1%，属正常；如果压力变化值超标，那么应查出漏点，重新补焊试压。

3. 机房空调的调试

(1) 试漏完成后，放掉系统内的氮气，用双连压力表连接吸排气阀门，打开真空泵及吸排气阀抽真空，时间不少于 90min，有曲轴箱油加热器的应同时打开，直至系统真空度无限接近 760mmHg。

(2) 抽真空结束后，静态地从排气阀处直接注入氟利昂液体，观察低压表，使之上升至 6～7kg/cm^2 处，关闭排气阀，开机从吸气阀处补充氟利昂气体，直至视液镜内气泡刚刚消除时停止充灌，这时双连表的低压指标应在 0.4～0.5MPa，高压表的指标应为 1.5～1.8MPa。

(3) 开机调试前，应仔细检查风机皮带的松紧度，手按下时有 10～15mm 的变形为宜。检查电动机及带轮的固定螺钉是否紧定在键槽平面上，将所有固定螺钉复紧一遍。

(4) 测定各零部件的静态阻值、运行电流，并做好记录。

(5) 在自动状态下，以室内工况为参照点：

① 调高温度设定值，使电加热器分级自动投入工作。

② 调低温度设定值，使压缩机分级自动投入工作。

③ 调高湿度设定值，使加湿器自动投入工作。

④ 调低湿度设定值，使压缩机自动投入工作。

注：最后要把参数的设定值恢复到日常工作的正常设定值。

(6) 室外机调速器的设定。室外风机调速器可使室外调速电动机在 1.4～2.4MPa 进行调节，通过压力变化，导致输出电压变化而达到平滑无级调速的目的。它的调节方法是通过 MINSPEED(最小速度)和 F.V.S(满负荷电压)两个设定点的调整而使室外机转速变化，充分满足制冷系统的散热要求和稳定运行压力的功能。设定调整参阅室外冷凝器相关章节。

(7) 室外电动机压力开关的功能。为了降低成本，某些厂家的室外电动机没有采用调速电动机，而是利用压力控制器来达到控制压缩机运行压力的目的，该压力控制通常在 1.7MPa 起转，1.3MPa 停转，如此循环往复，使高压压力控制在 0.4MPa 之内。

本 章 小 结

(1) 各通信运营商的电源空调维护规程中都已明确规定对空调运行情况的要求,定期维护与保养是延长空调设备使用寿命、减少故障发生的重要手段。

(2) 为达到设备的设计性能和最大限度地延长其使用寿命,正确安装空调设备是至关重要的。

(3) 不同类型的空调器有其不同的安装方法。

(4) 空调器的安装对电源导线、电能表规格及预防漏电、漏水、噪声过大都有其特殊要求。

(5) 通信机房空调设备有其特殊要求,制冷系统的设备及管道安装完毕后,需要进行调试,调试完毕后还要进行试运转。

复习思考题

1. 机房专用空调器的日常维护有哪些内容?
2. 空调器搬运时应注意什么问题?停用时应如何保管?
3. 基站空调器在安装时有哪些技术要求?
4. 机房专用空调器应安放在什么位置?
5. 请简述机房专用空调室内机与室外机的安装方法。
6. 空调器安装好以后,如何检查有无泄漏?
7. 安装空调器时,如何预防漏电和漏水?
8. 机房专用空调设备试运行时应注意哪些事项?

第 6 章

空调设备的故障分析、处理及案例

空调维修人员不但要懂得空调机的基本结构和工作原理，而且还应具备对各个系统、各种不同故障进行判断的能力和对各种元器件进行检测的能力，以节省维修时间，提高维修速度，保证维修质量。

故障分析的原则是从简到繁、由表及里、突出特征、综合比较。整个分析过程必须按照空调机的结构和工作原理并参考相关参数进行。

6.1 基站空调常见故障代码和故障原因

6.1.1 基站空调常见故障代码

目前，各种新型空调器不断出现，特别是近几年来变频空调器的大量上市，计算机控制技术已在空调器中得到普遍应用，空调器已经改变了过去以管路系统为主的局面，形成了以计算机为中心，自动控制管路系统工作的格局。控制电路对空调器整机的控制、检测、保护能力全面提升，使空调器更加智能化、人性化、自动化；同时，空调器中的控制电路大多设有自检和诊断功能，当检测到空调器发生故障时，以故障代码的方式显示发生故障的原因和故障部位，为快速、准确地判断故障范围提供了极大的方便。

故障自诊断后显示的故障代码：一是通过室内机控制面板或室外机电控板上的发光二极管的熄灭、点亮、闪烁的发光组合显示故障代码；二是通过遥控器或空调器上的显示屏或数码管以字符或数字的形式直接显示故障代码；三是在温度或定时显示位置以温度或定时指示灯的熄灭、点亮、闪烁的发光组合显示故障代码。故障代码为维修人员提供参考，可以达到事半功倍的维修效果。

由于空调器的品牌和型号不同，采用的微处理器的程序不同，指示灯和显示器显示的故障代码所代表的故障部位也不同，维修时必须了解相应机型故障代码代表的含义，方能根据故障代码的指点，有的放矢地进行维修。下面简单介绍几种常见品牌型号的基站机房空调的典型故障代码信息。

（1）三洋某型号空调故障代码信息见表 6-1。

表 6-1　三洋基站空调故障代码

故障代码	故障部位或原因	故障代码	故障部位或原因
E01	遥控器检测到来自室外机接收的串行信号错误	E09	遥控器地址(RCU .ADR)设置重复
E02	遥控器检测到来自室外机发送的串行信号错误	E10	室内机检测到发送的串行信号错误
E03	室内机检测到遥控器或机组控制系统信号错误	E11	室内机检测到接收的串行信号错误
E04	室内机检测到室外机接收的串行信号错误	E14	当用弹性组合控制时，室内机组地址设定重复
E05	室内机检测到室外机发送的串行信号错误	E15	室内机组数量或室内机组容量太小
E06	室外机检测到室内机接收的串行信号错误	E16	室内机组数量或室内机组容量太大
E07	室外机检测到室内机发送的串行信号错误	E17	室内机组检测到其他室内机发送的串行信号错误
E08	室内机组地址设定重复	E18	室内机组检测到其他室内机接收的串行信号错误

(续)

故障代码	故障部位或原因	故障代码	故障部位或原因
F01	室内机热交换温度传感器(E1=TH2)故障	L02	室内机组型号与室外机组不匹配
F02	室内机热交换温度传感器(E2=TH3)故障	L03	机组群控制时主要室内机组地址设置错误
F04	排气温度传感器A(PC压缩机=THOA)故障	L04	室外机组地址设置错误
F06	室外机热交换液体温度传感器(C1=THOE)故障	L07	室外机组之间连接线松动
F07	室外机热交换液体温度传感器(C2=THOC)故障	L08	室内机组(或机组群)地址未设置
F09	上下移动热保护器动作	L09	室内机组的容量未设置
F10	室内机环境温度传感器故障	L11	机组群控制线连接错误
F29	室内机电控板存储器故障	L13	室内机组型号(容量)设置错误
H01	PC压缩机电动机过载	P01	室内机风扇电动机过热保护
H02	PC压缩机电动机锁定	P02	①室内风机热保护;②PC或AC压缩机热保护;③电源电压异常(在L相和N相之间的电压大于260V或小于160V)
H03	压缩机电流互感器TA检测电路故障	P03	PC压缩机的排气温度异常
H04	上下移动热保护器故障	P04	高压开关动作
H05	上下移动热保护传感器故障	P05	三相电源反相或电压下降
H06	低压开关动作保护	P09	控制面板连接线错误
H17	三相电源相间电压不平衡保护	P10	运动开关工作保护
H18	标准压缩机的通道(Mg、SM)有异常响声	P31	其他室内机组报警
L01	室内机组群地址错误		

(2) 大金某型号空调故障代码信息见表6-2。

表6-2 大金基站空调故障代码

故障代码	故障原因或部位	故障代码	故障原因或部位
A0	室内机外部保护装置异常	E0	室外机保护装置动作
A1	室内机电路板不良	E1	室外机电路板不良
A3	室内机排水水位控制系统异常(33H)	E3	室外机高压压力开关动作
A6	室内机风扇电动机(MiF)锁定、过负载	E4	室外机低压压力开关动作
A7	室内机风门挡板摆动电动机(M1S)异常	E9	室外机电子膨胀阀驱动部分(Y1F)异常
A9	室内机电子膨胀阀驱动部分(Y1F)异常	F3	室外机排出管温度异常
AF	室内机水位超限	H9	室外机室外空气用热敏电阻(R1T)异常
AJ	室内机容量设定不当	L4	室外机变频控制器散热翅片温度上升
CA	室内机液管用热敏电阻(R2T)异常	L5	室外机变频控制器瞬间过流
C5	室内机气管用热敏电阻(R3-1T、R3-2T)异常	L8	室外机变频控制器热敏传感器、压缩机过负载
C9	室内机吸入空气用热敏电阻(R1T)异常	L9	室外机变频控制器失控防止、压缩机锁定
CJ	室内机遥控器热敏传感器异常	J3	室外机排出管用热敏电阻异常

(续)

故障代码	故障原因或部位	故障代码	故障原因或部位
J5	室外机吸入管用热敏电阻(R4T)异常	U7	室外机之间传送异常
J6	室外机热交换器用热敏电阻(R2T)异常	U8	主遥控器和副遥控器之间传送异常
JA	室外机排出管用压力传感器异常	U9	同一系统的室外机、室内机之间传送不良
JC	室外机吸入管用压力传感器异常	UA	室内机台数超过规定数量
JH	室外机油温热敏电阻(RST)异常	UC	集中遥控器地址重复
U0	制冷剂不足,电子膨胀阀不良等引起的低压下降	UF	制冷系统未设定、配线,配管不一致
U1	逆相、断相	UH	系统异常,制冷系统地址未确定
U2	电源电压不足或瞬间异常	LC	室外机变频控制器和控制电路板之间传送异常
U4	室内机与室内机之间传送异常	P1	室外机变频控制器过脉动保护
U5	遥控器与室内机之间传送异常	P4	室外机变频控制器散热翅片温度传感器不良

6.1.2 基站空调常见故障原因

基站空调的正常运行,对保证通信质量,保证基站设备的稳定运行是相当重要的,以下为基站空调常见的故障原因。

1. 基站空调高温高压保护

(1) 风冷式冷凝器翅片间距过小,表面上积聚的灰尘太多,冷凝器中水垢层过厚。
(2) 轴流风机不运转,或转速过慢,或叶片轴反转。
(3) 冷凝器周围障碍物较多,空气流通困难。
(4) 制冷剂过多。
(5) 膨胀阀的开启度过小,或者膨胀阀中堵塞。

2. 基站空调制冷不良

(1) 空气过滤网、冷凝器、蒸发器的表面上,挤满了较多的灰尘污物,影响空气的流通和热交换。
(2) 室内机前面有障碍物,影响室内空气循环流动;室外机周围也有障碍物,影响空气流通和散热。
(3) 温度控制器调整位置不当。
(4) 阳光直接照射室内或者房间内热源太多。
(5) 制冷系统中氟利昂泄漏。
(6) 制冷系统中连接管道上的隔热保温材料老化,缝隙多,跑冷现象严重。

3. 基站空调不能起动

(1) 空调电路中的熔丝被烧断,或者电源开关接触不良,未接通导致。
(2) 电源插头没有与插座充分接触。

(3) 电源电压太低，空调器中的制冷压缩机就很难起动运行。
(4) 空调整个电源线路中有接触不良、焊点脱焊，或插片松动的现象。
(5) 制冷压缩机的工作电容器被击穿。
(6) 电源反相。
(7) 电源交流接触器已损坏。

4．基站空调漏水

(1) 接水槽损坏。
(2) 排水管堵或者破损。

6.2 机房专用空调的故障分析及处理方法

机房专用空调相对于基站分体式空调器来讲复杂得多，要判断其发生的故障也困难得多，因此，我们在了解机房专用空调的结构、操作和调试的基础上，还必须进一步了解专用空调是在什么条件下能正常运行，什么情况下容易发生故障，一旦发生故障，如何根据故障现象去分析故障产生的原因，通过深入细致的分析，才能提出正确的处理方法，选择最优的修理方案，这是从事机房专用空调设备维护操作运行人员应该掌握的重要内容。本节将着重介绍机房专用空调的检查方法、常见故障的分析和处理方法。

6.2.1 微型计算机控制系统故障原因及排除方法

计算机控制部分是精密空调机正常工作的可靠保证，它控制精度高，反应速度快，但在操作不当或环境恶劣的情况下有可能出现误动作，当计算机出现不正常情况时，可进行以下检查。

(1) 检查电源电压是否在规定范围之内，波动是否频繁，是否常受冲击。
(2) 检查是否有三相不平衡或断相情况。
(3) 检查提供计算机电源的 12V 或 24V 变压器(图 6.1)输出电压是否正常，熔丝是否完好。

图 6.1　机房空调内的变压器

(4) 检查各部分断路器(图 6.2)是否在规定位置。

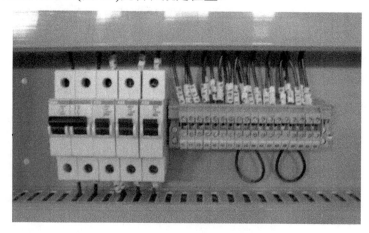

图 6.2　变压器输入和输出断路器

(5) 检查计算机各部分插件及各连接头是否有松动现象。
(6) 采用自检步骤检查能否通过各项自检程序(图 6.3)。

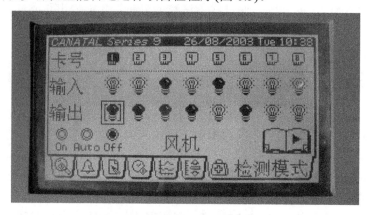

图 6.3　机房空调检测模式

(7) 屏显不亮，检查变压器输出、集成块及屏本身。
(8) 如主控板(图 6.4)程序出现紊乱可进行初始化操作。

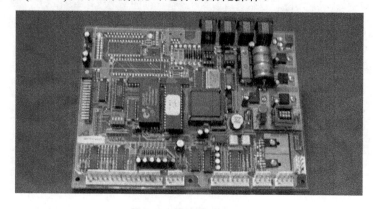

图 6.4　机房空调主板

(9) Co-work 联机时死机或经常"联网重组",应检查接线可靠性或集成块。

(10) 检查计算机主板及 I/O 板(图 6.5)表面状况,检查比特开关的位置。

图 6.5　机房空调 I/O 板

(11) 系统通上电后一切正常,只是温度、湿度显示值与实际值不符,需重新校准。当人为修正无效果时,需检查传感器或主板。

6.2.2　风道故障报警的原因及排除方法

风道系统包括风机、空气过滤网和两只微压差控制器。当过滤网脏报警时,可将压差控制器螺钉顺时针旋转到报警消除为止,再逆时针旋转一圈。当然,如果调节后仍不能消除报警,那么说明过滤网已脏到一定程度,需要更换。

当风道故障报警出现 3min 后,风机将会自动停止转动,机组完全停运,后果非常严重,当发生该故障时,需及时抢修。引起风道报警的原因如下:

(1) 风机电动机发生故障,使风机停转。

(2) 风机皮带长期磨损后断裂,风机电动机实际上在空转。风机电动机和皮带如图 6.6 所示。

图 6.6　机房空调风机电动机和皮带

(3) 电源故障：相序不对或缺相，或不供电。
(4) 电动机侧带轮松脱故障。
(5) 风道压差计(图 6.7)探测管内存在阻塞现象。
(6) 风道压差计调整不当。

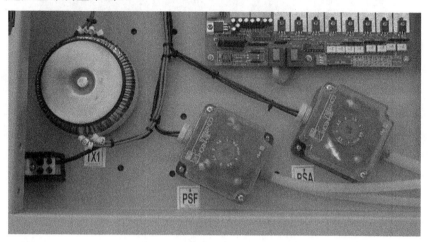

图 6.7　机房空调风道压差计

(7) 过滤网太脏，使风道系统阻力过大。
(8) 风机过流保护器断开引起交流接触器释放，如图 6.8 所示。

图 6.8　机房空调风机过流保护器和交流接触器

(9) 24V 变压器出现问题或输出端接线不牢固。

风道故障排除方法：

(1) 测量风机电动机的三相静态阻值，应相同；接地电阻应在 5MΩ 以上。

(2) 更换电动机皮带，检查皮带张力，皮带松紧应适度，以大拇指按下一般 10mm 左右为宜。

(3) 检查三相交流电的相序和电源，可三相间任意调换一相，检查强电和弱电是否供给。

(4) 清除压差计探测管内异物。
(5) 更换空气过滤网。
(6) 将风机过流保护器手动复位，并测量风机电流(复位应到位)。
(7) 检查24V变压器输入、输出电压，紧固各有关接线连接点。
(8) 重新调整压差计。
(9) 调整修理或更换电动机侧带轮。

6.2.3 制冷系统报警的原因及排除方法

1. 高压警报的原因分析

在制冷系统中，高压控制器调定在350psi，机器运行过程中，当高压值到达此限时，高压警报就产生了。要想使压缩机再次起动，必须手动复位；但在按下复位按钮前，必须将造成高压的原因找出，才能使机器运转正常。引起高压警报的原因如下：

(1) 高压设定值(图6.9)不正确(如设定值过低)。

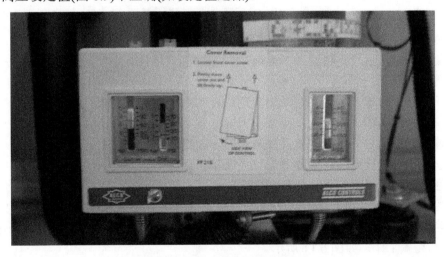

图6.9 机房空调高低压设定值

(2) 高压保护器发生故障。
(3) 夏季天很热时，由于氟利昂制冷剂过多，引起高压超限。
(4) 由于长时间运转，环境中的尘埃及油灰沉积在冷凝器表面，降低了散热效果。
(5) 太阳直射温度过高。
(6) 冷凝器轴流风扇电动机故障。
(7) 电源电压偏低，致使24V变压器输出电压不足；冷凝器内24V交流接触器不能正常工作。
(8) 系统中可能有残留空气或其他不凝性气体。
(9) 系统内处理不净，有脏物或水分在某处引起堵塞(堵塞处管道前后有明显的温差，甚至结霜)。
(10) MIN SPEED或F.V.S调定不正确。机房空调调速控制模块如图6.10所示。
(11) 风机轴承故障，有异响或卡死。

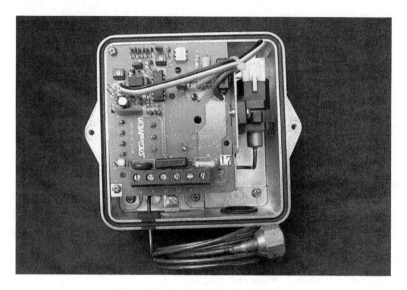

图 6.10 机房空调调速控制模块

高压警报故障排除方法如下：

(1) 重新调定高压设定值在此 350psi 并检查实际开停值。

(2) 更换高压保护器。

(3) 从系统中排放出多余氟利昂制冷剂，控制高压压力在 230～280psi。

(4) 清除冷凝器的表面灰尘及脏物，但应注意不要损伤铜管及翅片。

(5) 检查轴流风机的静态阻值及接地电阻，如线圈烧毁应更换。

(6) 解决电源电压问题，必要时配设电网稳压器。

(7) 重新调定室外机的 MIN SPEED 或 F.V.S。

(8) 更换室外风机。

(9) 当系统内混入空气量较少时，可从系统高处排放部分气体，必要时重新进行系统的抽真空和充氟工作，如图 6.11 所示。

(a) 抽真空

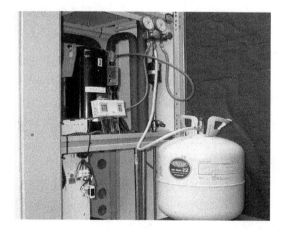
(b) 充氟

图 6.11 机房空调抽真空和充氟

2. 低压警报的原因分析

在制冷系统中，低压控制值调定在 43psi 和 25psi，也就是说低压停机值是 43psi-25psi=18psi，重新起动值是 43psi。低压控制器是自动复位的。当出现故障不及时处理时，压缩机将会频繁起动和停止，这对压缩机的寿命是极为不利的。为此，在 M52 控制系统中设置了"短振"报警，即当压缩机低压报警三次后将自动锁定，使压缩机不能反复起动，降低了压缩机的损坏率。引起压缩机低压报警的原因如下：

(1) 低压设定值不正确(设定值太高了)。
(2) 系统中的制冷剂灌注量太少(常见于寒冷的冬季)。
(3) 系统中的制冷剂有泄漏。

查漏主要检查阀门、接头、连接处、焊缝，最简单的方法是用肥皂水检漏。

(4) 系统内处理不净，有脏物或水分在某处引起堵塞或节流。
(5) 热力膨胀阀失灵或开启度偏小，引起供液不足。
(6) 风道系统发生故障或风量不足，引起蒸发器冷量不能充分蒸发。
(7) 低压保护器失灵造成控制精度不够。
(8) 低压延时继电器调定不正确或低压起动延时太短。
(9) 涡旋压缩机热保护装置(图 6.12)故障。

图 6.12　机房空调压缩机热保护装置

(10) 室外风机转速过快(常见于寒冷的冬季)。

低压警报故障的排除方法如下：

(1) 重新设定低压保护值在 60psi 和 30psi(不同的系列设置点不同，以厂家说明书为准)，并检查实际开停值。
(2) 向系统补充氟利昂制冷剂，使低压控制在 60～70psi。
(3) 对系统重新检漏抽空及灌注氟利昂制冷剂。
(4) 对阻塞处进行清理，如干燥过滤器堵塞，应更换。
(5) 加大热力膨胀阀的开启度或更换膨胀阀。
(6) 检视风道系统的运行状况，将风量调节到正常范围。
(7) 修理、更换低压压力控制器。
(8) 重新调定低压延时时间。
(9) 维修、更换压缩机热保护装置。
(10) 调整室外风机调速板输出电压或更换室外风机调速板。

3. 压缩机超载的原因分析

当压缩机电流过大时将引起超载,这时压缩机过流保护器将动作,切断交流接触器控制电源。压缩机超载将引发报警,以告知操作人员采取措施。引起压缩机超载的原因如下:

(1) 热负荷过大,高低压力超标,引起压缩机电流值上升。

(2) 系统内氟利昂制冷剂过量,使压缩机超负荷运行。

(3) 压缩机、电动机内部故障。例如,抱轴和轴承过松而引起转子与定子内径擦碰或压缩机电动机线圈绝缘有问题。

(4) 电源电压超值,导致电动机过热。

(5) 压缩机接线松动,引起局部电流过大。

压缩机超载故障的排除方法如下:

(1) 检查空调房间的保温及密封情况,必要时添置设备。

(2) 放出系统内多余的氟利昂制冷剂。

(3) 更换同类型制冷压缩机。

(4) 排除电源电压不稳定因素。

(5) 重新压紧接线头,使接触良好、牢固。

6.2.4 加热系统故障报警的原因及排除方法

在机房专用空调机中,加热器通常采用翅片式电热管结构;并配有热保护装置。当温度过高或电流过大时,会引发警报。引起加热器报警的原因如下:

(1) 控制部分电源板上对应的中间继电器有无电压输出。

(2) 电加热器的交流接触器电流是否正常。

(3) 当风量不足时,电加热管发出的热量不能被及时带走。

(4) 电加热器热保护装置(图 6.13)出现故障。

图 6.13 机房空调加热系统和加热器热保护装置

(5) 停机时未采用延时。

(6) 加热器电热管烧断。

电加热器故障报警的排除方法如下:

(1) 检查计算机输入输出各线头是否压紧,中间继电器如失灵则需要更换。

(2) 检查电加热管接头接触是否良好,静态阻值是否一致。

(3) 排除风道故障,保持风量在正常范围。

(4) 更换电加热器热保护装置。

(5) 设置停机时风扇延时停止。
(6) 测量电加热器的阻值。

6.2.5 加湿系统报警的原因及排除方法

加湿系统包括进水系统、红外线石英灯管、不锈钢反光板、不锈钢水盘及热保护装置。当水位过高或过低及红外线灯管过热时，加湿保护装置即起作用，同时出现声光报警。引起加湿器故障报警的原因如下：

(1) 外接供水管水压不足，进水量不够，加湿水盘中水位过低。
(2) 加湿供水电磁阀(图 6.14)动作不灵，电磁阀堵塞或进水不畅。

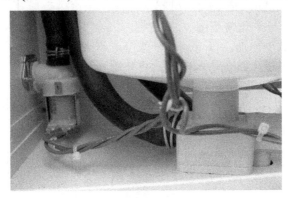

图 6.14　机房空调加湿供水电磁阀

(3) 排水管阻塞引起水位过高。
(4) 水位控制器失灵，引起水位不正常。
(5) 排水电磁阀故障，使水不能顺利排出。
(6) 加湿器控制线路(图 6.15)接头有松动，接触不良。
(7) 加湿热保护装置失灵，不能在规定范围内工作。
(8) 外接水源总阀未开，无水供给加湿水盘或加湿罐。
(9) 在电极式加湿器首次使用时，可能由于水中离子浓度不够引发误报警。
(10) 加湿罐中污垢较多，电流值超标。

图 6.15　机房空调加湿器控制线路

加湿系统故障报警的排除方法如下：
(1) 增加进水管水压。
(2) 清洗电磁阀及进水管路。
(3) 清洗排水管，使之畅通。
(4) 检查水位控制器的工作情况，必要时更换水位控制器。
(5) 清除加湿水盘中的污物，排除积水。
(6) 检查水位控制器各接插部分是否松动，紧固各插接件接头。
(7) 观察热保护工作情况，必要时更换。
(8) 将外接水源阀门打开。
(9) 通过加湿旁通孔的风量太大，引起水位波动，可将旁通孔关闭一部分，或用防风罩挡住，使水位控制在一个正常范围。
(10) 在加湿罐中放少许盐，以增加离子浓度。
(11) 经常清洗加湿罐，以免污垢沉积，直至更换。

6.3 中央空调机组的故障分析及处理方法

现如今中央空调已广泛应用于大型商场、车间、厂房、写字楼和机房等，中央空调机组常见的问题及故障有哪些解决的方法？下面介绍中央空调机组常见故障的原因及解决方法，详见表6-3～表6-15。

表6-3 柜式风机盘管和组合式空调机组常见问题或故障的分析和解决方法

部件	问题或故障	原因分析	解决方法
空气过滤器	阻力增大	积尘太多	定时清洁
换热器	表面温度不均匀	表面式换热器内有空气	打开换热器排气阀排出
换热器	热交换能力降低	换热器管内有水垢	清除管内水垢
换热器	热交换能力降低	换热器表面附着水垢	清洗换热器表面
换热器	漏水	接口或焊口腐蚀开裂	修补
换热器	漏水	空气阀未关或未关紧	关闭或拧紧
接水盘	溢水	排水口(管)堵塞	用吸、通、吹、冲等方法疏通
接水盘	溢水	排水不畅	参见下面条目
接水盘	溢水	排水盘倾斜方向不正确	调整接水盘，使水口处最低
接水盘	凝结水排放不畅	外接管道水平坡度过小	调整排水管坡度不小于0.8%或缩短排水管长度就近排水
接水盘	凝结水排放不畅	排水口(管)部分阻塞	用吸、通、吹、冲等方法疏通
接水盘	凝结水排放不畅	机组内接水盘排水口处为负压，机组外界排水管没有做水封处理或水封高度不够	做水封或将水封高度加大到与送风机的压头相对应
加湿器	加湿不良	加湿器电源故障	检修
加湿器	加湿不良	电动机或电热管损坏	检修或更换
加湿器	加湿不良	供水浮球阀失灵	检修
加湿器	加湿不良	温度控制不当	检修

(续)

部件	问题或故障	原因分析	解决方法
喷水室	喷嘴阻塞	水过滤器失效	更换
		金属排水管内生锈、腐蚀，产生渣滓	加强水处理并卸下喷嘴清洗
	喷嘴开裂	喷嘴有质量问题(如材料强度不够、制造时留下裂纹等)	更换
		安装受力不均	更换
		喷淋水压过高	将水压调到合适值
	挡水板变形	材料强度不够	更换
		空气流分布不均	查明原因改善
	喷嘴或挡水板结垢	水质不好	加强除垢处理
			卸下喷嘴或挡水板用除垢剂清洗
机组	外壳结露	绝热材料破损	修补
		机壳破损漏风	修补

表 6-4　单元式空调机常见问题和故障的分析与解决方法

问题或故障	原因分析		解决方法
风机不运转或不出风	停电		查明原因，等待复电
	熔丝熔断		查明原因，更换熔丝
	缺相		查明原因，补接
	接触器触头接触不良或线圈烧坏		检修或更换
	电动机方面故障		参见电动机故障表
	风机反转		改变电动机任意两根接线的位置
风机能运转但压缩机不能起动	温度值设定值过高		调低到合适值
	接触器或中间继电器接触不良或线圈烧坏		检修或更换
	温控器失灵		检修或更换
	电动机烧坏或匝间短路		检修或更换
	过流保护器动作		查明原因，排除过流故障
	高低压保护器动作		查明原因，排除超压故障
供冷量不足	温度设定值偏高		调低
	送风量不足	风量设定挡位偏小	提高
		新回风过滤网积尘太多	清洁
		蒸发器肋片氧化或片间脏堵	清洁或更换蒸发器
		风机故障	参见风机故障表
		风机容量不合适	更换合适风机
	蒸发器表面冻结		关小膨胀阀
	制冷剂不足		检漏、堵漏，加足制冷剂
	膨胀阀开度不够		开大到合适位置
	膨胀阀堵塞		拆卸清洁
	干燥过滤器堵塞		更换
	压缩机故障		检修或更换

(续)

问题或故障	原因分析			解决方法
供冷量不足	机组容量偏小			更换大的或增加新的
	制冷系统内有空气			排除或重抽真空后再充入足量制冷剂
	冷凝温度偏高	水冷系统	冷却水量偏小	查明是否存在水泵故障或阀门开启度不够
			进水温度偏高	查明是否存在冷却塔故障或冷却能力不够
			冷凝器换热不良	清除冷凝器中的水垢
			室外湿球温度过高	尚无解决办法
		风冷系统	冷凝器表面积尘太多	清洁
			风机故障	参见风机故障表
			通风不良或气流短路	改善或改装
			附近有散热源	清除散热源或将风冷装置改装在别处
			室外气温过高	尚无解决办法
运行噪声或振动过大	某处紧固部件松动或脱落			紧固或补上
	风机轴承缺油或损坏			加油或更换
	风机叶轮松动或变形擦壳			修理
	压缩机液击			关小膨胀阀或排放一些制冷剂
	压缩机零部件损毁			检修或更换
制冷过程中压缩机突然停机	低压保护器动作	制冷剂短缺严重		检漏、堵漏，加足制冷剂
		膨胀阀堵塞		拆卸清洁
		干燥过滤器堵塞		更换
		制冷剂管路节流		找出节流原因并检修
		空气过滤器堵塞		清洁
	高压保护器动作	水冷冷凝器	冷却水量不足，使进出水温差大于8~10℃	查明是否水泵故障或冷却塔回水过少
			冷凝器中结水垢或堵塞	清除冷凝器中的水垢
			进水温度过高，超过33℃	查明冷却塔是否存在故障(室外湿球温度过高造成的不考虑)
		风冷冷凝器	冷凝器表面积尘太多	清洁
			风机不转或反转	查明原因并修复或调换接线
			通风不良或气流短路	改善或改换安装地点
			进风温度太高，超过43℃	查明原因，改善
		制冷系统内有空气		排除或重抽真空后再充入足量制冷剂
		制冷剂充注太多		放掉一部分
		吸气压力过高		分析其原因，降低压力

(续)

问题或故障	原因分析		解决方法
制冷过程中压缩机突然停机	油压保护器动作	油中溶有过多制冷剂	打开油加热器
		吸油滤网堵塞	拆卸清洗
		油量过少	查明少油原因，解决后添加到合适油量
		油泵故障	检修
	压缩机机械故障		检修或更换
室内机漏水	接水盘的排水口和排水管接口不严		连接严密并紧固
	接水盘漏水	接水盘排水口(管)堵塞	用吸、吹、冲、通等方法疏通
		接水盘排水不畅	加大排水管坡度和管径
		运行时机内为负压，排不出水	机外排水管做水封或加大自流排水的高度差
热泵型空调机能正常制冷，但不能制热	温控器失灵		检修或更换
	冷热转换开关失灵		检修或更换
	电磁换向阀失灵		检修或更换
	电控线路连接错误		改正

表 6-5　风管系统常见问题和故障的分析与解决方法

问题或故障	原因分析	解决方法
风管漏风	法兰连接处不严密	拧紧螺栓或更换橡胶垫
	其他连接处不严密	用玻璃胶或万能胶封堵
绝热层脱离风管壁	粘结剂失效	重新粘贴牢固
	保温钉从管壁上脱落	拆下绝热层，重新粘牢保温钉后再包绝热层
绝热层表面结露、滴水	绝热风管漏风	参见上述方法，先解决漏风问题，再更换含水绝热层
	绝热层或防潮层破损	更换受潮和含水部分
	绝热层未起到绝热作用	增加绝热层厚度或更换绝热材料
	绝热层拼缝处的粘胶带松脱	更换受潮或含水绝热层后再用新粘胶带粘贴封严拼缝处
风阀转不动或不够灵活	异物卡住	清除异物
	传动连杆接头生锈	加煤松动，并加润滑油
风阀关不严	安装或使用后变形	校正
	制造质量太差	修理或更换
风阀活动叶片不能定位或定位后易移动位移	调控手柄不能定位	改善定位条件
	活动叶片太松	适当紧固
送风口揭露、滴水	送风温度低于室内空气露点温度	提高送风温度，使其高于室内空气露点温度 2~3℃
		换用导热系数较低材料的送风口(如木质材料等)

(续)

问题或故障	原因分析	解决方法
送风口吹风感太强	送风速度过大	开大风口调节阀或增大风口面积
	送风口活动导叶位置不合适	调整到合适位置
	送风口形式不合适	更换
有些风口出风量过小	支风管或风口阀门开度不够	开大到合适开度
	管道阻力过大	加大管截面或提高风机全压
	风机方面的问题	参见风机故障表
风管中气流声偏大	风速过大	降低风机转速或关小风阀
风管壁振颤并产生噪声	管壁材料太薄	采取管壁加强措施或更换壁厚合适的风管
支架结露、滴水	支吊架横梁与风管直接接触形成冷桥	将支吊架横梁置于风管绝热层外或在支吊架横梁与风管之间铺设垫木
阀门或风口叶片振颤并产生噪声	风速过大	减小风速
	叶片材料刚度不够	更换刚度好的材料或更换更厚一些的叶片
	叶片松动	紧固

表 6-6 新风使用方面问题的原因分析和解决方法

问题或故障	原因分析	解决方法
不能用全新风送风	新风采集口面积过小	扩大或增加新风采集口
	回风总管或回风窗(门)无阀门可关死	增设风阀或使用其他材料进行封堵
新风使用量控制不准	对新风阀的开度特性不了解	掌握开度与风量的关系
	新风开度固定不牢	采取紧固措施
	新风阀的开度特性不符合调节要求	更换合适的新风阀
室内空气不清新(新风量不足)	新风阀门开度太小	开大到合适开度
	室内人数超过设计人数	控制室内人数在设计范围内

表 6-7 夏季室温偏低的原因分析和解决方法

问题或故障	原因分析		解决方法
提供的冷量过多	送风量过大	风口阀门开度偏大	关小到合适开度
		风管尺寸或风速偏大	调整管道阀门或风机转速
		风机选择不当	更换合适风量的风机
	送风温度偏低	室温设定值偏低	调高到合适值
		冷冻水温度偏低	检查冷水机组方面是否存在问题
		冷冻水流量偏大	关小调节水阀
		新回风比不合适	调整到合适的比例
		单元式空调机制冷系统方面存在问题	参见表 6-4
室内负荷小于设计值	设计计算过于保守,使空调设备功率选用过大或送风供冷量过大 房间功能改变		关小水阀,减小冷冻水流量 调整管道或风口阀门或风机转速,减小送风量 提高冷冻水供水温度

表 6-8　夏季室温减不下来的原因分析和解决方法

问题或故障	原因分析		解决方法
提供的冷量不够	送风量不足	过滤器或换热器表面积尘太多	清洁
		风机传动皮带松弛或打滑	张紧或更换皮带
		风管系统漏风	堵漏
		风口阀门开度偏小	开大到合适开度
		风管尺寸偏小	提高风速或改大尺寸
		风机选择不当或发生故障	更换合适风量的风机或排除故障
	送风温度偏高	室温设定值偏高	调低到合适值
		冷冻水温度偏高	检查冷水机组供水方面是否存在问题
		冷冻水流量偏小	开大水阀或增大水管管径
		管道温升过高	加厚或更换绝热材料
		新、回风比不合适	调整到合适比例
		单元式空调机制冷系统方面存在问题	参见表 6-4 相关内容
房间偏冷	房间门窗未关或关后不严		关好门窗并使其尽量密不透风
	开门频繁		减少开门次数
阳光射入房间	窗子无遮阳		增加遮阳装置或更换有遮阳功能的窗玻璃
送回风气流短路	送风口与回风口距离太近(最好 1.5m 以上)		加大送回风口距离
	送风方向或送风口形式不合适		改变送风方向或更换送风口形式
室内负荷超过设计值	偶然发生(如人员过多)		降低冷冻温度或降低送风温度或增大送风量
	经常发生	室内增加了过多设备或人员	增加空调设备
		房间功能改变	改造原管路,加大供冷能力

表 6-9　噪声与振动方面问题的原因分析与解决方法

问题或故障	原因分析	解决方法
柜式风机盘管、组合式空调机组或单元式空调机等设备运转噪声影响到空调房间	通过围护结构传入	对机房进行吸音处理,对机房门进行隔声处理
	通过风口传入	在送回风口上加装消声装置,对管道包贴隔音材料
	通过集中回风口传入	将普通百叶式集中回风口改为消声式的
柜式风机盘管、组合式空调机组或单元式空调机等设备运转振动影响到空调房间	由围护结构传入室内	加强原减振或隔振装置,或更换新的、合适的减振、隔振装置

表 6-10　风机盘管常见问题和原因分析与解决方法

问题或故障	原因分析		解决方法
风机转但风量较小	送风挡位设置不当		调整到合适挡位
	过滤网积尘过多		清洁
	盘管肋片间积尘过多		清洁
	电压偏低		查明原因
	风机反转		调换接线相序
吹出的风不够冷(热)	温度挡位设置不当		调整到合适挡位
	盘管内有空气		打开盘管放气阀排出空气
	供水温度偏低或偏高		检查冷、热源
	供水不足		开大水阀或增大支管径
振动与噪声偏大	风机轴承润滑不好或损坏		加润滑油或更换
	风机叶片积尘太多或损坏		清洁或更换
	风机叶轮与机壳摩擦		清除或更换风机
	出风口与外接风管或送风口不是软连接		用软连接
	盘管和接水盘与供回水管及排水管不是软连接		用软连接
	风机盘管在高速挡下运行		调到中、低速挡
	固定风机的连接件松动		紧固
	送风口百叶松动		紧固
有异物吹出	过滤网破损		更换
	机组或风管内积尘太多		清洁
	风机叶片表面锈蚀		更换风机
	盘管肋片氧化		更换盘管
	机组或风管内绝热材料破损		修补或更换
机组漏水	接水盘溢水	排水口(管)堵塞	用吸、通、吹、冲等方法疏通
		排水不畅	调整排水管坡度,使之大于等于0.8%或缩短排水管长度就近排水
		排水盘倾斜方向不正确	调整接水盘,使排水口处最低
	机组内管道漏水、结露	管接头连接不严密	紧固,使其连接严密
		管道有裸露部分,表面结露	将裸露部分管道裹上绝热材料
	接水盘底部结露	接水盘底部绝热层破损或与盘底脱离	修补或粘贴好
	盘管放气阀未关或未关紧		关闭或拧紧
机组外壳结露	机组内贴绝热材料破损或与内壁脱离		修补或粘贴好
	机壳破损漏风		修补
凝结水排出不畅	外接管道水平坡度过小		调整排水管坡度大于等于0.8%或缩短排水管长度就近排水
	排水口(管)部分堵塞		用吸、通、吹、冲等方法疏通

表 6-11 风机、电动机和传动皮带常见问题和原因分析与解决方法

问题或故障	原因分析	解决方法
轴承温升过高	润滑油(脂)不够	加足
	润滑油(脂)质量不良	清洗轴承后更换合格润滑油
	风机轴与电动机轴不同心	调整同心
	轴承损坏	更换
	两轴承不同心	找正
噪声过大	叶轮与进风口或机壳摩擦	参见下面有关条目
	轴承部件磨损,间隙过大	更换或调整
	转速过高	降低转速或更换风机
振动过大	地脚或其他连接螺栓的螺母松动	拧紧
	轴承磨损或松动	更换或调紧
	风机轴与电动机轴不同心	调整同心
	叶轮与轴的连接松动	紧固
	叶片质量不对称或部分叶片磨损、腐蚀	调整平衡或更换叶片或叶轮
	叶片上附有不均匀的附着物	清洁
	叶轮上的平衡块质量或位置不对	进行平衡校正
	风机与电动机的两皮带轮轴不平行	调整平行
叶轮与进风口或机壳摩擦	轴承在轴承座中松动	紧固
	叶轮中心未在进风口中心	查明原因,调整
	叶轮与轴的连接松动	紧固
	叶轮变形	更换
出风量偏小	叶轮旋转方向反了	调换电动机任意两根接线位置
	阀门开度不够	开大到合适开度
	皮带过松	张紧或更换
	转速不够	检查电压、轴承
	进风或出风口、管道阻塞	清除堵塞物
	叶轮与轴的连接松动	紧固
	叶轮与进风口间隙过大	调整到合适的间隙
	风机制造质量有问题,达不到铭牌标定的额定风量	更换合适的风机
电动机温升过高	风量超过额定值	关小风量调节阀
	电动机或电源方面有问题	查找电动机或电源方面的原因
传动皮带方面的问题	皮带过松(跳动)或过紧	调整电动机位置,张紧或放松
	多条皮带传动时松紧不一	全部更换
	皮带易自己脱落	将两带轮对应的带槽调到一条直线上
	皮带擦碰皮带保护罩	张紧皮带或调整保护罩
	皮带磨损、油腻或脏污	更换
	皮带磨损过快	调整风机与电动机两个带轮的轴平行

表 6-12　水泵常见问题和原因分析与解决方法

问题或故障	原因分析	解决方法
起动后出水管不出水	进水管和泵内的水严重不足	将水充满
	叶轮旋转方向反了	调换电动机任意两根接线位置
	进水和出水阀门未打开	打开阀门
	进水管部分或叶轮内有异物	清除异物
起动后出水管压力表有显示，但管道系统末端无水	转速未达到额定值	检查电压是否偏低，填料是否压得过紧，轴承是否润滑不够
	管道系统阻力大于水泵额定扬程	更换合适的水泵或加大管径、截短管路
起动后出水管压力表和进水管真空表指针剧烈摆动	有空气从进水管随水流进入泵内	查明空气从何而来，并采取措施杜绝此类现象
起动后一开始有出水，但立刻停止	进水管中有大量空气积存	查明原因，排除空气
	有大量空气吸入	检查进水口、管的严密性，以及轴封的密封性
在运行中突然停止出水	进水管(口)堵塞	清除堵塞物
	有大量空气吸入	检查进水口、管的严密性，以及轴封的密封性
	叶轮严重损坏	更换叶轮
轴承过热	润滑油不足	及时加油
	润滑油老化或油脂不佳	清洗后更换合适的润滑油
	轴承安装不正确或间隙不合适	调整或更换
	水泵与电动机的轴不同心	调整找正
填料层漏水过多	填料压得不够紧	拧紧压盖或补加一层填料
	填料磨损	更换
	填料缠法错误	重新按正确缠法缠放
	轴有弯曲和摆动	校直或校正
泵内声音异常	有空气吸入，发生气蚀	查明原因，杜绝空气吸入
	泵内有固体异物	拆泵清除
泵体振动	地脚螺栓或各连接螺栓螺母有松动	拧紧
	有空气吸入，发生气蚀	查明原因，杜绝空气吸入
	轴承破损	更换
	叶轮破损	修补或更换
	叶轮局部有堵塞	拆泵清除
	水泵与电动机的轴不同心	调整找正
	水泵轴弯曲	校直或更换
流量达不到设定值	转速未达到设定值	检查电压、填料、轴承
	阀门开度不够	开到合适开度
	输水管道过长或过高	缩短输水距离或更换合适的水泵
	管道系统管径偏小	加大管径或更换合适的水泵
	有空气吸入	查明原因，杜绝空气吸入

(续)

问题或故障	原因分析	解决方法
流量达不到设定值	进水管或叶轮内有异物	清除异物
	密封环磨损过多	更换密封环
	叶轮磨损严重	更换叶轮
	叶轮紧固螺钉松动使叶轮打滑	拧紧该螺钉
电动机耗用功率过大	转速过高	检查电动机、电压
	在高于额定流量和扬程的状态下运行	调节出水管阀门开度
	填料压得过紧	适当放松
	水中混有泥沙或其他异物	查明原因，采取清洗或过滤措施
	水泵与电动机的轴不同心	调整校正
	叶轮与蜗壳摩擦	查明原因，清除该问题

表 6-13　冷却塔常见问题和原因分析与解决方法

问题或故障	原因分析		解决方法
出水温度过高	循环水量过大		调节阀门至合适水量或更换容量匹配的冷却塔
	布水管(配水槽)部分出水孔堵塞，造成偏流(布水不均匀)		清除堵塞物
	进出空气不畅或短路		查明原因，改善
	通风量不足		参见"通风量不足"的解决方法
	进水温度偏高		检查冷水机组方面的问题
	洗排空气短路		更改空气循环流动为直流
	填料部分堵塞造成偏流(布水不均匀)		清除堵塞物
	室外湿球温度过高		减小冷却水量
通风量不足	风机转速降低	传动皮带松弛	调整电动机位张紧或更换皮带
		轴承润滑不良	加油或更换轴承
	风机叶片角度不合适		调至合适角度
	风机叶片破损		修复或更换
	填料部分堵塞		清除堵塞物
集水盘(槽)溢水	集水盘(槽)出水口(滤网)堵塞		清除堵塞物
	浮球阀失灵，不能自动关闭		修复
	循环水量超过冷却塔额定容量		减少循环水量或更换容量匹配的冷却塔
集水盘(槽)中水位偏低	浮球阀开度偏小，造成补水量小		开大到合适开度
	补水压力不足，造成补水量小		查明原因，提高压力或加大管径
	管道系统有漏水的地方		查明漏水处，堵漏
	冷却过程失水过多		参见"冷却过程水量散失过多"的解决方法
	补水管径偏小		更换
有明显飘水现象	循环水量过大或过小		调节阀门至合适水量或更换容量匹配的冷却塔
	通风量过大		降低风机转速、调整风机叶片角度或更换合适风量的风机
	填料中有偏流现象		查其原因，使其均流
	布水装置转速过快		调至合适转速
	隔水物(挡水板)安装位置不当		重新安装挡水板

(续)

问题或故障	原因分析	解决方法
布(配)水不均匀	布水管(配水槽)部分出水孔堵塞	清除堵塞物
	循环水量过小	加大循环水量或更换容量匹配的冷却塔
	圆形塔布水装置转速太慢	清除出水孔堵塞物或加大循环水量
	圆形塔布水装置转速不稳定、不均匀	排出管道内的空气
填料、集水盘(槽)中有污物或微生物	冷却塔所处环境太差	缩短维护保养(清洁)的周期
	水处理效果不好	研究、调整水处理方案，加强除垢和杀菌
有异常声音或振动	风机转速过高，通风量过大	降低风机转速、调整风机叶片角度或更换合适风量的风机
	风机轴承缺油或损坏	加油或更换
	风机叶片与其他部件碰擦	查明原因，排除
	有些部件紧固螺栓的螺母松动	紧固
	风机叶片螺钉松动	紧固
	皮带与保护罩摩擦	张紧皮带，紧固防护罩
	齿轮箱缺油或齿轮组磨损	加够油或更换齿轮组
	隔水物(挡水板)与填料摩擦	调整挡水板和填料
滴水声过大	填料下水偏流	查明原因，使其均流
	循环水量过大	减少循环水量或更换容量匹配的冷却塔
	集水盘(槽)中未装吸声器	集水盘(槽)中加装吸声器

表 6-14　水阀常见问题和故障的分析与解决方法

问题或故障	原因分析	解决方法
阀门关不严	阀芯与阀座之间有杂物	清除杂物
	阀芯与阀座密封面磨损或损坏	研磨密封面或更换损坏部件
阀体与阀盖间有渗漏	阀盖旋压不紧	旋压紧
	阀体与阀盖间的垫片过薄或损坏	加厚或更换
	法兰连接的螺栓松紧不一	均匀拧紧
	阀杆或螺纹、螺母磨损	更换
阀体表面有冷凝水	未进行绝热包裹或包裹不完整	进行绝热包裹或包裹完整
	绝热层破损	修补
填料盒有泄漏	填料压盖未压紧或压不正	压紧、压正
	填料填装不足	补装足
	填料变质失效	更换填料
阀杆转动不灵活	填料压得过紧	适当放松
	阀杆或阀盖上的螺纹磨损	更换阀门
	阀杆弯曲变形卡住	矫直或更换
	阀杆或阀杆螺纹中结水垢	清除水垢
	阀杆下填料接触的表面腐蚀	清除腐蚀产物
止回阀阀芯不能开启	阀座与阀芯黏住	清除水垢或铁锈
	阀芯转轴锈住	清除铁锈
止回阀关不严	阀芯被杂物卡住	清除杂物
	阀芯损坏	更换阀芯

表 6-15 水管系统常见问题和原因分析与解决方法

问题或故障	原因分析	解决方法
漏水	丝扣连接处拧得不够紧	拧紧
	丝扣连接所用的填料不够	在渗漏处涂抹憎水性密封胶或重新加填料粘结
	法兰连接处不严密	拧紧螺栓或更换橡胶垫
	管道腐蚀穿孔	补焊或更换新管道
绝热层受潮或滴水	被绝热管道漏水	参见上述方法,先解决漏水问题,再更换绝热层
	绝热层或防潮层破损	受潮和含水部分全部更换
管道内有空气	自动排气阀不起作用	修理或更换
	自动排气阀设置过少	在支环路较长的转弯处增设
	自动排气阀位置设置不当	应设在水管路的最高处

6.4 空调设备的故障案例

6.4.1 基站空调典型故障举例

1. 管路堵塞造成的压缩机热保护

1) 故障现象

某基站三洋空调停机,屏幕显示故障代码为 P02。

2) 故障分析

根据故障代码可得知,三洋空调的 P02 告警为室外机风机的热保护或者是压缩机的热保护。热保护的可能原因如下:

(1) 室外机周边杂物堆放,散热空间小,或者室外机被太阳直晒,造成室外机散热不良。

(2) 室外机散热翅片太脏,造成室外机散热不良。

(3) 风扇转速下降,造成室外机散热不良。

(4) 室内机过滤网太脏。

(5) 氟利昂太少或者过多。

(6) 系统管路堵塞。

(7) 空调容量选用过小,导致压缩机长时间不停止工作。

3) 故障排除

再次起动空调,明确故障情况,查看故障代码。压缩机起动之后,约 5min 才出现故障,故障代码是 P02,基站空调出现 P02 告警一般情况认为是缺少氟利昂,于是检查系统压力;在停机情况下,测试管路内平衡压力正常,约为 8MPa,再次起动,测试为负压。尝试先少加入氟利昂,管路压力无升高,基本判断为系统管路堵塞。

稍稍打开液管,发现大量氟利昂泄出,打开室内机管路入口处,也有大量氟利昂泄出,再打开室内机蒸发器出口,无氟利昂漏出,有明显的吸气现象,表明此处为负压,可见管路堵塞处在室内机入口至蒸发器出口之间,由于该机组节流装置为电子膨胀阀,初步判断为电子膨胀阀堵塞。

测量电子膨胀阀两两绕组，约为 78Ω，正常，测量电压，有脉冲电压，供电也正常，确定电子膨胀阀主体阀门堵塞，未能正常开启，更换电子膨胀阀之后，故障排除，空调运行正常。

4）故障总结

在基站空调运行过程中，压缩机热保护故障一般由漏氟引起，要求我们平时注意观察空调的制冷效果及接头连接处的泄漏情况，一旦发现问题，应及时处理。

2．空调压缩机高压告警停机

1）故障现象

某基站空调高压告警停机。

2）故障分析

常见的高压告警的原因如下：

(1) 风冷式冷凝器翅片间距过小，表面上积聚的灰尘太多，冷凝器中水垢层过厚。
(2) 轴流风机不运转，或转速过慢，或叶片轴反转。
(3) 冷凝器周围障碍物较多，空气流通困难。
(4) 制冷剂过多。
(5) 膨胀阀的开启度过小，或者膨胀阀堵塞。
(6) 高压传感器故障。

3）故障排除

现场查看室外机，发现室外机风机叶片已经破损，更换叶片，故障排除。

4）故障总结

高压停机故障是夏天空调最容易出现的问题，在日常维护中，可在炎热天气来临之前，对室外机组进行彻底的清洗，可以保障冷凝器的清洁，室外机散热的良好，减少故障发生的概率。针对本案例风扇叶片的损坏，由于叶片为塑料制品，应尽量防止阳光的照射，造成叶片老化，在更换过程中也应选用质量良好的叶片，防止频繁损坏。

3．交流缺相

1）故障现象

某基站三洋空调 P05 告警。

2）故障分析

根据故障代码可得知，三洋空调的 P05 告警为交流电反相或缺相。此告警产生的原因主要有如下几种：

(1) 市电反相或者缺相。
(2) 电源接线松动。
(3) 三相检测的熔丝熔断。
(4) 电路控制板损坏。

3）故障处理

到达现场后，用万用表测量三相电源电压，发现电压正常；检查电源线的连接情况，全部正常；由于现场没有相序表，断开空调电源，调换任意两相电源线，调整电源相序，故障依旧。打开室外机观察室外机控制板上的熔断器，也是正常的，初步判断为室外机控制电路板损坏。更换室外机电路板，故障排除。

4) 故障总结

由于基站多为三类市电供电，电源质量普遍不是很高，也存在线路检修之后电源相序变更的问题，从而造成类似反相的告警。一般的反相告警，只要在空调端任意调换相序或者通知电力局更换相序即可解决。同时，在处理同样的故障时，也要注意电源线的连接、熔断器和控制板件的情况。

6.4.2 机房专用空调典型故障举例

1. 空调压缩机高压告警

1) 故障现象

新装艾默生 CM40 空调压缩机高压偏高、低压偏低，并出现高压报警现象。

2) 故障分析

CM40 空调在安装完成后，代理商未通知公司工程师到现场就自行开机调试。在加注制冷剂过程中，压缩机高压压力达到 360psi，系统出现高压报警，同时低压比较低(小于40psi)。在无法解决问题完成开机调试的情况下，代理商打电话向公司当地客户服务中心求助，工程师接到电话后立即赶到现场，对设备进行了检查和分析。

由于室内外机组距离超过 30m，系统安装了管路延长组件(冷凝器进口装单向阀，干燥过滤器后端回液管处装电磁阀)。确认设备所有硬件安装符合安装规范后，工程师从以下几个可能原因入手检查，逐一排除，缩小故障范围。

(1) 制冷剂加注偏多造成高压报警。由于压缩机工作时低压一直保持在30psi左右(此值偏低)，且液管视镜有气泡，因此可以排除制冷剂加注过量。

(2) 室外冷凝器风机或调速系统工作是否正常。经检查，室外机组电源线接线没有问题。起动压缩机进行测试，室外风机电流约为 6.6A，运转完全正常。因此，可以排除冷凝风机系统有问题。

(3) 系统冷媒管路附件(膨胀阀等)可能存在不明原因的堵塞。在压缩机高压达到甚至超过 300psi 时，低压一直只有 30psi 左右。如果仅仅是膨胀阀故障造成压缩机低压偏低，则在压缩机循环排气量下降、冷凝风机运转正常的情况下，压缩机排气压力不应该偏高。因此，可以断定系统除了膨胀阀以外，肯定另有其他故障。

(4) 管路延长组件故障，单向阀或电磁阀打不开。采用分段测压分析，在压缩机起动运转高压压力达到高压报警值之前，测得高压排气口压力为 300psi，室外机组冷凝器入口侧压力为 295psi，干燥过滤器后膨胀阀前的针阀处压力为 285psi。从检测数据看，管路延长组件处于开通状态，不存在堵塞。

(5) 系统真空未抽干净，管路系统混入不凝性气体。询问现场代理商的开机人员抽真空的情况，在抽真空前开机人员曾将电磁阀通电，排出了管路的保压氮气。但在对压缩机高低压维修阀口抽真空时，没有按照要求给电磁阀通电打开电磁阀。因此，由冷凝器进口单向阀一直到室内机组回液管电磁阀处的这段管道内的空气并没有被排空，最终引起系统低压压力偏低，高压压力偏高。

3) 故障处理

将延长组件的电磁阀通电并打开，把管路系统中混有空气的制冷剂全部放掉，重新按规范抽真空,加注制冷剂开机调试。测得压缩机低压为65psi,高压为230psi,系统工作完全恢复正常。

4) 故障总结

此故障原因是代理商的安装人员抽真空方法不对造成系统混入不凝性气体。当系统混入不凝性气体时,典型的现象是压缩机排气压力偏高,同时由于制冷剂加注量不足,造成压缩机吸气压力偏低。

2. 空调压缩机低压告警

1) 故障现象

一台CM60AR空调低压告警,打开机组面板后发现蒸发器结冰,1号压缩机系统膨胀阀也结冰。

2) 问题分析

空调设备系统低压告警的原因如下:

(1) 系统制冷剂不足或制冷剂泄漏。

(2) 空气气流不足。

(3) 空气过滤网较脏或滤网存在质量问题。

(4) 干燥过滤器堵塞。

(5) 低压检测开关失效或接线松动。

(6) 控制板部分元件损坏或接线松动。

(7) 膨胀阀调节不当或损坏失效。

该空调机组自开机以来机组工作运行一直较为正常,七月份包头地区室外温度最高达38℃,这时空调出现的故障率相对较高。检查该空调机组管道等部件,没有发现油迹;测试系统也有压力;观察液管视镜透明无气泡,显示正常,故排除系统漏氟或制冷剂不足。机组是风帽送风,气流组织较好,空气过滤网也较干净,故排除在外。手摸干燥过滤器,表面温度也适中,排除干燥过滤器堵塞。检查压缩机低压开关、控制板接线,均正常,无烧坏痕迹和接线松动迹象。

蒸发器化冰后测试机组系统压力,1号压缩机系统高压为240psi,低压为40psi,2号压缩机系统高压为250psi,低压为65psi,压缩机运行时液管视镜无气泡,干燥过滤器两端无温差,空气过滤网清洁程度良好。

综合以上现象,判定该机组的1号系统低压告警是由膨胀阀调节不当引起的。

3) 问题处理

重新调整膨胀阀,调整完成后,压缩机的回气过热温度约为8℃,试运行,机组工作恢复正常,没有出现低压告警,且蒸发器没有结冰现象。

4) 问题总结

膨胀阀在工作一段时间后可能会发生工作点漂移现象,及时调整可使其恢复出厂设置的工作状态。

3. 机房空调加湿器故障

1) 故障现象

一台CM60AF空调经常出现加湿断路器跳脱。

2) 问题分析

(1) 检查断路器保护设定点为 13A，设定正确。

(2) 检查加湿电路和加湿电极，没有短路。

(3) 将 W 型电极更换为平板型电极，将冲洗时间设定为 20s，将加湿罐清洗干净，几天后加湿断路器依然跳脱，可排除电极和水质原因。

(4) 将最大电流设定为 6A，当电流超过 6A 时，冲洗动作没有发生，电流还在不断上升，可见自动冲洗出现问题。

(5) 关机断电，检查加湿电流检测信号线和磁环，发现一根信号线固定不紧。

(6) 固定该信号线，上电开机，加湿电流达到冲洗设定点后，自动冲洗，加湿电流保持在正常范围。

因为加湿电流检测信号线接触不良，导致无法检测到加湿电流，也就无法自动冲洗，使得加湿罐内水的导电离子浓度越来越高，加湿电流不断上升，超过加湿断路器的保护设定点，使断路器跳脱，影响了加湿功能。

3) 问题处理

将加湿电流检测线可靠连接，故障顺利排除。

4) 问题总结

加湿电流过大，很容易怀疑水质、电极、冲洗时间设定的问题，而很少怀疑加湿电流检测问题，通常工作人员在检查的时候，加湿电流低于冲洗的设定电流，也就不会注意到自动冲洗动作是否正常了，而自动冲洗的实现，对保持加湿电流在断路器的保护设定点之下是很关键的。

4. 机房空调风道系统故障

1) 故障现象

某地磁共振机房 CM50AD 空调出现气流不足告警。

2) 故障分析

造成设备气流不足告警的原因如下：

(1) 过滤网脏堵。

(2) 温湿度传感器板检测故障。

(3) 风机皮带打滑或断裂。

(4) 送回风阻力大造成空调风量损失。

经现场检测空调运行参数，结果如下：

(1) 室内风机三相电流为 2.5A 左右，而风机运行的正常电流值应为 3.1A 左右。故障现象表明风机运行电流偏小，原因是空调的送回风阻力偏大，损失了空调风量，从而使得风机负载下降、运行电流减小。

(2) 压缩机排气压力为 220psi，吸气压力为 56psi，排气压力正常，吸气压力偏低。在正常回风温度下，吸气压力应大于 60psi，压缩机吸气压力偏低主要有两个原因：一是制冷剂不足；二是风量不足。由于管路液视镜透明无气泡，表明制冷剂是足够的，故可排除制冷剂不足的原因。因此，可确定造成压缩机吸气压力偏低的原因是风量偏小。

综上所述，可确定由于送风量不足从而造成该设备触发了气流不足告警。

公司 CM50AD 机组的设计风量为 14400m³/h(4m³/s)，送风系统的机外余压为 100Pa。现场安装的风管是用户自己设计的，共两支：一支 600mm×300mm；另一支 540mm×300mm，风管总长约 12m。

按现有风管横截面积 600×300＋540×300＝0.342(m²)可计算出：

风管内的风速为 $v=Q/S$＝4/0.342≈11.7(m/s)；

风管的阻力为 $p=p_m×L×(1+K)$＝5.6×12×(1+1)＝134.4(Pa)。

式中：p_m——风管沿程阻力，当风速为 11.7m/s 时，p_m＝5.6(Pa/m)；

　　　L——风管长度，12m；

　　　K——局部阻力系数，取 1。

由于风管计算阻力为 134.4Pa，该值大于空调机组的设计机外余压 100Pa，因此，造成空调送风风量损失，导致设备运行风量偏小。

3）故障处理

在风管截面积一定时，风量越大则单位长度风阻越大。而在风量一定时，风管截面积越大则单位长度风阻越小。一般风管内的最佳流速为 6～8m/s。当按 8m/s 的流速计算时，主风管截面积 $S=Q/V$＝4/8＝0.5(m²)。而现有风管截面积约为 0.342m²，所以还需增加一条 400mm×400mm 的风管。当风速为 8m/s 时，单位管长的风阻约为 2Pa/m，此时的风阻为 $p=p_m×L×(1+K)$＝2×12×2＝48(Pa)，即总风阻可控制在 100Pa 以内。

4）故障总结

(1) 在设计空调风管系统时，一定要事先核算风管的送、回风阻力。

(2) 选择合理的主风管送风设计流速，并和空调机组的设计机外余压参照对比，使风管的设计阻力小于空调机组的送风机外余压值。否则，如果风管阻力大于空调机组的设计机外余压，势必造成空调运行风量损失，引起空调设备因气流不足而报警，严重时甚至造成蒸发器结冰等故障问题。

5．机房空调控制系统故障

1）故障现象

DME-12MC1 空调面板无显示，整机无反应。

2）问题分析

机组整机无反应主要有以下几种原因：

(1) 整机无电源输入。

(2) 变压器故障。

(3) I/O 板损坏。

(4) 接口板损坏。

(5) 显示面板损坏。

3）问题处理

根据 DME3000 的主电路接线顺序，具体处理过程如下。

(1) 现场检查三相电源输入分别为 410V、411V、410V，机组主电源输入正常。

(2) 测量 24V 变压器输入端电压为 241V，输出二次电压为 27V，三相变压器输入为 410V/411V/410V，输出黄、绿、红分别 22V/22V/22V，排除变压器问题。

(3) 测量 I/O 板输出与控制板之间的电源端口，无电压(此端口上红、黑为电源线，正常情况下应为 12V 直流电源；橙色、棕色为通信线)，同时 I/O 板上面的通信灯也不亮。判断为 I/O 板内部电路已经烧毁。

(4) 现场更换 I/O 板后重新上电，机组 I/O 板输入、输出正常，接口板上的通信灯显示正常，显示面板上数据显示也正常。起动空调，风机起动后机组工作正常。待压缩机起动时，机组突然停机，同时 I/O 板等通信灯熄灭，显示面板黑屏无显示。故障现象与先前一样，I/O 板又烧毁了。

(5) 连续出现 I/O 板烧毁现象，说明电路有故障，且故障与压缩机起动运行有关。I/O 板烧坏极有可能是高电压经由非正常途径进入 I/O 板。

(6) I/O 板的输入端只有隔离变压器(且输入电压基本正常)，基本可以排除隔离变压器故障的可能。

(7) 由于 I/O 板烧坏与压缩机起动运行有关，因此检查压缩机三相阻值情况，分别为 1.9Ω、1.9Ω、1.9Ω，对地阻值正常。

(8) 排除了压缩机存在故障的因素后，与压缩机起动有关联的只剩下室外机组了。由于室外机挂在外墙暂时无法进一步测量，因此分析陷入了困境。于是采用非常规方式处理：点动压缩机强制使其起动，观察到室外机风机也起动运转，测量压缩机电流正常，再测量室外风机单相电流发现为 3.4A 左右(偏大，正常为 1.4A 左右)。同时，室外机电源线明显发热，而 3.4A 的电流应该没有超过原厂配线 1.5mm^2 电缆的承载能力。因此，判断可能存在相线对地短路故障。测量室外机地线电流，发现电流达 50A，室外机电源相线与地线确实存在短路故障。

(9) 检查室外机接线情况，发现三芯电缆的相线与地线由于绝缘层高温熔化后粘合在一起造成短路。将烧坏的电缆剪掉，重新连接好室外机电源线。再次起动压缩机，测得室外机电流值为 1.4A(正常)，换上新 I/O 板后重新开机，故障排除，机组工作恢复正常。

(10) 室外机电源相线对地线短路，是否就是引起 I/O 板损坏的原因呢？从机组结构看，DME3000 电气元器件集中在一块大铝板上，而 I/O 板上内部电路的接地端是接到铝板上的，因此，室外机组地线在与相线短路得到高电压后，就直接经过铝板传进 I/O 板的接地脚，将 I/O 板烧毁。

4) 问题总结

I/O 板损坏的原因为室外机组电源相线与地线由于绝缘皮融化，导致短路。

然而，绝缘皮为什么会熔化呢？一般最常见的原因是接线端子接触不良造成发热，引起绝缘皮高温熔化。经检查 DME3000 空调原厂配置的冷凝器电源三芯电缆，发现其接线端子预留的金属接触脚较短。在安装接线时，如果将接线脚插入冷凝器接线座较深，则可能导致电源线虚接或接触不良，而接触不良则引起导线发热，致使绝缘皮融化失效造成短路故障。

6.4.3 中央空调典型故障举例

1. 中央空调电磁阀常见故障的原因及解决方法

(1) 故障现象：关闭动作时间超过 3s。

原因：阀塞侧面的小孔阻塞。

解决方法：消除小孔内的脏物，在阀前安装过滤器。

(2) 故障现象：通电源后阀门不开启。

原因：电源电压低于85%；线圈烧坏或接头脱落。

解决方法：调整电源电压在±10%范围内；必要时用手动装置打开阀门检修或更换线圈，新绕线圈必须进行浸渍烘干处理，并在线圈与外壳间浸灌一层石英粉和沥青(质量比为3∶1)复合的胶。

(3) 故障现象：阀塞与阀座间隙不密封，有渗漏现象。

原因：阀塞侧面的小孔隙堵塞，难以传递介质压力；阀塞上的密封环磨损或变形；阀的前后压差低于公称压力值的10%。

解决方法：消除小孔中的污物；更换密封环；遵守产品说明书中关于前后压差的规定。

(4) 故障现象：阀体的各静、动密封点不密封。

原因：密封垫放置不正；密封垫变形、磨损或腐烂。

解决方法：放正密封垫，并紧固均匀可靠；更换密封件。

(5) 故障现象：通电后阀塞不启动。

原因：卸压孔内有脏物；控制介质不合适，即黏度太小。

解决方法：介质黏度小，应适当加大卸压孔。

2. 中央空调压缩机常见故障原因及解决方法

(1) 故障现象：压缩机不能起动。

原因：主开关未能闭合；熔丝烧断，电路开关未闭合；热过载保护断开；接触器或电磁线圈故障；因安全装置保护而停机；无热负荷。

解决方法：合上开关；检查电路和电动机绕组是否短路或接地，检查是否超载(故障处理后)，更换熔丝或合上开关，检查连接处是否松动或锈蚀；过载保护自动复位，当热过载保护恢复安全开关前将故障排除；修复或更换；确定引起停机的类型及原因，在恢复安全开关前将故障排除；等待热负荷；修复或更换电磁线圈；检查电动机是否有断路、短路或烧毁的情况；检查所有电线接头，拧紧电线端子螺栓；使安全开关复位。

(2) 故障现象：压缩机不能运转但有声音。

原因：接线有误；电压低；起动器失效；压缩机损坏。

解决方法：检查并重新接线；检查供电电压；更换起动器；更换压缩机。

(3) 故障现象：压缩机有异常噪声和振动。

原因：大量制冷剂进入压缩机；压缩机损坏。

解决方法：检查膨胀阀的设定；更换压缩机。

(4) 故障现象：压缩机不能增减载。

原因：能量控制出现故障；减载装置出现故障；温度控制器级数出现故障或电线断开。

解决方法：更换能量控制；更换减载装置；更换温度控制器。

(5) 故障现象：压缩机增减载的间隔时间太短。

原因：水温控制器异常；水流量不足。

解决方法：更换水温控制器；调整水流量。

(6) 故障现象：压缩机热敏保护开关断开。

原因：运行工况超出设计范围；排气阀未全开；电动机故障。

解决方法：改善条件以使工况处于允许范围；打开阀门；更换压缩机。

3. 中央空调电动机常见故障及解决方法

故障现象：电动机超载使继电器断开。

原因：在高负荷工况时电压过低；电动机绕组损坏；电源线松动；冷凝温度过高；电源线故障引起电压不平衡；过载继电器损坏，环境温度过高。

解决方法：检查供电电压压降是否过大；更换压缩机；检查所有连接处并拧紧；参见处理高排气压力的方法；检查供电电压，通知供电局，故障排除前不要起动压缩机；改善通风以增加散热量。

4. 中央空调机组常见故障原因及解决方法

(1) 故障现象：排气压力过高。

原因：系统内有不凝性气体；制冷剂充注量过多；排气截止阀未开；冷凝器出风温度过高。

解决方法：排出不凝性气体；抽出多余的制冷剂；打开排气截止阀；检查机组安装是否适当，翅片是否结垢。

(2) 故障现象：排气压力过低。

原因：冷凝温度调节不当；吸气截止阀未全开；制冷剂不足；吸气压力过低。

解决方法：检查冷凝器控制、操作过程；打开吸气截止阀；检漏、维修并充注制冷剂；参见处理低吸气压力的正确步骤。

(3) 故障现象：供油异常。

原因：油过滤器进口堵塞；液体制冷剂进入油分；油压表不准；油位过低。

解决方法：清洗；检查电加热器，调节膨胀阀增加过热度，检查供液电磁阀，调节水流量；修复或更换，将阀门关闭，有读数时才打开；加油。

6.5 空调维护的其他规定

6.5.1 空调设备的小、中、大修及更新年限

设备因使用年久或其他原因，经维修达不到质量要求时可提出更新计划。

中国电信《规程》规定的设备更新周期如下：

(1) 集中式(中央)空调主机更新周期为15年。

(2) 机房专用精密空调更新周期为8年。

(3) 普通商用空调更新周期为5年。

未到规定使用年限，但设备损坏严重需要更新时，应经过技术鉴定，专题报批。

对于已经到更新时间的设备，经过检测性能仍然良好者，必须经过主管部门的批准，方可继续使用。

《规程》中规定的更新年限可作为参考，在实际应用中，还应根据设备总的运行时间、主要部件(压缩机等)运行时长、满负荷工作时长、安装质量、维护质量、环境条件等综合因素来确定空调机实际的小、中、大修及更新年限。

6.5.2 空调障碍上报制度

1. 定义

空调系统障碍的基本定义：空调系统无法提供通信设备所需的工作环境。

严重障碍指由于空调设备故障造成的交换局交换设备和一级干线、二级干线传输设备的通信中断，整个通信系统瘫痪。

一般障碍指由于空调设备故障造成的交换局部分通信设备无法工作，部分业务中断。

2. 空调设备主要故障的判断依据

当设备出现主要技术性能不符合要求，不检修将影响设备和系统正常工作的障碍时，判定为设备故障。空调设备发生如下障碍则判定为故障。

(1) 专用空调设备：空气处理机有跑、冒、滴、漏现象，出现过冷、过热现象，加湿器水垢太多，电动机的负载电流超出额定值，影响设备和系统工作或安全的告警、保护性能异常等。

(2) 集中式空调设备：新风、回风过滤器堵塞，冷凝器水垢过多，电动机的负荷电流超出额定值，管路堵塞，影响设备和系统工作或安全的告警及保护性能异常等。

(3) 普通商用空调设备：滤清器或排水管道堵塞、主机不工作、影响设备和系统工作或安全的告警及保护性能异常等。

(4) 障碍上报制度：由于空调设备故障造成的通信阻断，按照集团公司相关规定进行障碍上报。地市分公司负责定期(每季度)统计本地区发生的空调系统障碍、障碍原因、障碍处理办法及障碍历时等，上报省公司。省公司负责定期(每半年)汇总本省的空调系统严重障碍、障碍原因、障碍历时等，上报集团公司。

3. 设备故障统计

(1) 通信网的电源、空调设备出现故障，都应做好详细的记录，并定期对故障现象和处理情况进行汇总统计。

(2) 设备故障记录内容应包括故障现象、故障类型、故障起始时间、故障修复时间、故障历时、故障原因分析及解决情况、故障处理情况及责任分析、故障处理人等。

(3) 汇总统计时应根据故障类型对各类问题进行汇总。对涉及设备质量方面的问题，应及时向有关部门报告。

(4) 地市分公司负责定期(每半年)统计本地区发生的电源和空调系统故障、故障原因、故障处理办法等，上报省公司。

4. 质量管理

质量管理的根本目的是认真贯彻维护规程，使维护工作制度化、规范化、科学化，对空调设备的运行进行严格的监督和控制，确保通信畅通。

1) 质量监督检查体系

按照统一领导、分级管理和分工负责的原则，建立集团公司、省公司网络运行维护部或类似机构、地市分公司(网络运行维护部或类似机构)和动力维护中心及生产班(组)共五级质量监督检查组织，形成全国空调专业从下到上一级对一级负责，从上到下一级管好一级的质量监督检查体系。

分公司由分公司领导，网络运行维护部或类似机构负责质量监督检查工作。

动力维护中心应由专人负责质量监督检查工作。

生产班(组)的班(组)长承担具体的质量监督检查工作。

2) 质量统计与分析

质量统计必须做到准确、真实和及时。主要统计内容如下：电信机房温、湿度的变化；主要设备故障和系统故障。

(1) 依据统计数据、设备和系统的日常检测和定期检测数据，分析设备和系统的运行状况，生产科室要及时找出产生故障和异常现象的原因，找出质量指标变化或达不到使用要求的原因，采取预防质量下降或改善运行质量的措施。

(2) 各级维护管理部门应定期召开质量统计分析会，其周期如下：集团公司为一年，省公司为半年，地市分公司为每季，动力维护中心为每月。

遇到下列情况，动力维护中心应及时召开专题分析会，研究改进措施：

① 设备在使用中发生重复性障碍。

② 发生原因不明的障碍。

③ 发生系统故障，设备重大故障、事故。

(3) 各级质量分析制度如下：

① 班组每月至少召开一次质量分析会，针对设备运行的薄弱环节制订改进措施，并落实责任人。会议要有记录，以便下次会议时检查措施执行情况及质量改进情况。

② 动力维护中心每月要对设备运行的情况进行分析，对于存在问题，要查清、制订改进措施并检查执行情况。

③ 地市分公司的电源运行维护部或类似机构，每季要对分公司设备的运行情况进行综合分析，督促检查改进措施的落实情况，负责写出报告，报分公司主管领导。

④ 省通信公司电源主管部门每半年对全省设备运行情况进行综合分析，对存在的问题提出改进意见，负责写出报告，报省公司主管领导。

⑤ 集团公司电源主管部门每年应对全国电源设备的维修质量情况进行综合分析，找出影响质量的主要原因，制订改进措施并组织落实，将有关情况报告集团公司主管领导并通告全国。

3) 质量监督检查

为完善电信机房电源设备运行中各个环节的质量控制，应建立和完善各级质量监督检查体系，统一领导，分级管理。

(1) 各分公司应设专职或兼职质量监督检查人员，其主要职责如下：

① 贯彻执行本规程及电信机房电源设备维护管理的有关规章制度和各项维护技术标准。

② 经常检查维护质量指标的完成情况，及时了解质量问题，组织落实改进措施。

③ 质量监督检查结果应作为承包责任制的考核内容。

④ 运行中质量问题要坚决做到：责任不清不放过；改进措施不落实不放过；责任者不受到教育不放过。

⑤ 定期开展检查工作，做好检查记录，对检查中发现的重大问题，应督促有关部门尽快解决。

(2) 监督检查的主要内容如下：
① 检查各项规章制度的执行情况，加强生产现场的严格管理。
② 检查各项维护作业计划的执行情况和完成的质量。
③ 检查各项原始记录的填写情况和各项技术资料的建立及保管情况。
④ 对工程质量进行随工检查，做好工程与维护工作的衔接。

(3) 质量监督检查应采取多种方式，包括各公司内自查、互查、专兼职质量监督检查人员的不定期抽查、局间互查等。定期检查的周期：集团公司为一年，省公司为半年，地市分公司为每季。每次检查后应填写汇总反馈表交被检单位，被检单位在收到后两周内将改进落实情况返回检查单位。

(4) 当发生重大质量事故时，应追究有关领导和维护人员的责任。

4) 质量评定

各省通信公司、地市分公司对维护人员的维护工作，根据下列各项进行评定：
(1) 维护作业计划的完成情况。
(2) 所负责维护设备的机械特性、电气特征是否符合要求及所发生的障碍情况。
(3) 处理障碍的速度和准确程度。
(4) 安全生产和遵守规章制度的情况。
(5) 原始记录和技术档案、资料的填写及保管情况。
(6) 技术革新、合理化建议等项所取得的成绩大小。
(7) 设备的完好率、安全供电率等指标情况。

本 章 小 结

(1) 空调器的故障，是指空调器在运行时，出现一些性能参数达不到国家标准或部颁标准的情况。

(2) 基站空调可根据常见故障代码来判断和排除相应的故障。

(3) 机房专用空调器的故障可以分为大、中、小三大类故障，而造成故障的原因主要分为五类。

(4) 空调器故障的感官鉴别方法有眼看、手摸、耳听、测试、检漏等。

(5) 通信机房空调设备因使用年久或其他原因，经维修达不到质量要求时可提出更新计划。

(6) 由空调设备故障造成的通信阻断，按照集团公司的相关规定需进行障碍上报。

复习思考题

1. 风冷式空调器，运行正常时的工作压力和各种温度值应为多少？
2. 空调器运行故障的感官鉴别方法有哪些？

3. 机房专用空调器的常见故障有哪些？
4. 造成高压压力过高的原因有哪些？
5. 造成低压压力过低的原因有哪些？
6. 力博特机房空调不制冷的原因可能有哪些？如何排除？
7. 力博特机房空调制冷效果不好的原因可能有哪些？如何排除？

第 7 章

空调技术与节能技术的发展趋势

第 7 章 空调技术与节能技术的发展趋势

节能已经成为全社会的焦点问题,是关系着全球环境的重点问题。节能减排,走可持续发展道路成为国家"十一五"计划的重要部分,是关系我国经济可持续发展、造福子孙后代的一件大事。

通信机房的节能降耗是一项技术性非常强的工作,不同的实际场景和环境有不同的节能思路、方法和技术。虽然我们已经在机房空调的节能工作中做了大量工作,取得了不少的经验,但就 IDC 机房的节能工作而言,难度还是很大,需要我们在工作实践中继续探索。

可靠性和节能降耗是机房空调专业永恒的主题。节能是努力的重要方向,但节能也是有条件的,那就是必须把可靠性放在第一位,即要在保证通信系统安全运行、各种参数符合标准要求的前提下。当然,经济性也是重要的考量指标,对于以往的部分节能措施,节能不节钱,甚至经济性非常差,投入高于节约的电费,这样的节能措施是有待商榷的。当然,对于目前经济性较差,投资回报暂时无明显优势,但前景比较光明的措施,还是应采取积极的支持态度。

本章将结合 IDC 机房的特点和机房专用空调的特点,对几个节能的方向进行探讨,同时介绍几个已经实施的节能措施,供读者参考。

7.1 精密机房空调水冷系统

由于数据中心的迅速发展,节能减排的压力,对数据中心的 PUE 要求,使得在设计和考虑大型数据中心的空调时,只能优先选用水冷空调系统,也就是中央空调水冷系统。其已成为数据中心空调的首选,如中国电信、中国移动和中国联通在内蒙古信息园的数据中心,规模都很宏大,都选用中央空调水冷系统。一方面,这些系统在 7×24h 不间断运行,它们运行情况的好坏,直接关系到能源的消耗情况;另一方面,这些水系统是否安全运行,则直接关系到数据中心的安全。如何安全运行和维护水系统,对节能减排和运维工作都是一种挑战。

7.1.1 空调水冷系统的组成

冷冻水型机房空调系统主要由制冷主机、闭式冷却塔、环形冷冻水管道、冷却水泵、水冷精密空调机组五部分组成。其示意图如图 7.1 所示。

【参考动画】

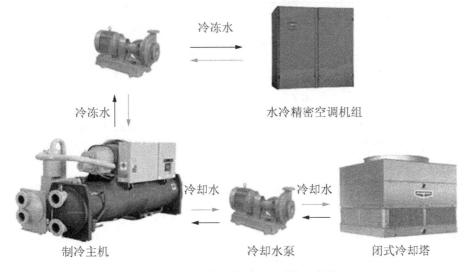

图 7.1 机房精密空调水冷系统示意图

1. 制冷主机

制冷主机是指能生产冷冻水的机械制冷设备。冷水机组为冷却民用建筑而生产的冷水温度一般为7℃，若用于冷却通信机房，此温度常显太低。较高的水温能够减少机房的加湿负荷，提高空调显热比，具有很大的节能潜力。冷水温度较高的缺点是使空调末端换热器配置规格加大。制冷主机一般为$N+1$配置，有一台备机，安装在冷站机房。

【参考动画】

制冷主机的工作原理如图7.2所示。

（1）冷冻水侧：一般冷冻水回水温度为12℃，进入蒸发器与载冷剂做热交换后，出水温度为7℃。冷冻水一般通过风机盘管、组合式空调机组或水冷精密空调机向IT设备提供冷气。由于数据中心的制冷量大，要求温差小、风量大且湿度需要控制，一般采用水冷精密空调机。

（2）冷却水侧：一般冷却水进水温度为30℃，进入冷凝器与载冷剂做热交换后，出水温度为35℃。冷却水一般使用蒸发式冷却塔通过水蒸发来散热降温。

（3）载冷剂侧：载冷剂以低温低压过热状态进入压缩机，经压缩后成为高温高压过热状态载冷剂。高温高压过热状态载冷剂进入冷凝器后，将热传给冷却水而凝结成高压中温液态载冷剂。高压中温液态载冷剂经膨胀装置，成为低温低压液气混合状态载冷剂。低温低压液气混合状态载冷剂进入蒸发器后，与冷冻水进行热交换，冷冻水在此处被冷却，而载冷剂则因吸收热量而蒸发，之后以低温低压过热蒸气状态进入压缩机。

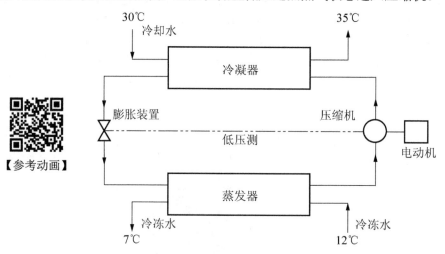

【参考动画】

图 7.2 制冷主机的工作原理

离心式冷冻机组在小负荷时（一般为满负荷的20%以下）容易发生喘振，不能正常运转。因此，在数据中心水冷空调系统的设计中一般先安装一台小型的螺杆式水冷机组或风冷水冷机组作为过渡。

冷水可以是100%的水，或是水与乙二醇的混合物（如管路位于有冻结危险区域），当水中有乙二醇或添加剂时，冷水机组的容量会有所衰减。

2. 冷却塔

冷却塔是将循环冷却水在其中喷淋，使之与空气直接接触，通过蒸发和对流把携带的热量散发到大气中去的冷却装置。冷却塔有各种形状、规格、

【参考动画】

配置与冷却容量。一般一台冷冻机组对应一组冷却塔(便于维修和保证备机系统正常待机)。由于冷却塔需要有环境空气进出的通路,因此通常设置于室外,一般在屋面或架高平台上。对设有冷却塔的通信机房空调系统,应有补水储存,以避免在市政停水时冷却塔失水。在大型空调系统中,冷却塔通常选用横流塔,每台塔由若干个相同的模块组成,根据空调负荷和室外温度灵活控制台数,并配置风机变频调速,能起到很好的节能效果。

冷却水通过冷却塔来降温,由于水会在大气中蒸发,因此要设计安装水处理系统来除垢、除沙尘、除钠镁离子和病菌等,否则将大大降低制冷效率。另外,由于数据中心是全年连续运行的,因此还要制订冬季防结冰措施。

3. 环形冷冻水管道

由于数据中心需要连续运行,因此冷冻水的进水和回水管道都要设计成环路,大型数据中心可能设计成二级或三级环路,这样在局部冷冻水管道或阀门发生故障时,可以关闭相邻的阀门进行在线维护和维修。为了便于日后的维护、维修、更换和扩展,需要安装设计相当多的阀门。为了防止漏水和提高使用寿命,需要选择优质的阀门,有些工程使用优质无缝钢管,甚至不锈钢钢管。冷冻水管和冷却水管不允许经过机房区域。在水管经过的区域需要设置下水道和漏水报警设备。为了节能和防止冷凝水,冷冻水管和冷却水管都要采取严格的保温措施。典型的冷冻水循环管道回路如图7.3所示。

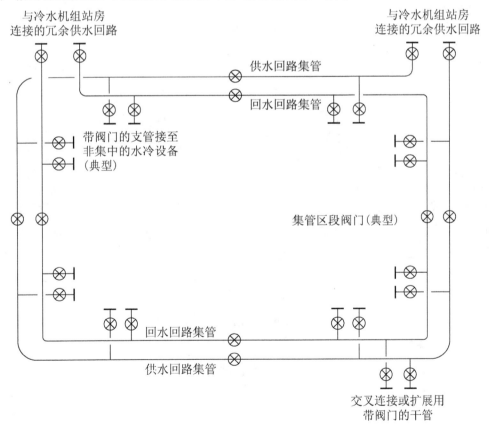

图7.3 冷冻水循环管道回路

4. 水泵

冷冻水空调系统中主要的水泵是冷冻水循环水泵和冷却水循环水泵,泵系统设计应考虑节能、可靠性与冗余度,在满足安全的情况下,水泵配置在设计时通常可配变频调速装置,并采用高效电动机,这样对于每周7天,24h运行的泵来说,节能效果很显著。

水泵的节能除采用变频装置外,还应采用较大直径的管道、尽量减少管道长度和弯头、采用大半径弯头、减少换热器的压降等。冷冻机房、水泵、冷却塔、板式换热器和精密空调尽量设计安装在相近的高度以减少水泵扬程。

5. 水冷精密空调机组

冷冻水型专用空调机组主要结构分为两部分:风机段和制冷盘管。其他选配件包括电加热器、电极式加湿器等。冷冻水管接管位置设置在机组的背面或侧面;通常该机组的送风方式采用下送风,风机段安装于高架地板之下,空气从机组顶部吸入,从机组底部送出;采用大风量小焓差设计原则,显热比大;在典型工况下(回风温度24℃,相对湿度50%,进、出水温度为7℃和12℃)的制冷量为30~210kW,风量为9000~50000m^3/h;送风机配置EC调速外转子式电动机将有良好的节能效果。

为了保证IT设备的绝对安全和便于设备检修,推荐设置物理上独立的空调设备间,四周做拦水坝,地面做防水处理和设置排水管道,安装漏水报警设备。推荐采用$N+1$或$N+2$的冗余配置方案。

冷水机组、冷却塔、环形冷冻水管道、水泵和专用空调五部分是冷冻水空调系统的主要耗能设备,除以上主要设备外,还有一些附属设备,包括分水器、集水器、水处理器、补水泵、定压装置、蓄冷罐等,在此不一一赘述。空调水冷系统的整体结构如图7.4所示。

【参考图片】

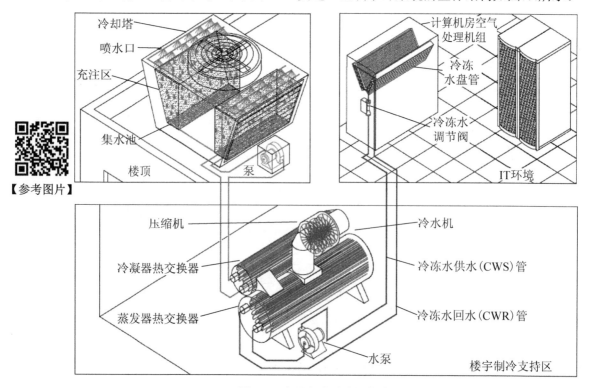

图7.4 空调水冷系统的整体结构

由于大型数据中心的水冷空调系统的电力负荷很大，一般需要为水冷空调系统设计独立的配电室。

由上述内容可以看出，水冷空调系统比较复杂，成本也比较高，维护也有难度，但是能满足大型数据中心的冷却和节能要求。

7.1.2 免费冷却技术和数据中心选址

免费冷却(Free Colling)技术指全部或部分使用自然界的免费冷源进行制冷，从而减少压缩机或冷冻机消耗的能量。常见的免费冷源如下：

(1) 中北部地区的冬季甚至春秋季，室外空气中储存大量冷量。
(2) 部分海域、河流、地下水水温较低，储存大量冷量。
(3) 部分地区的自来水中也储存了大量冷量。
(4) 压缩燃气在汽化过程中产生大量冷量。

目前常用的免费冷源主要是冬季或春秋季的室外空气。因此，如果可能的话，数据中心的选址应该在天气比较寒冷或低温时间比较长的地区。在中国，北方地区都非常适合采用免费冷却技术。

数据中心在环境温度较低的季节，将室外空气经过过滤后直接送入机房作为冷源，也能节省大量能源，称为风冷自然冷却。这种自然冷却方式的原理比较简单，成本也比较低，但存在以下不足之处：

(1) 要保证空气的洁净度不是一件容易的事。虽然可以通过高质量的过滤网保证空气的洁净度，但由于风量特别大，需要经常清洗更换，同时巨大的阻力也要消耗相当的能源。

(2) 湿度不好控制。加湿和除湿都相当地消耗能源。如果采用简单的工业加湿设备，需要对加湿的水源进行高度净化(成本比较高)，简单的软化水不能满足要求(对设备有害，长时间使用会在设备内部形成一层白色物质)。

(3) 温度过低，容易结露并需要除湿。因此，需要进行细致严格的保温处理。

(4) 对于大型数据中心，由于距离远，风量特别大，这样就需要很大的风道，因此风机的电能消耗也非常大。实际的设计和安装也是很困难的事。

(5) 不可能实现全年自然冷却，夏季的制冷方式还需要安装单独的空调设备。

由于在大型数据中心中对自然环境要求较高，因此不推荐使用风冷自然冷却方式。

采用水冷空调系统，当室外环境温度较低时，可以关闭冷水机组，采用板式换热器进行换热，称为水冷自然冷却。这样减少了开启冷机的时间，减少大量能源消耗。湿球温度在4℃以下时可以满足完全自然冷却，在湿球温度为4～10℃时可以实现部分自然冷却。例如，在北京，一年内平均有5个月可以实现完全自然冷却，有2个月可以实现部分自然冷却。节能效果将是非常明显的。

以上介绍的水冷自然冷却由于只需要增加一台不需要动力的板式换热器，投资和占地都比较少，是我们推荐的大型数据中心的最佳免费制冷节能方案，该系统的原理如图 7.5 所示。

上述带自然冷却水冷空调系统中具有以下三种工作方式：

(1) 夏天完全靠冷水机组制冷，通过阀门控制使得板式换热器不工作。夏季工作模式如图7.6所示。

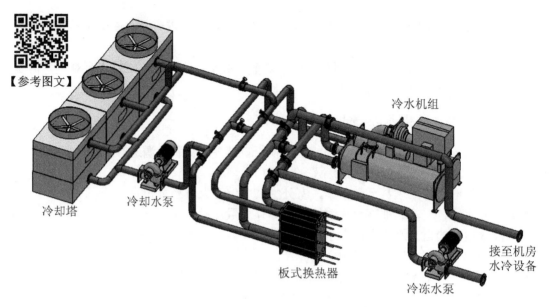

图 7.5 水冷自然冷却系统的原理图

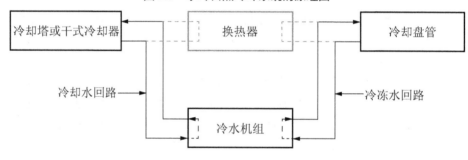

图 7.6 夏季工作模式

(2) 冬天完全自然冷却，冷水机组关闭，通过阀门控制冷冻水和冷却水只通过板式换热器。冬季工作模式如图7.7所示。

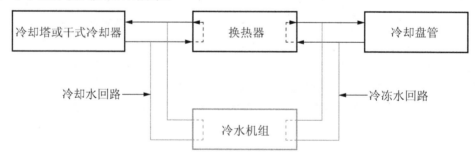

图 7.7 冬季工作模式

(3) 春秋季节部分自然冷却。这时冷却水和冷冻水要首先经过板式换热器，然后经过冷冻机组，阻力要大一些，水泵的扬程在设计时相应大一些。春秋季工作模式如图7.8所示。

由于天气在不断地变化，上述三种工作方式也将不断进行转化。为了减轻运维人员的工作量且能精确控制，所有阀门建议采用电动阀，在空调系统管道若干位置加装可以自动采集数据的温度计、流量计和压力表等，通过一套自动化控制系统全年按最佳参数自动运行。

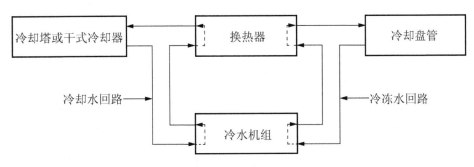

图 7.8 春秋季工作模式

对于大型数据中心，由于制冷量特别大，同时考虑到降低 $N+1$ 备机的成本，一般采用 2+1、3+1 或 4+1 系统，为了便于检修和提高整个系统的可靠性，推荐蒸发式冷却塔、水泵、板式换热器和冷冻机组一对一配置。

7.1.3 采用变频节约技术

我们知道，空调系统的制冷能力和环境密切相关，夏天室外温度越高，制冷能力越低，因此大型数据中心空调系统的制冷量都是按最差(夏天最热)工况设计的(空调的制冷量一般要比其在理想工况下的额定值低，这时建筑物本身不但不散热，反而吸热)。这样，全年绝大部分时间空调系统运行在负荷不饱满状态。另外，大型数据中心的IT负荷从零到满载也需要相当长的时间，一般也在1～3年。还有，IT负载的能耗和网络访问量或运行状态相关，根据其应用的特点，每天24h的能耗都在变化，一年365天的能耗也都在变化。例如，游戏服务器在早上的负载和能耗都比较低，但在晚上就比较高；视频服务器在遇到重大事件时的负载和能耗比较高。

因此，我们强烈建议在水冷空调系统中所有电动机采用变频系统，这样可以节约大量的能量，其增加的投资一般在一年内节省的电费中就可以收回(基本满负荷情况下)。要注意的是，在选用变频器时，一般要求谐波系数小于5%，不然将对电网造成不良影响。对于风机和水泵，输入功率和这些设备的转速的三次方成正比。例如，如果风机或水泵的转速为正常转速的50%，仅需要同一设备运行在100%额定转速时理论功率的12.5%。因此，当设备运行在部分负荷时，变速装置的节能潜力十分明显。

1. 变频冷水机组

冷水机组采用变频电动机并做相应的特殊设计，节能效果非常明显。根据YORK公司提供的文件，其变频冷水机组不仅能大大降低喘振，而且重启时间从一般的3～5min减少到25～50s。表7-1是YORK公司提供的一台制冷量1000冷吨的变频冷水机组相对常规定频机组不同负荷的节能效果，负荷越低，节能效果越明显。

表 7-1 定频和变频在不同负荷时的节能比较

负荷百分比	定频机组 COP	变频机组 COP	变频机组节能效果
100%	5.959	5.850	-1.83%
90%	6.458	6.704	3.81%
80%	6.877	7.706	12.05%

(续)

负荷百分比	定频机组 COP	变频机组 COP	变频机组节能效果
70%	7.218	8.885	23.10%
60%	7.534	10.341	37.26%
50%	7.779	12.124	55.86%
40%	7.402	11.720	58.34%
30%	6.354	10.763	69.39%
20%	5.409	8.901	64.56%
15%	4.807	8.011	66.65%

即便是数据中心处于满负荷状态，但由于数据中心的冷水机组需要常年运行，而室外的气温不断变化，对应冷却塔的供水温度也在不断变化，压缩机的工作压头也随之变化，在这种情况下，采用变频驱动的离心机组能够不断地根据压头的变化调节转速，达到节能效果。表 7-2 为机组在室内负荷恒定，机组 100% 满负荷运行状态下，定频机组与变频机组的节能比较。

表 7-2 定频和变频在不同冷却水温时的节能比较

冷却水温度/℃	定频机组 COP	变频机组 COP	变频机组节能效果
32	5.96	5.851	-1.83%
31	6.053	6.053	0.00%
30	6.224	6.268	0.71%
29	6.405	6.488	1.30%
28	6.585	6.724	2.11%
27	6.75	6.964	3.17%
26	6.936	7.206	3.89%
25	7.104	7.435	4.66%
24	7.226	7.695	6.49%
23	7.435	7.956	7.01%
22	7.612	8.178	7.44%
21	7.78	8.494	9.18%
20	7.938	8.792	10.76%

2. 变频冷却塔

冷却塔采用变频电动机可以在部分负荷和满负荷的不同气象条件下实现节能效果。一般冷却塔的变频电动机根据冷却水的温差进行控制，温差一般为 5℃，若高于 5℃，将降低频率减少冷量来降低温差，若低于 5℃，将增加频率加大风量来提高温差。另外，冷却水的温度越低，冷水机组的效率就越高。根据 YORK 公司在网络上公布的材料，冷却水温度每提高 1℃，冷水机组的效率就要下降 4% 左右。因此，在进行冷却塔的变频控制时还要考虑这个因素。

3. 变频水泵

冷却水和冷冻水的水泵由于常年运转，耗能相当惊人。变频水泵可以在部分负荷时通过降低水的流速来节能。一般变频水泵的变频电动机根据冷却水或冷冻水的温差进行控制，温差一般为5℃，若高于5℃，将降低频率减少流量来降低温差；若低于5℃，将增加频率加大流量来提高温差。为了降低水泵的扬程和能耗，建议冷冻机房、冷却塔和机房的垂直距离越小越好。

4. 水冷精密空调采用调速(EC)风机

调速风机一般根据回风温度控制风机的功率，若回风温度较低，就降低调速风机的功率减少风量；若回风温度较高，就提高调速风机的功率增加风量。根据艾默生公司提供的材料，采用下沉方式安装调速风机(图7.9)还可以进一步节省能耗，对于能够提供16400CFM(每分钟立方英尺)风量的精密空调设计安装三台风机，采用普通风机、普通EC风机和下沉式EC风机分别对应的风机功率为8.6kW、6.9kW和5.5kW。

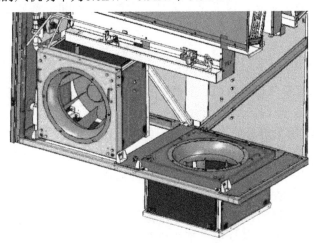

图 7.9 下沉式 EC 风机

7.1.4 提高冷冻水的温度节省能源

冷水机组标准的冷冻水温度为 7～12℃，水冷空调的标准工况也是认为冷冻水温度为7～12℃。但是这个温度范围对于数据中心来说有点低，带来以下两个不利因素。

(1) 这个温度大大低于数据中心正常运行在 40%左右相对湿度的露点温度，将在风机盘管上形成大量的冷凝水，需要进一步加湿才能保持机房的环境湿度。这个除湿和加湿过程都是非常消耗能量的过程。

(2) 冷冻水的温度和冷水机组的效率成正比关系，也就是说冷冻水的温度越高，冷水机组的效率也就越高。根据 YORK 公司在网络上公布的材料，冷冻水温度每提高 1℃，冷水机组的效率就可以提高约 3%。

目前，在集装箱数据中心和高功率密度的冷水背板制冷技术中都把冷冻水的温度设计为12～18℃，已经高于露点温度，完全不会除湿，也就不需要加湿。冷冻水的温度提高后，水冷精密空调的制冷能力会下降，实际的制冷能力需要厂家提供的计算机选型软件来确定，一般会下降 10%~15%。但是由于冷冻水温度提高后很少或基本不除湿和加湿,加上采用 EC 调速风机,电动机产生的热量减少,整个水冷精密空调的实际制冷能力(显冷)下降并不多。

7.1.5 选择节能冷却塔设备

冷却塔本身的结构和体积决定着消耗能量的多少。对于一般的高层写字楼,由于安装冷却塔的位置有限,一般选择体积小的冷却塔,为了达到规定的散热量,只能加大风机的功率,靠强排风来加大蒸发量。

如果安装场地允许,请选择体积较大的冷却塔来节能能耗。根据某公司的冷却塔招标信息,相同的制冷量,益美高推荐产品的电动机功率为55kW(体积比较大),马利推荐产品的电动机功率为120kW,BAC推荐产品的电动机功率为90kW。可以明显看出,大体积的冷却塔明显比小体积的冷却塔节能。在制冷能力等条件相同的情况下,尽量选择风机功率小的冷却塔。

依据风机轴功率与转速的三次方成正比,对多台冷却塔采用变频装置运行可能比单台冷却塔风机全速运行效率更高。对于风机选型,螺旋桨式风机一般比离心式风机的单位能耗低。

7.1.6 科学运维节约能源

大型数据中心通过科学运维可以大大提高空调系统的节能效率。常用的科学运维措施包括以下方面:

(1) 人走关灯和关闭大屏幕显示器,减少照明产生的能耗及相应增加的制冷量。
(2) 尽量减少运行新风系统。在机房无人时关闭相应区域的新风系统。
(3) 建议冷通道的温度不低于25℃。定期检查冷通道的温度以免过度制冷造成能源浪费。
(4) 定期检查地板,防止各种方式的漏风。
(5) 冷通道必须完全封闭,机柜上没有设备的区域必须安装盲板,没有负荷的机柜区域不能安装通风地板。每次设备变更,都要进行检查。
(6) 在能够满足制冷的条件下尽可能提高冷冻水的温度,最高为 12~18℃。
(7) 在气象环境满足的条件下,尽量使用全自然或半自然免费制冷。
(8) 定期核对数字采集数据和模拟显示仪表的数据是否一致,若发现数据存在误差,则立即更换有关采集设备或仪表。
(9) 对于还没有使用的独立机房区域,关闭所有机电设备,包括冷冻水管道的阀门。
(10) 定期检修和清洗冷冻机组内的铜管和冷却塔,确保其工作在最佳状态。
(11) 对于低负荷的机房,如果精密空调没有 EC 风机,就要关闭相应的空调;如果是 EC 风机,要通过实践摸索出更节能的空调运行方式。

7.2 通信机房专用空调系统的节能

近年来,全国通信网络规模和用户规模不断扩大,通信企业设备运行的耗电量已经成为不断增加的重要成本。在众多的用电成本中,空调用电费用占有相当大的比例。据调查,在机房中仅精密空调的运行耗电量就占机房总用电量的50%以上,在数量众多的基站、模块局中，空调用电量基本占基站或模块局用电量的 70%左右。因此，如何降低机房空调用电的开支，成为通信企业迫切需要研究的重要课题。

采用正确、合理的综合解决方案可以有效减少空调的运行时间，在节约空调用电的同时延长空调的使用寿命，提高能源利用率，保护环境，减轻国家能源的供需压力。

对于通信机房这类几乎全年都需要向外排热的特殊场所，全年运行空调能耗很大，目前国内存在以下几种节能手段。

7.2.1 机房温湿度设定值节能控制

在满足机房工艺的前提下，确定合理的温度、湿度值和新风量，可以降低电信运营成本，同时延长空调设备的使用寿命，是节能的重要体现。通过部分机房现场测试，发现机房空调设置温度每调高 1℃，可以节能 5%～12%。

(1) 考虑电信机房的空调一般始终处于制冷状态，所以设定温度值越高越节能。

(2) 在温度优先原则下，放宽湿度控制标准，可根据季节的不同，改变湿度的设置值；如夏季的室内相对湿度值可适当提高，减少空调的除湿时间；冬季机房相对湿度值尽量降低，减少空调的加湿时间。对于一些等级低的机房，可以考虑关闭空调加湿和加热功能。

(3) 需熟知机房所有设备的工作温度，温度控制不好会降低通信设备寿命，最好在选用通信设备时就选用耐高温性设备。

(4) 不用才是最省的，该法属于典型的防守性节能，不会增加任何成本，而且节能效果明显。

7.2.2 空调自适应节能控制技术

机房专用空调自适应节能控制技术充分利用通信机房空调冷量的富裕量而达到节能的目的。机房空调冷量的设计原则为 $N+1$，其中 N 为夏天最高气温时的全冷量需求，1 为备用机组台数。当 N 能满足全部冷量需求时，则机房冷量的富裕量是很大的，其富裕量主要体现如下：

(1) 一台备用空调的冷量。

(2) 昼夜之间温差较大，即使夏天也可达 10℃。

(3) 季节温差，如上海地区冬夏季温差达 30℃以上。

因此，可以利用空调自适应控制原理，解决最需要解决的通信设备的环境控制问题。

(1) 自适应由点到面：改变专用空调只利用本机回风口传感器的温、湿度值，无法监测整个机房平面的真实环境温、湿度数据，准确性不够的状况，对整个机房的温、湿度整体进行控制。

(2) 自适应由"单兵"到"团队"作战：改变"空调群"的组合使用过程中各自为政，甚至出现机房内有的空调在制冷的同时有的在制热，使用极不合理的状况，使空调机组协同工作。自适应由"缺陷"到"合理"：改变由于机房机架排列、建筑结构、线缆走向排序等复杂客观因素，造成空调机组的气流组织缺乏优化处理，使机房内温差大的情况，使机房温湿度达到理性控制的目的。

其工作原理如下：

(1) 模糊控制技术：自动跟踪昼夜、季节、地区、机房内区域环境温、湿度值的变化。

准确计算通信机房各"区域"与外部环境温、湿度值之间的关系。

(2) PID 技术：动态调整空调的设定温度、湿度、修正值等参数，根据空调设备的实时运行状况，配以智能化的控制算法软件，优化压缩机的运行周期，平衡空调设备供冷量与目标温湿度值之间的关系。

① 比例幅度(P)——稳定：是实际温度与设定温度之间的允许偏差，以℃表示。

② 积分控制(I)——准确：是由实际温度与设定温度的差值大小及差值持续时间长短来决定的。积分控制是对总控制输出连续轻微地增加或减小制冷或加热，以使实际温度续渐靠近并到达设定值。

③ 微分控制(D)——预期：是根据温度的变化速率而做出反应的。温度变化越快，微分控制便会越大。微分控制可以阻止因负荷突然变化造成实际温度过度偏离温度设定值，起到预期控制的作用。

(3) 计算机温度场模拟技术：根据机房不同的工况条件、空调冷量分布、风量扩张循环等综合数据，提高优化冷量利用效率，排列出空调优先资格顺序，达到冷量效率最大化。精确控制"$N+1$""$N+0$""$N-1$"等台空调数量的开启与关闭，使空调始终处于最佳工作状态，有效地实现机房整体环境的恒温恒湿，提升通信设备的环境安全、节约空调能源消耗、延长空调机组的使用寿命。

7.2.3 采用高效机房空调

从机房空调演变过程可以知道，机房空调的效率一直在提高。例如，机房空调的压缩机从半封活塞到全封闭活塞式，再到全封闭涡旋式，能效比增强 25%左右；所以我们现在采用全封闭涡旋式压缩机比 20 世纪 80 年代初期的空调设备要节能 25%；另外，在空调的室内送风系统中，风机电动机直联比风机皮带传动节能，而涡旋直联风机又比前两者更节能，如涡旋风机比皮带传动要节能 20%以上。

(1) 为了节能，优先选用高效压缩机和风机。

(2) 分析在网的空调设备，对高耗能老型号设备建议淘汰。

7.2.4 通信机房建筑节能

早先一些机房由于设计较早，未考虑机房建筑节能，围护结构传热损失比较大，加上一些大楼内机房和办公用房混用，建造时为追求建筑立面效果，窗墙比例偏大，并大量采用玻璃幕墙，这些因素均增加了空调负荷，导致机房空调系统的浪费。

(1) 通信机房建筑进行机房节能设计。例如，玻璃窗和墙体采用保温隔热性能好的材料。

(2) 在需要对室外新风进行冷却的季节，新风量越少越节能；所以要确保机房的密闭性，减少漏风等新风进入机房。

7.2.5 采用新型环保制冷剂

目前，机房空调使用的制冷剂为氟利昂 R22，依据蒙特利尔协定将于 2030 年停止使用。近年来，市场上替换品以亚共沸制冷剂为多，如 407C、418A、410A(需重新制作系统)等，环保同时有一定节能效果。更换新型制冷剂后，一方面达到了对臭氧层的环保要求，另一方面在合理调整空调运行工况后新型制冷剂可适当降低空调压缩机运行电流。

(1) 有一定节能效果，但和厂家资料有出入。例如，某制冷剂，推广厂家资料显示节能效果在9%～15%；现场自己做的节能效果为5%～8%，测试人员不同、测试方法的差异导致节能效果差异很大。

(2) 实际操作步骤较麻烦，需对制冷剂进行回收，最好由专业人员进行操作，更换费用较高。

7.2.6 添加耐磨剂

专用空调是按照大风量、低焓差的原理设计的，能效比明显优于民用空调，属于节能型空调，要进一步提高效率、降低能耗有一定难度。由于考虑到目前专用空调部分还是采用活塞式压缩机，因此采用冷冻油添加剂增加润滑，减少压缩机的运行阻力，同时增强冷凝器和蒸发器的换热效率是解决方法之一。

极化分子添加剂技术起源于美国，最早用于军事领域，1996年开始民用，对于减少机件摩擦效果十分明显，可以提高润滑度1500%，将其用于空调冷冻油添加剂，将大幅提高压缩机效率。

极化分子冷冻油添加剂的机理如下：极化分子带有电荷，这种分子对金属表面具有极强的亲和力，在制冷循环的压缩机、冷凝器、蒸发器、管路的内表面形成一层单层分子薄膜，在形成过程中，逐步驱赶原来附着在金属表面的沉淀物和冷冻油膜，直至极化分子布满制冷循环系统内壁。添加耐磨剂前后对比如图7.10所示。

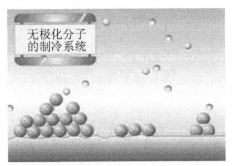
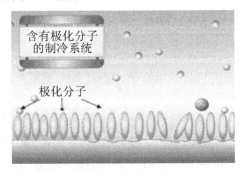

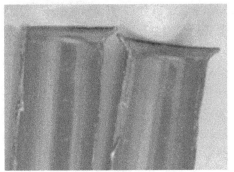

(a) 添加前　　　　　　　　　　(b) 添加后

图7.10　添加耐磨剂前后对比

为制冷系统添加极化分子有如下几个好处。

(1) 减小压缩机的活塞环与缸壁的摩擦阻力，同工况下减小压缩机的输入功率。

(2) 保护压缩机的摩擦部件损耗，增加压缩机内密封，延长压缩机寿命。

(3) 阻止氧化，提高金属抗氧化能力 78%。

(4) 由于润滑度提高，因此降低压缩机起动电流冲击。

(5) 降低压缩机的噪声和振动。

(6) 极化分子具有趋油作用，有利于制冷系统回油，避免制冷系统的油堵和脏堵。

(7) 减少压缩机冷冻油的更换次数。

极化分子冷冻油添加剂的加注方法很简单，仅需要使用手动泵连接空调加液口，按每冷吨 0.5 盎司或冷冻油量 5% 的比例加注，10min 可以完成 1 台。机组在添加极化分子后，15 年内不需要再次添加(极化分子具有自我修补能力)。因为一般专用空调的使用寿命在 12 年左右，所以一台空调终生添加一次即可。

7.2.7 关闭备用空调

在空调能量满足机房要求的条件下，部分空调的压缩机就不再工作，而这些空调的风机仍然在继续工作，开启的风机在不停地输送空气气流，消耗能量，因此可以在满足机房负荷和气流循环量的情况下，关闭备用空调，节约风机工作的能量。一些机房空调厂家已经提供联机热备份和轮换功能，可以使用此项功能关闭备用空调，柜式空调可以采用人工方法关闭。

(1) 费用低，由于风机运行时间长，关闭备用风机有一定的节能效果。

(2) 仅适用于机房负荷较小，空调富裕有备机的机房。

7.2.8 机房空调压缩机采用变频技术

传统的机房专用空调，是依靠压缩机不断地"开、停"来调整室内温度的；而变频技术是对机房专用空调压缩机加装变频器，通过变频器来改变压缩机的供电频率，调节压缩机转速，依靠压缩机转速的快慢达到控制室温的目的，避免了压缩机频繁启停。

(1) 变频器的使用避免了压缩机的频繁启停，对延长压缩机的使用寿命和防止机房温度波动有好处。

(2) 这种方法需外加变频器，操作性差；变频器本身要消费电能，会产生谐波，通信机房空调普遍采用 $N+1$ 配置，导致节能效果不明显。

7.2.9 装设水喷淋装置

IDC 机房的主要热源具有发热的相对均衡性和显热性，为保证机房的运行要求，机房空调基本上长期连续运行。随着通信设备集成度的不断提高，通信设备向密集型、高负荷发展，单位机架用电量从最初设计容量的 8A 提高到 13A、16A、20A，甚至更高，造成机房热负荷持续增大，空调排列越来越密集。

通信机房在局房建设时因受种种条件限制，风冷型空调配套的室外机平台预留不够充分，造成个别机房专用空调配套室外机安装间距较密，散热效果受到很大的影响，不利于机房专用空调系统充分发挥最大效能，降低了其制冷效率。有些机房通过室内空调扩容和室外机移位，达到机房发热量和制冷量匹配、散热量和环境温度匹配，从而有效抑制机房温度的攀升。但由于受到室外机安装位置的限制，室外机摆放过密，环境温度逐年升高，散热环境温度高，一些负载较大的空调在高温环境下工作电流大，经常出现高压跳机导致空调停机的现象。

在室外机背面位置安装滴水雾化装置来降低冷凝器进风侧空气的温度，增加冷却侧的散热效率，提高了空调的经济性能及安全性能，不会损伤到空调设备的可靠性及使用寿命。

雾化喷淋的工作原理：通过对空调室外机的水喷淋，可以降低室外机的工作温度。通过高速直流电动机的大于 10000r/min 的转速，可将每一滴水雾化成原水滴体积的 1/500 左右，使蒸发速度加快。由于水滴的体积大大缩小，因此雾化蒸发速度比水滴的蒸发速度快 300 倍以上。雾化喷淋使得水喷淋到空调室外机冷凝器散热片上时能够产生从液态到气态的物理相变，使吸收的热量大大增加。水从液态到气态吸收热量为水升温 1℃吸热的 539 倍，在很短的时间内使冷凝器背后局部降温 2～5℃。考虑功率损耗及效率等因素，其散热能力也可以比一般的喷淋高。水也是能源，不能浪费，雾化器将每一滴水都打成雾状，基本不浪费一滴水。雾化喷淋的原理如图 7.11 所示。

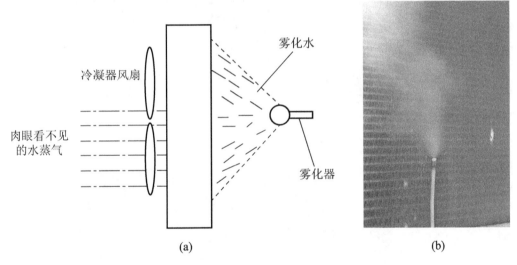

图 7.11 雾化喷淋的原理

其主要特点和优势如下：

(1) 改变空调冷凝器工况条件使冷凝器冷凝效果大大改善，可降低冷凝器的内部压力。例如，启动该系统后，机房专用空调的室外冷凝压力可以从原先的 23～24kgf/cm² 降低至 18～19kgf/cm²，下降 4～5kgf/cm²，即冷凝温度从 60℃降低至 50℃，降温达 10℃之多，节能效率约为 20%。

(2) 经雾化后，冷凝器的清洁度大大提高，铝翅片不再积满灰尘，使散热效果大大提高。

(3) 一些负载较大的空调机以前经常会高压跳机，使用了冷凝器雾化装置后由于降低了冷凝器的内部压力，使高压停机的故障大大降低，恢复到较佳空调运行工况。

7.2.10 机房空调冷凝热回收利用

空调在制冷时要通过风冷冷凝器排出大量的热量，而且排气温度和冷凝温度之间存在的巨大过热度会消耗相当一部分冷凝器盘管面积，如果预先将该部分过热去掉，将相对地增加冷凝面积而不增加成本。可以在冷凝器之前增加热回收器制取生活热水，通过对机房空调的改造，冷水通过水流量开关进入热交换器入口，水流量开关控制冷凝水的温度和水量，热回收装置通过逆流循环将机组运行所排放的大量废热回收再次利用，降低制冷剂温度的同时制取为 45～60℃ 的生活热水。

冷凝热回收节能改造的核心技术是冷凝热回收采集器，实现空调压缩机在制冷运行中排放出的高温载冷剂蒸气与被加温冷水的热交换，将压缩机排出的热量转换成可利用的热水，其实质是一个高效的板式热交换器。冷凝热回收器的内部结构如图 7.12 所示。

(a)

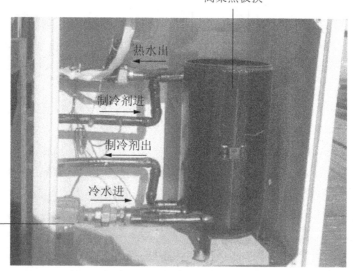

(b)

图 7.12　冷凝热回收器的内部结构

（1）一方面，降低了空调废热的排放，夏季可以很好地降低冷凝压力，提高了空调的制冷效率，达到节能的目的；另一方面，获取了免费热水，如可以供给外线人员洗澡用；综合效果比采用冷凝器单纯使用水喷淋的效果要好。

（2）需对空调进行改造，加装水冷凝器也会增加成本；冬季情况下不易控制。

实际案例：

本次试点所在的某 IDC 是省内第一个五星级机房，也是该地区最大的 IDC 机房，本次工程选取 IDC 中心一期机房空调进行冷凝热回收技术测试，测试的水源为城市自来水，水源经过水质处理后引入保温水箱，通过水泵将水打入机组进行循环加热处理，直到达到需要的水温后，送到半地下水箱进行保存。

工程实施后，节能测试情况见表 7-3。

表 7-3 冷凝热回收节能改造测试表

	出水温度	节电	节约电费	节电率	获取热水质量
测试一	50℃	142kW·h	123 元	4.75%	27t
测试二	45℃	199kW·h	172 元	7%	93.5t

从使用效果来看，采用机房空调热回收方案，改善机房空调性能，机房空调外机的风扇可以停止运行，压缩机电流也有了一定的下降，机组的能效比得到显著提高，由于冷凝条件的改善，机房空调的使用寿命延长，机房运行更安全。

本方案在降低 IDC 机房空调能耗的同时获得了免费的热水，这些热水数量非常巨大，但由于热水的水温不是太高，故不适合运输，就地消化比较理想，如可以供给附近的宾馆、酒店、浴场等服务行业或者需要大量工艺热水的制造业，综合收益会比较理想。

7.2.11 加装水冷热交换装置

目前，通信机房枢纽大楼的特点主要有以下几点：

(1) 高密度、高热量：通信机房内的机柜、仪器每年都在不断增加，随着设备的体积越来越小，单位平方内的发热量也越来越大。

(2) 空调设备陈旧：通信机房枢纽大楼内的机房专用空调很多都已超出空调最佳使用期 5 年，空调使用效果也在逐年降低，影响了机房整体的制冷效果。

(3) 冷凝环境恶劣：通信机房枢纽大楼内空调冷凝器一般都铺设于各个楼层的阳台上，或者集中摆放于顶楼或裙楼的屋面，这样密集的摆放，会导致空调冷凝器散热效果很差，形成热岛效应，影响空调的使用。

(4) 室外冷凝器工作噪声大：由于冷凝环境温度过高，冷凝器必须满负荷工作，因此造成风机高速运转，过大的机械噪声及空气流动噪声会扰民，不利于环保。

针对以上通信机房的特点，目前常用的有两套完善的系统改造方案——机房空调冷凝器水预冷和水再冷改造，能满足通信行业节能、降耗、减排、降噪的目的，并有效降低夏季机房空调的维护时间，提高通信机房的工作效率。

1. 水预冷系统

机房空调冷凝器水预冷改造，是指风冷型机房空调在压缩机排气口与风冷冷凝器进气口之间的管路上，串联一台壳管式水冷冷凝器(图 7.13)，进行双冷源冷凝换热，优先进行水冷换热，从而降低风冷冷凝器的冷凝负荷，提高空调换热效率，降低空调室外机噪声，达到节能、降耗、减排、降噪的目的。

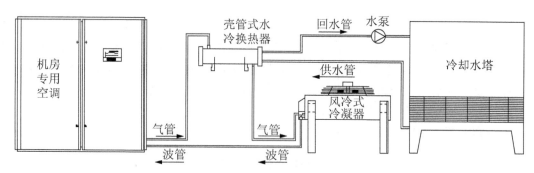

图 7.13 水预冷系统的结构

该系统适用于各类通信机房,尤其是夏季高温天气或空调风冷冷凝器密集布置时使用,效果更为显著。同时,可应用于机房内各种品牌型号的空调,包括佳力图(CANATAL)、艾默生(EMERSON)、斯图斯(STULZ)、力博特(Liebert)、海洛斯(HIROSS)、梅兰日兰(MerlinGerin)等国内一线、二线品牌。不管机房空调采用的是单制冷系统还是双制冷系统,都可采用该系统完成节能改造工程。

在我国南方采用该系统,进行节能改造,每年有效运行时间约为七个月。而在北方因平均气温过低、天气寒冷,每年的有效运行时间约为五个月。

如若延长该系统的有效运行时间,可在供水系统中增加乙二醇自动/手动补充系统,利用二乙醇溶液的防冻特性,可保证该系统在冬季也能正常运行。

2. 水再冷系统

与水预冷类似,只是将壳管式水冷换热器安装在风冷式冷凝器之后(图 7.14),机房空调压缩机排出的高温高压的制冷剂气体先经过冷凝器散热,再通过水冷热交换装置,从而提高空调的换热效率,达到节能降耗的目的。

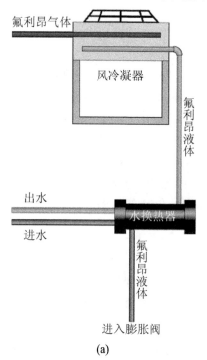

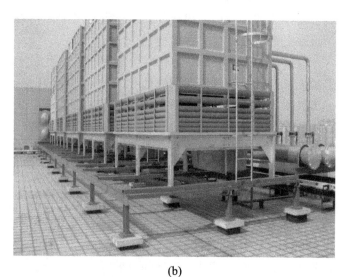

(a)　　　　　　　　　　　　(b)

图 7.14 水再冷系统的结构

实际案例：杭州某机房项目改造采用水再冷方案。
改造费用：21万元。
改造设备：佳力图9AU20设备10台(单台制冷量71.6kW)。
测试方式：挂表测试。
计算方式：以每年开启五个月，电价为1.0元/kW·h。
测试结果：若改造系统未开，则每天平均耗电5098kW·h；若开启该系统则耗电量为4541kW·h，每天平均可节约电能557kW·h。

按照计算方法：(5098-4541)kW·h×150天/年×1元/kW·h=83550元/年
　　　　　　　210000元÷83550元/年=2.5年(即2.5年可收回成本)

水冷热交换装置优缺点分析：

1) 增加了一套新冷源，空调机从此具有双冷源

水冷改造就是在原空调制冷原理不变的情况下额外增加一套新冷源，空调机从此具有了双冷源：风冷+水冷。水冷是目前常用的最为稳定的冷源，无论气温、天气状况如何恶劣，都能提供稳定的冷却效果。

空调具备双冷源后可以根据需求选择使用其中一种冷源或水冷加风冷同时使用，这时水冷可以承担大部分的冷却任务，风冷室外机工作时间大大降低，即使其中一种冷源如室外机出现故障，停止工作，水冷系统仍然可以保证空调的正常工作，这一点同时也极大地保障了机房的安全。

2) 零腐蚀性

水冷改造直接冷却氟利昂，对原室外机无任何负面影响，相比之下，水喷淋、潜热过度装置等方案均属于增加空气湿度，降低室外及周边温度的方式，由于室外机长期处于高热、高湿的环境内，势必加速室外机翅片的腐蚀。

3) 节能效果显著

按照同类改造项目改造前后的节能测试，水冷系统节能率一般在10%以上(因气候、机房实际情况不同略有差异)。

4) 系统本身使用寿命长

水冷系统所用材料、设备采用中央空调的建设要求，使用寿命接近大型中央空调的使用寿命，显而易见，即使在机房空调报废后再更换下一批空调时，本系统仍然可以正常使用。

5) 维护工作量大大降低

水系统运行稳定，投入使用后，机房空调夏季高温高压现象将大大减少，空调故障率及维护工作量将大大降低，同时，系统本身维护简单，只需定期清洗过滤器，每年冬季换水保养一次即可。

综上所述，水冷系统具有安全、稳定、使用寿命长、故障低、维护简单、节能效果显著、对原空调设备无损害等特点，是目前行业内空调节能改造的首选方案。但是缺点在于初投资较高，所以通常建议用户根据自身资金情况选择分期改造的方式。

7.2.12 调整空调最佳系统工况

再好的设备也离不开维护，机房空调只有运行在最佳的工况下，才能发挥空调的最大制冷量，达到空调节能的目的。这是维护的最高手段，也是最有效和最重要的节能方式之

一,这是战斗在动力岗位一线员工的终极奋斗目标。

维护好的空调可以很好地发挥功效,维护不好的空调只会耗能。根据资料,定期维护的空调比不维护的空调平均节能在 25% 以上。

综上所述,选择哪一种节能方案需要根据机房的具体情况和机房所处地域的气候条件来做出选择。当然节能要付出一定代价,需要有一定的成本和投入。节能技术的应用要增加或改造一定数量的设备,也要增加设备维护的工作量。应在对节能项目是否能做到既节约能源又降低运营成本进行跟踪测试,并在做出综合评估之后,决定是否需要开始节能项目。

7.3 通信机房新风节能系统

新风节能技术的应用可大大降低空调能耗,这是目前空调系统最有效的节能措施之一。例如,上海地区可以利用时间为 210 天,北方利用时间就更长;这种方法的节能效果非常明显,根据资料,部分机房节能效果高达 70%。

智能新风节能系统以先进的温湿度控制理论作为设计依据,具有显著的节能效果。温湿度控制理论是以空调系统中的"风系统"为理论依据,结合大自然的能量与自动化控制理论进行改造,在保证机房温、湿度及洁净度的前提下,通过传感器实时地比较机房室内外的温、湿度,当室外温、湿度达到可利用标准时,机房节能控制模块就控制进风设备开始工作,引入室外经过净化、处理后的新风,降低空调负荷甚至停用空调,应用大自然的能量达到最佳的节能效果。系统控制示意图如图 7.15 所示。

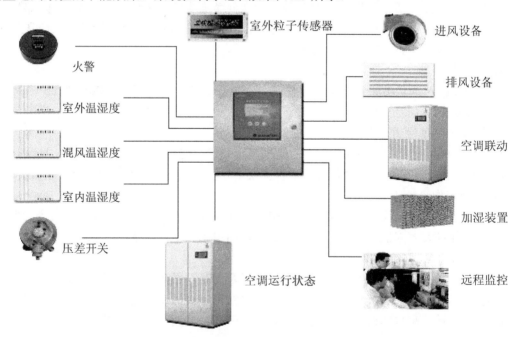

图 7.15 系统控制示意图

但是为了引入外界的新风,需对墙体开孔等,对机房土建和消防会有一定的影响。新风系统在下列环境条件下应能正常工作。

(1) 室内环境温度为 5~40℃。
(2) 室外环境温度为-30~+45℃。
(3) 相对湿度不大于 90%。
(4) 海拔高度小于 2000m。

注：海拔高度超过 2000m 时需降额使用或与用户协商。

7.3.1 新风系统的分类及各自特点

(1) 按风量来分可分为：
① 小型系统：额定风量≤3000m³/h。
② 中型系统：3000m³/h＜额定风量≤9000m³/h。
③ 大型系统：额定风量＞9000m³/h。
(2) 按照新风进入室内的形式可分为新风直接冷却(直排式)和新风间接冷却(热交换式)。

1．机房新风直接冷却系统(直排式)

当室外空气温度较低时，直接将室外低温空气送至室内，为室内降温；当室外温度高，不足以带走室内热量时，则开启空调。该方式直接引入室外的空气，机房环境易受外界的影响。

产品结构依据空气动力学的原理，在机房相对的两面墙壁上按不同的高度开两个孔，分别作为出风口和进风口。在排风扇的作用下，使机房内形成流动气流，不断地引进低温的室外空气，排出高温的室内空气，从而达到降温节能的目的。

新风直接冷却系统主要由进风装置、过滤装置、排风装置、加湿装置(可选)、控制器、环境监测传感器和其他安装附件(如调节阀、管道系统等)组成。机房新风直接冷却专用机组示意图和实物图分别如图 7.16 和图 7.17 所示。

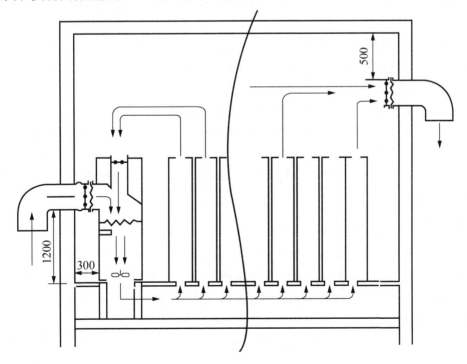

图 7.16　机房新风直接冷却专用机组示意图

图7.17 机房新风直接冷却专用机组实物图

在实际应用中,有不同的排风模式,包括主动进风/被动排风、被动进风/主动排风、主动进风/主动排风等。其中,主动进风/被动排风方式是机房较为适合的送风方式,被多数的厂家推广使用。

但该新风置换系统具有以下缺点:

(1) 户外空气质量难以保证符合机房设备对尘埃度的要求,需要加装防尘栅,并定期对其进行清洗和更换,维护成本高。

(2) 当户外湿度较大或者空气质量差时,必须关闭进风口。

(3) 由于新风导入、机房内空气的导出,使得机房内原有火灾报警检测灵敏度降低或失效,因此给机房安全带来很大的隐患。

(4) 户外环境中的有害或者腐蚀气体及微尘会进入机房,影响机房内设备的安全运行,存在运行安全隐患。

2. 机房新风间接冷却系统(热交换式)

该类产品由两套独立的循环风道组成,室外冷空气经过管道,进入室内换热器与强制循环流动的室内热空气通过特制形状的金属换热芯体进行热量交换,从而降低室内温度,如图7.18所示。控制器的功能智能化,可以实现与空调机的联动,按预定的程序执行换热器与空调机之间的开/关机。

产品的关键部件是换热芯体,又称为能量回收装置,室外空气不进入机房,在换热芯体内完成热交换作用。

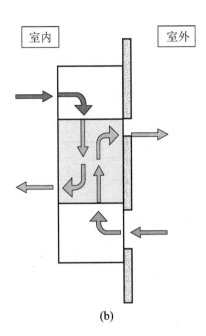

(a)   (b)

图 7.18　机房新风间接冷却系统

热交换节能系统的主要优点如下：

(1) 系统独立内风道可保持室内气压、湿度始终不变，符合国家通信基站、机房设计标准。

(2) 隔离性：内外空气只进行热量交换，空气成分间完全隔离，解决了普通新风置换系统存在的问题，杜绝了户外空气进入机房内，可应用于通风系统无法使用的化工厂附近、粉尘较大、海雾较大、气候恶劣等地区，确保通信设备安全可靠运行。

(3) 保湿性：因内外空气成分不交换，装置运行时，户内空气的湿度不会因装置运行而流失；相反，因为空调运行时间的减少，可以最大限度地减少因空调运行带走的户内空气湿度。

(4) 全气候性：不受外界环境影响，在合适的内外部温度温差条件下，可全气候运行。

7.3.2　节能产品的发展

限制通风节能产品普及应用的原因主要是人们希望节能产品不仅能节电，也要避免对机房环境产生影响。因此，一些公司对产品进行了技术改进和发展。

(1) 一方面，直排式通风节能产品改进了空气灰尘含量检测与空气过滤与除尘能力。具体做法是分别增加室内、室外灰尘传感器，实时检测室内灰尘含量，经控制器及时发出报警信息及停机指令。增加进风口空气过滤除尘能力，在两层空气过滤棉的前端增加 100 目以上的细钢丝网，在钢丝网室外侧安装自动除尘刷，定时除尘。

(2) 另一方面，热交换式节能产品中应用新工艺提高换热芯体的热交换能力。研发新型换热芯体材料取代铝板等，努力降低生产成本。采用低功耗电动机，改进风箱结构，最大限度地提高节电率指标。

7.3.3 机房通风节能产品的适用性和经济性

1. 节能产品的特点

通过前面的产品介绍，我们可以将两类节能产品的性能特点进行对比，见表7-4。

表7-4 直排式和热交换式性能对比

对比项目/产品	直排式	热交换式
科技含量	低，结构简单	高，换热芯体的结构比较复杂
生产成本	低	高
是否对机房环境有影响	有，多次过滤后，进入机房空气中的仍含有灰尘颗粒	无，室内、外的空气隔离，没有灰尘进入机房
是否对机房设备有影响	有，空气中的偏酸或偏碱含量会进入机房，间接影响电子元器件的寿命	无，室内、外的空气隔离，不影响设备的工作状态
维护成本	高，需要定期清洗、更换空气过滤装置	低，产品结构上没有空气过滤装置，无需维护
运行节电率	高	较低
占用机房空间情况	占用机房内的空间小	占用机房内的空间大，有吸顶、落地、壁挂等多种形式可以选择
对安装环境的要求	因为需要在相对的两面墙壁上开孔，一面是背阴的北侧，所以要求是独立的房间	需要在背阴的北侧墙壁开两个相距1m以上的孔

从上面的对比结果可以看到，直排式的主要特点是节电效率高，对机房所在地区的空气质量与环境状况要求较高；热交换式的主要特点是室外空气不进入室内，对机房环境没有影响，节电效率较低。

2. 节能产品的适用性

我国幅员辽阔，各个省不同地市/地区的地理环境、气温温差及空气质量的差异很大。参照节能产品的特点，可以看到气温温差及空气质量的优差，决定了是否有必要安装节能产品及安装哪一种类型的节能产品。通过实践考察与产品性能分析证明，节能产品具有适用性：温差大，空气质量差的地区适合安装热交换式；温差小的地区不需要安装通风节能产品；温差大，空气质量好的地区适合安装直排式。

另外，下列几个方面同样需要综合考虑是否适宜安装：

1) 机房耗电量的大小

为获得理想的节电效果，应选择直流负荷大于45A的机房安装使用节能产品。

2) 机房所在地区是否潮湿

沿海城市如果空气中含碱性成分过多或潮湿，则不适宜安装直排式；否则对通信设备中的电路板有腐蚀危害。

3) 机房是自建还是租用

因为需要打过墙孔，对于租用的机房，需要得到出租方的同意后安装。

7.4 总　　结

基于前文中对目前通信机房的能耗背景及常用的各种节能技术进行的系统介绍，以及编者多年来的实践经验，提出一些意见及建议供参考。

(1) 节能技术应用不是无条件的，需满足以下基本原则。

① 节能技术的应用大多要增加或改造一定数量的设备，要增加设备维护的工作量，对具体的某一节能技术来说，需要从节约运行成本和增加投资成本两个方面来综合评估其节能性。

② 节能不能导致机房环境指标降低和设备使用寿命缩短，不能影响通信生产安全。

③ 节能的目的是把原来浪费的电量、水量、冷量及风量节约下来，不应把正常生产该消耗的能量也节约掉。

(2) 要明确在现行机房专用空调及配套设备的选型基础上进行节能。实际上，选择能效比偏小的空调装置，再好的节能技术也必然使效果大打折扣。

(3) 为获得最佳的节能效果，应根据当地的气象条件、水电供应状况及机房性质等选择合适的节能方式，并注意各种节能技术组合使用的可能性。例如，将前文中所提到的新风直接冷却与变频技术在通信机房中结合采用，就能达到比较好的节能效果。

(4) 运行管理对节能技术最终能否发挥出预期的效果具有关键的作用。可采取的措施包括以下几点：

① 相关单位应根据现行空调及节能技术的复杂程度和维护管理工作量的大小，配备必要的专职或兼职管理技术人员，建立相应的运行管理和维修班组，购置相应的维修设备和检测仪表等。

② 操作人员应当熟悉其所管理的空调及节能系统，树立节能与环保意识，做好系统运行的日常记录和责任记录。同时，管理人员应对工作人员和系统状态进行定时或不定时的抽查，并进行数据统计和运行技术分析，发现异常应及时纠正。

③ 在节能系统运行之后，相关单位应对系统的运行状况、设备的完好程度、能耗状况、节能改进措施等进行季度、年度运行总结和分析，以不断总结经验。

(5) 注意机房围护结构的节能设计。由于施工设计等问题，对于北方寒冷地区或夏热冬冷地区来说，机房的围护结构保温隔热性能大多达不到要求，门(窗)密闭性不好，冷风渗透严重，这些大大增加了冬季的采暖能耗；而保温性能加强，又可能造成夏季机房内部温度过高。根据机房负荷自身的特点，提出围护结构的最优节能方式(包括围护结构组成与特性、窗墙比等)非常重要，到目前为止相关研究极少，这是今后研究的重要课题。

(6) 空调新技术的不断吸收引进。例如，自然能源的利用方面，已开发出了太阳能吸收式空调设备。它的最大特点是夏季太阳辐射强烈时，往往空调负荷也大，而太阳能空调器的制冷能力也相应提高；通风节能方面，除前文提到的方法外，夜间蓄冷技术利用围护结构自身的蓄冷能力延迟白天空调的使用，在早晚温差大的地区有良好的应用潜力；蓄冷空调技术使制冷机组在夜间电力负荷低谷期运行，将产生的冷量以冰(潜热)或水(显热)的形式储存起来，实现高峰用电负荷的转移，节省了运行费用；此外，如建筑热电冷联供技术，通过小型热电联产机组可直接向建筑群内供电、供冷或供热；而分布式能源系统则利用功率为数千万至兆瓦级的中小型独立发电装置，直接装设在用户近旁或大楼内运转供电，以提高供电可靠性等。我们相信，在通信业、建筑空调业等专业人士的大力协作下，通信机房的节能一定会取得更大的发展。

本 章 小 结

(1) 机房节能的总体方向是机房环境，重点是空调节能，从技术的角度探讨可有不同的方式。

(2) 数据中心在设计空调时根据 PUE 的要求，优先选用水冷空调系统，也就是中央空调水冷系统。

(3) 通信机房采用合理的解决方案可以有效减少空调的运行时间，在节约空调用电的同时延长空调的使用寿命，提高能源利用率。

(4) 新风节能技术的应用可大大降低空调能耗，是目前空调系统最有效的节能措施之一。

(5) 机房节能方式多种多样，切合实际的项目才是最为关键的。

复习思考题

1．简述精密机房空调水冷系统的组成和工作原理。
2．试从空调运行维护和管理的角度分析节能的途径。
3．请简述机房专用空调加装水冷热交换装置的类型和各自的优缺点。
4．简述机房空调冷凝热回收技术的工作原理。
5．请说明通信机房新风节能系统的应用范围及分类。

附录

实 训

实训 1 空调器检修(安装)工具和仪器

1. 实验目的

(1) 了解空调器检修安装所需的仪器、仪表和工具。

(2) 掌握各仪器、仪表、工具的使用方法。

2. 实验内容与步骤

1) 常用工具

(1) 扳手和螺钉旋具(附图 1)。维修和安装空调器时一般需要活扳手、呆扳手、梅花扳手和内六角扳手,满足松动和紧固各种螺母的需要。维修、安装空调器时一般需要准备大、中、小三种规格的十字和一字带磁螺钉旋具(俗称改锥),在维修时能松动和紧固各种平头或圆头螺钉。

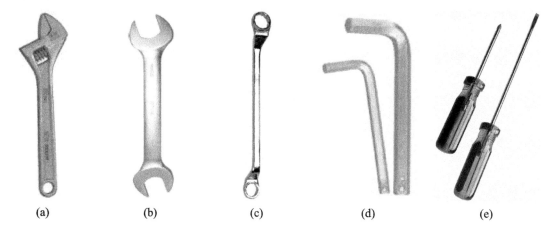

(a)　　　　(b)　　　　(c)　　　　(d)　　　　(e)

附图 1　扳手和螺钉旋具

(2) 尖嘴钳、偏嘴钳和钢丝钳[附图 2(a)~附图 2(c)]。尖嘴钳采用尖嘴结构,便于夹捏,主要用于夹持安装较小的垫片和弯制较小的导线等。偏嘴钳也称斜口钳、偏口钳,可以用来剪切导线和毛细管。钢丝钳,也称克丝钳、老虎钳,用来剪断毛细管、电源线等。

(3) 电烙铁、松香、焊锡和吸锡器。电烙铁[附图 2(d)]是用于锡焊的专用工具。松香是用于辅助焊接的辅料。为了避免焊接时出现虚焊的现象,需将它们的引脚或接头部位沾上松香,再镀上焊锡进行焊接。焊锡是用于焊接的材料。吸锡器[附图 2(e)]是专门用来吸取电路板上焊锡的工具。当需要拆卸元件时,因为它们引脚较多或焊锡较多,所以在用电烙铁将所要拆卸元件引脚上的焊锡融化后,再用吸锡器将焊锡吸掉。

(4) 剥线钳、美工刀和锉刀(附图 3)。剥线钳也称拔丝钳,主要用来剥去导线外部的塑料皮。若在剥塑料皮时没有剥线钳,那么也可用美工刀操作。锉刀主要用于手工锉削铜管切口表面的一种钳工工具。

(5) 毛刷、AB 胶(附图 3)。毛刷主要用来清扫灰尘或在查漏时用它蘸洗涤剂水。AB 胶主要用于外壳、线路板的粘接,也可用于蒸发器的修补。

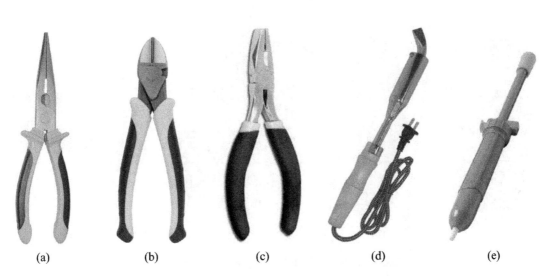

(a)　　　　(b)　　　　(c)　　　　(d)　　　　(e)

附图2　尖嘴钳、偏嘴钳、钢丝钳、电烙铁和吸锡器

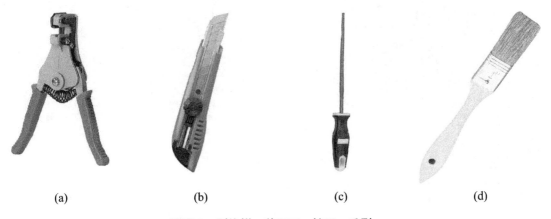

(a)　　　　(b)　　　　(c)　　　　(d)

附图3　剥线钳、美工刀、锉刀、毛刷

2) 常用仪器仪表

(1) 万用表、钳形表和绝缘电阻表(附图4)。一般用于测量电压、电流值。利用万用表的"鸣叫"功能检测线路的通断。钳形表是用来测量压缩机起动和运行电流的工具。绝缘电阻表主要用于测量压缩机、风扇电动机的绝缘电阻，以免发生漏电事故。

(2) 电子温度计(附图4)。电子温度计用于测量空调器进风口或出风口的温度。其前端为温度检测传感器，使用时将传感器放置于空调器的进风口或出风口处，经内部单片机处理后，通过显示屏显示温度。

(3) 检漏仪和示波器(附图5)。电子检漏仪主要用于检测空调器制冷系统的泄漏部位。示波器能够直观地反映信号的波形，帮助我们分析、判断故障部位所在。

3) 专用工具

(1) 割管刀和毛细管钳(附图6)。割管刀也称切管器，用于切不同直径长度的纯铜管。毛细管钳是用来切割毛细管的。

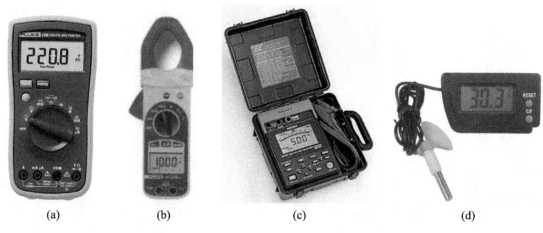

附图4　万用表、钳形表、绝缘电阻表、电子温度计

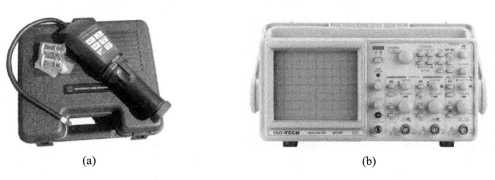

附图5　检漏仪、示波器

附图6　割管刀、毛细管钳

(2) 胀管器和扩口器(附图7)。胀管器和扩口器的功能就是将铜管端口部分的内径胀大成杯形或60°喇叭口形,其中杯形用于相同管径铜管的插入,经这样对接后的两根铜管才能焊接牢固,且不易泄漏。60°喇叭口形用于与压力表等设备的连接。

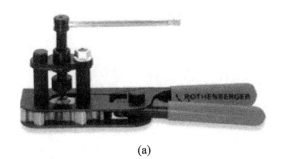

附图7　胀管器和扩口器

(3) 三通维修阀、压力表和加液管(附图8)。三通维修阀也称三通修理阀,主要作用是将空调器的制冷系统与压力表、真空泵、制冷剂钢瓶、氮气瓶等维修设备进行连接,并对维修设备起切换作用。压力表全称为真空压力表,将它接到压缩机工艺管口与制冷管路的其他管口,就可监测制冷系统内压力的大小,以便于抽真空、加注制冷剂。加液管是对空调器进行维修时加注制冷剂、抽真空时使用的软管。

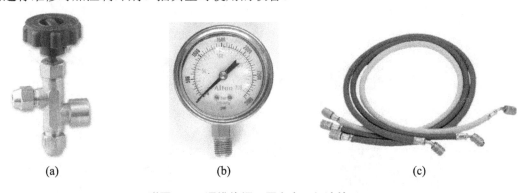

附图8　三通维修阀、压力表、加液管

(4) 气焊设备和焊条(附图9)。气焊设备主要用于制冷管路之间的连接与拆卸。维修人员多采用便携式气焊设备。焊条、助焊剂是焊接制冷管路的材料。

(5) 真空泵、制冷剂瓶和氮气瓶(附图9)。在对制冷系统加注制冷剂前必须对它进行抽真空操作。制冷剂瓶是储存制冷剂的钢瓶。氮气瓶是存储氮气的钢瓶。

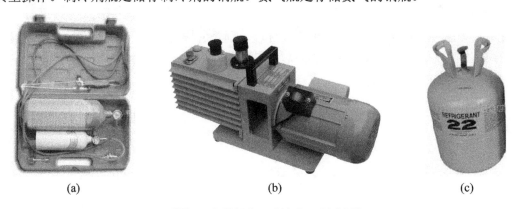

附图9　气焊设备、真空泵、制冷剂瓶

(6) 冲击钻和空心钻(附图10)。冲击钻配上相应钻头可以在不同的物质上进行钻孔。空心钻俗称水钻，是一种主要用于安装空调器时打墙孔的特殊电钻。

(a)   (b)

附图10　冲击钻和空心钻

(7) 水平尺、锤子、盒尺和安全带(附图11)。水平尺是用于安装空调时对室内机、室外机水平度进行测量、校正的工具。其作用是确保安装后平稳、不倾斜，将空调器的噪声降到最低。锤子是用于敲击的工具，有铁锤和橡皮锤之分。盒尺是用于测量尺寸的工具。安全带是在楼房安装空调器室外机时防止安装人员从高空坠落的保护性工具。

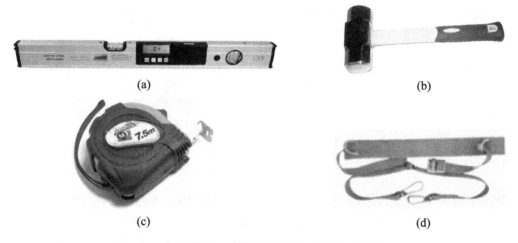

附图11　水平尺、锤子、盒尺、安全带

3. 实验思考

(1) 各仪器、仪表和工具所使用的工作环境分别是怎样的？

(2) 对于上述仪器、仪表，你最感兴趣的是哪些？为什么？

实训 2　家用空调、机房专用空调器结构

1. 实验目的

(1) 掌握家用空调的制冷结构和工作原理。

(2) 掌握机房专用空调的制冷结构及各组件的工作原理。

2. 实验器材

(1) 家用空调(科龙、格力、三菱、大金)。

(2) 佳力图机房专用空调(9 型和 M 型)、艾默生机房专用空调(PEX50)。

3. 实验内容与步骤

1) 高效能的制冷压缩机

佳力图智能型所有系列机房专用空调的制冷压缩机均采用当今世界最为先进的全封闭涡旋式制冷压缩机,如附图 12 所示。其技术含量高,性能稳定。由于这种形式压缩机的吸排气同时完成,因此其能效比(BTU/h/W)特别高(EER 值可达 14),比活塞式制冷压缩机节能 10%,且输气曲线为一条水平直线,没有活塞式制冷压缩机输气时所产生的气体脉冲,在结构上也没有吸、排气阀门,所以压缩机的工作噪声与振动均明显小于活塞式制冷压缩机。而且其寿命也比活塞式制冷压缩机长 5~7 年(以上数据及资料均由世界上压缩机生产的最大厂家——美国 COPELAND 公司提供)。另外,由于佳力图智能型机房专用空调采用了美国 COPELAND 公司出品的全封闭涡旋式压缩机,加上室外机组的无级调速控制,因此佳力图智能型机房专用空调的室内、外机间的安装水平距离在不需要采取任何其他措施的情况下,可水平铺管长达 50m,而垂直

附图 12　涡旋式压缩机

高度可达 25m,如果另外进行特殊技术处理,可把连接管线的当量长度延长至 130m,这样将大大方便设备安装。

而活塞式制冷压缩机由于活塞在气缸内运作时其吸气过程是不做功的,它的输气曲线为一正弦曲线,所以其能效比不高[据压缩机生产厂家提供的资料显示,其能效比(BTU/h/W)EER 值只有 10.4 左右]。由于活塞在运动过程中有方向性突变,因此工作振动与噪声均比涡旋式制冷压缩机大了很多。另外,由于活塞式制冷压缩机的零部件比较多,因此其可靠性也大大小于涡旋式制冷压缩机。

2) 蒸发器

佳力图智能型所采用的蒸发器为"A"型交叉式供液方式的蒸发器,如附图 13 所示。当一台佳力图智能型专用空调中一套制冷系统(一台佳力图智能型机房专用空调中有两套独立循环的制冷系统)单独工作时,由于它共用了两套制冷循环系统的蒸发器面积,因此其制冷量可达整台空调的 60%。也就是说,在春、秋两季中,由于环境温度不及夏季,因此当佳力图智能型机房专用空调的本机计算机自动测定只需要提供一台空调的 60%制冷量

时，佳力图智能型机房专用空调只需要开启一台空调中的一套制冷循环系统。这样就大大地节约了电力资源，减少了空调的运行费用。

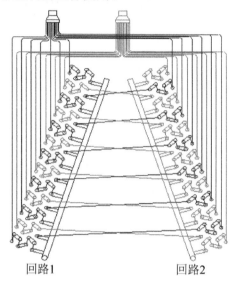

附图13 "A"形蒸发器

而其他品牌同类产品所采用的蒸发器虽为"A"形或"V"形，但属非交叉式供液方式的蒸发器。采用这种方式蒸发器的专用空调当其一套制冷循环系统单独工作时，即使不考虑任何机械损耗，其制冷量也只有整台空调的50%。就这一项技术。在一年中大约3/5的时间里，佳力图将比其他品牌同类产品的机房专用空调节省电能10%左右。

3) 冷凝器

佳力图智能型机房专用空调的室外机外壳采用全不锈钢材料制成，大大提高了整机的使用寿命。冷凝器(附图14)采用世界著名的德国施乐百(ZIDHL-EBM)公司的大风量低噪声风机。与日本鹭宫的调速器配套，能保证冷凝器全年冷凝压力恒定，在-30～+45℃的室外温度下均能正常运行。为确保室内机输出冷量恒定，尤其在北方地区的冬季，空调能够正常工作，风机转速随室外环境温度变化而做无级调速(每一个室外环境温度将有一确定的风机转速与之对应)，这样大大提高了机房专用空调的工作可靠性，同时也降低了运行成本(这一特点在其他品牌机房专用空调中是不具备的)。另外，由于在佳力图智能型机房专用空调的所有热交换器中，换热管均采用了高效内肋管，因此佳力图智能型冷凝器的体积比较小，且具有安装方便的特点(可从0～90°内，任意角度安装)，佳力图智能型冷凝器的噪声小于55dB(A)(5m范围内)。

附图14 冷凝器

而同类产品的其他品牌机房专用空调的室外机外壳采用一般镀锌铁皮或铝皮制成，体积比较大，风机一般为工业风机，且无调速功能，故障率较高，噪声也明显大于佳力图智能型产品。

4) 机房专用调的本机控制计算机

佳力图智能型所有型号的机房专用空调的本机控制计算机(附图15)采用了 PID 控制方式(即比例+积分+微分控制方式),可准确无误地使被控环境的温度控制在±0.5℃以内,相对湿度可控制在±2%内[附佳力图智能型机房专用空调在用户机房内的24h实测温度及湿度图表(插页)]。另外,佳力图智能型机房专用空调的本机控制计算机采用大屏幕触摸 LCD 显示屏,触摸键操作。为减小设备起动时对电网的冲击,佳力图智能型机房专用空调的所有运动部件均由本机控制计算机实行顺序起动。为了便于邮电用户实现大联网,佳力图公司可随时向用户提供开放式接口协议。(佳力图机房专用空调已在全国数个省、市实现了大联网,并获得成功。)

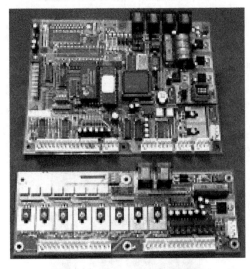

附图15 本机控制计算机

佳力图已在智能型机房专用空调中采用了目前世界上最为先进的 Co-WorkTM 模块化主从形式的内部联网管理系统。其目的在于进一步提高佳力图模块化机房专用空调系统先进的管理功能及空调运行的可靠性。采用了此管理系统的佳力图机房专用空调可用一根信号线控制八台佳力图单系统系列空调和四台双系统系列佳力图机房专用空调。

能的机组执行主控任务,从而将整个系统的能量损失及停机时间减少到最低。

5) 先进的加湿方式

佳力图智能型机房专用空调的加湿方式主要根据用户所在地域的不同及水质差异,有红外线式与具有先进自动冲洗功能的电极式加湿器(附图16)可供用户选择。红外线式加湿器具有加湿速度快的特点。红外线加湿器在接到本机计算机加湿指令 6s 内便可用远红外波激化水盘表面水分子,使湿蒸气进入机房专用空调的风道系统,且对水质无严格要求。红外线加湿方式尤其适合水质较差且需要常年加湿地域的用户使用。

而佳力图机房专用空调的电极式加湿器,在本机计算机中采用了定时自动冲洗程序,在加湿过程中可自动冲洗电极式加湿器,使得佳力图机房专用空调电极式加湿器内的钙镁锂子保持最低浓度。大大减缓了加湿器电极结钙的速度,提高了电极式加湿器的使用寿命。试验证明,采用自动冲洗程序的佳力图机房专用空调电极式加湿器的使用寿命比其他品牌机房专用空调的电极式加湿器的使用寿命高出 3~4 倍。这样大大提高了电极式加湿器的使用寿命，降低了用户对机房专用空调的使用成本。而且电极式加湿器采用模拟量控制的微处理器，通过 0~10V 模拟量信号输入调节加湿器的加湿量，从而大大提高了调节精度。

 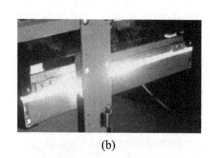 

(a)   (b)   (c)

附图 16   加湿器

6) 本机计算机控制的 SCR 加热器

佳力图智能型机房专用空调的电加热器采用由本机计算机控制的 SCR 晶闸管无级调节电加热器，如附图 17 所示。由本机计算机根据被控房间内的实际温度，准确无误地将房间所需的热量加入空调的风道系统。避免了其他有极加热方式对用户电力资源的浪费。大大为用户节省了机房专用空调的运行费用。

附图 17   加热器

4. 实验思考

(1) 机房空调电路图的分析。

(2) 机房空调和家用空调在结构上的区别有哪些？

(3) 请画出机房专用空调制冷系统的框图。

实训 3　机房专用空调运行参数设置

1. 实验目的

(1) 掌握机房专用空调面板的输入方法。

(2) 掌握机房专用空调参数的设置步骤和目标值。

2. 实验器材

(1) 佳力图机房专用空调(9 型和 M 型)。

(2) 艾默生机房专用空调(PEX50)。

3. 实验内容与步骤

机房空调参数的设置是根据通信机房维护规程来设置的。

(1) 温度、湿度工作点的设置。

① 在空调控制面板上选择级别并输入密码，并于"参数设置"菜单中通过"+""—"按键将温度工作点设置成(22±2)℃。

② 在空调控制面板上选择级别并输入密码，并于"参数设置"菜单中通过"+""—"按键将湿度工作点设置成 50%。

(2) 高温告警点、低温告警点的设置。

① 在空调控制面板上选择级别并输入密码，并于面板"参数设置"菜单中通过"+""—"按键将高温告警点(主温度高限)设置成 25℃。

② 在空调控制面板上选择级别并输入密码，并于面板"参数设置"菜单中通过"+""—"按键将低温告警点(主温度低限)设置成 15℃。

(3) 高湿告警点、低湿告警点的设置。

① 在空调控制面板上选择级别并输入密码，并于面板"参数设置"菜单中通过"+""—"按键将高湿告警点(主湿度高限)设置成 70%。

② 在空调控制面板上选择级别并输入密码，并于面板"参数设置"菜单中通过"+""—"按键将低湿告警点(主湿度低限)设置成 30%。

(4) 高压告警点、低压告警点的设置。

① 在机房空调压缩机旁的高压保护开关上通过螺钉旋具调节旋转螺母，调节高压告警点至 $22\sim25\ \text{kgf/cm}^2$，高压控制器是手动复位。

② 在机房空调压缩机旁的低压保护开关上通过螺钉旋具调节旋转螺母，低压保护开关上有两条刻度，左边的刻度是压缩机重新起动值，两刻度值差值才是低压告警点。调节低压告警点至 $1.7\sim2.1\ \text{kgf/cm}^2$，低压控制器是自动复位。

4. 实验思考

(1) 机房专用空调还有哪些参数需要维护人员来设定？对应的菜单是什么？

(2) 请画出对应机房专用空调菜单的拓扑图。

实训 4　铜管切割、胀管和扩口

1. 实验目的

(1) 熟练采用割管刀进行铜管的切割。
(2) 掌握胀管器、扩口器和弯管器的使用方法和步骤。

2. 实验器材

割管刀、胀管器、扩口器、弯管器。

3. 实验内容与步骤

1) 割管刀

在修理、安装空调器时，经常需要使用专用的割管刀切割不同长度和直径的铜管。割管刀有不同的规格，其实物外形如附图 18 所示。

切割铜管时，须将铜管放到割管刀的两个滚轮之间，顺时针旋转进刀钮，将铜管卡在割刀与滚轮之间，然后边旋转进刀钮边围绕铜管旋转割管刀。旋转进刀钮时，用力一定要均匀柔和，否则可能会将铜管挤压变形。切割铜管的操作方法如附图 18(b)所示。

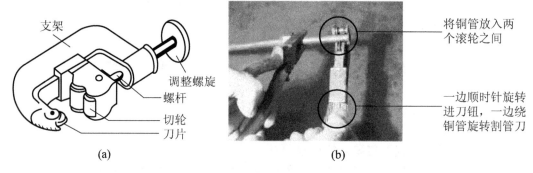

附图 18　割管刀

铜管切断后，还要用绞刀将管口边缘上的毛刺去掉，以防止铜屑进入制冷系统。去除铜管口毛刺的方法如附图 19 所示。

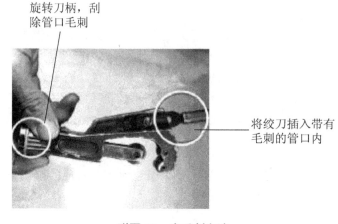

附图 19　去毛刺方法

2) 胀管器和扩口器

两根铜管对接时，需要将一根铜管插入另一根铜管中。这时，往往需要将被插入铜管端部的内径胀大，以便另一根铜管能够吻合插入，只有这样才能使两根铜管焊接牢固，并且不容易发生泄漏。胀管器的作用就是根据需要对不同规格的铜管进行胀管。

扩口器用于为铜管扩喇叭口，以便通过配管将分体式空调器室内、外机组相连接。在对窗式空调器的系统抽真空、充制冷剂时，需将修理阀与压缩机充气管连接，而用于连接的铜管需要用扩口器扩成喇叭口。胀管器和扩口器如附图 20 所示。

(a) 胀管器

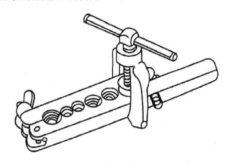
(b) 扩口器

附图 20　胀管器和扩口器

胀管时，首先将退火的铜管放入管钳相应的孔径内，铜管露出夹管钳的长度随管径的不同而有所不同(管径大的铜管，胀管长度应大一点；管径小的铜管，胀管长度则小一点)。对于 8mm 的铜管，一般胀管长度为 10mm 左右。拧紧夹管钳两端的螺母，使铜管被牢固地夹紧，插入所需口径的胀管头，顺时针缓慢旋转胀管器的螺杆，胀到所需长度为止。胀管的操作方法如附图 21 所示。

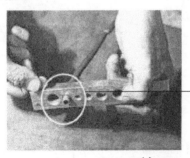
将铜管放入夹管钳相应孔径内

(a)

拧紧夹管钳两端的螺母

(b)

附图 21　胀管的操作方法

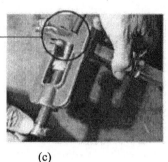
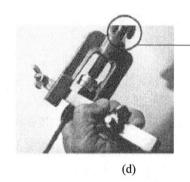

安装所需口径的胀管头

顺时针旋转螺杆

(c)　　　　　　　　　　　(d)

附图 21　胀管的操作方法(续)

扩口时，先在退火的铜管上套上连接螺母，然后将铜管放入夹管钳相应的孔径内，铜管露出夹管钳的高度 $A≈0.2D$（D 为铜管外径）。拧紧夹管钳两端的螺母，将扩口顶压器的锥形头压在管口上，顺时针缓慢旋转螺杆，将管口挤压成喇叭口，如附图 22 所示。

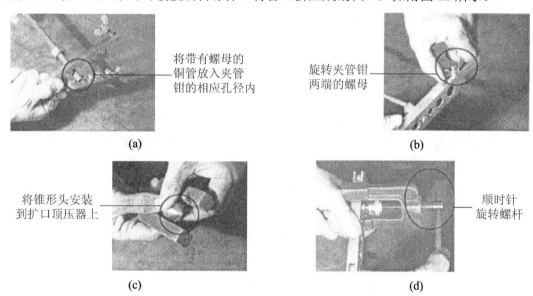

将带有螺母的铜管放入夹管钳的相应孔径内

旋转夹管钳两端的螺母

将锥形头安装到扩口顶压器上

顺时针旋转螺杆

(a)　　　　　　　　　　　(b)

(c)　　　　　　　　　　　(d)

附图 22　扩口的操作方法

3) 弯管器

弯管器是用来改变铜管的形态，将铜管加工弯曲成所需要形状的工具。弯管器分滚轮式和弹簧管式两种，如附图 23 所示。

(a)滚轮式　　　　　　　　　(b)弹簧管式

附图 23　滚轮式弯管器、弹簧管式弯管器用滚轮式弯管器来弯曲铜管时，其曲率半径是固定的，曲率半径由固定导轮决定。滚轮式弯管器的弯管操作方式如附图 24(a)所示。

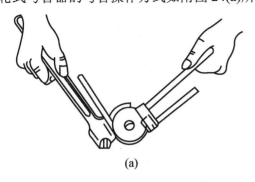
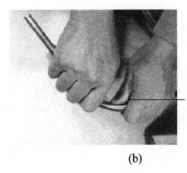

大拇指一定要顶住弯曲部位

(a)　　　　　　　　　　　　　　(b)

附图 24　滚轮式弯管器的弯管操作和弹簧管式弯管器的弯管操作

弹簧管式弯管器的直径有多种规格，弯管时应选用与铜管直径相应的弹簧管。操作时，先将弯管器的弹簧管套入需弯曲的铜管，再进行弯曲。弹簧管式弯管器虽然可以将铜管弯曲成不同的曲率半径，但是被弯曲的铜管的曲率半径通常应大于管子直径的 5 倍。弹簧管式弯管器的弯管操作方法如附图 24(b)所示。

4. 实验思考

(1) 割管刀、胀管器、扩口器、弯管器各工具使用时需注意哪些方面？
(2) 如何用上述工具处理出较完美的铜管？

实训 5　机房空调的功能测试

1. 实验目的

(1) 掌握机房专用空调制冷、制热、加湿、除湿四大功能的测试方法与步骤。
(2) 理解在功能测试过程中应注意的事项。

2. 实验器材

佳力图机房专用空调(9 型和 M 型)、艾默生机房专用空调(PEX50)、钳形电流表、万用表。

3. 实验内容与步骤

1) 制冷功能
(1) 设置回风湿度在当前的回风湿度值。
(2) 设置回风温度在(T_h-3)℃以下，T_h 为当前回风温度。由于温度控制带宽一般设定在 3℃以内，当回风温度设置值低于当前回风温度时，空调要制冷工作。
(3) 观察压缩机是否起动。
(4) 等压缩机正常运行数分钟以后，用钳形电流表检测压缩机的运行电流并做好记录。
(5) 判断制冷功能是否正常。
(6) 检查完毕后，恢复空调的温、湿度设定，关好空调门板。

2) 加热功能
(1) 打开空调的操作门板，然后送上电源，打开空调。
(2) 设置回风温度在(T_h+3)℃以上。
(3) 等待加热器工作。
(4) 等加热器正常运行数分钟以后，用电流表检测加热器的运行电流并做好记录。
(5) 判断加热功能是否正常。
(6) 检查完毕后，恢复空调的温度设定，关好空调门板。

3) 除湿功能
(1) 设置回风温度为当前回风温度值。
(2) 设置回风湿度在(ϕ_h-10%)以下，ϕ_h 为当前回风湿度。由于湿度控制带宽一般设定在 5%~10%，当回风湿度设置值低于当前回风湿度 10%时，空调要进行除湿工作。
(3) 观察压缩机是否正常工作。
(4) 等压缩机正常运行数分钟以后，用电流表检测压缩机的运行电流并做好记录。
(5) 判断除湿功能是否正常。
(6) 检查完毕后，恢复空调的温、湿度设定，关好空调门板。

4) 加湿功能
(1) 设置回风湿度在(ϕ_h+10%)以上。
(2) 观察加湿器电流是否正常。
(3) 等加湿器正常运行数分钟以后，用电流表检测加湿器的运行电流并做好记录。

(4) 判断加湿功能是否正常。
(5) 检查完毕后,恢复空调的湿度设定,关好空调门板。

4. 实验思考

(1) 机房专用空调功能测试完成后需要做好怎样的处理?
(2) 机房空调四个功能测试过程中设置方法有何不同?

实训6　机房空调运行情况测试

1. 实验目的

(1) 熟练掌握高、低压力测试的步骤。
(2) 掌握机房空调进出风口温差和各用电器件电流的测试方法。

2. 实验器材

机房专用空调、压力表、温湿度仪、钳形电流表。

3. 实验内容与步骤

1) 高、低压力的测试

高、低压力可反映设备的工作状况及是否存在故障，如制冷剂的多少、制冷管路是否畅通、蒸发器和冷凝器换热性能等。测试方法如下。

(1) 测试管连接：

① 拧开压缩机吸排气测试接口上的封帽。

② 将双压表上两根高、低压软管接在对应的测试接口上，并拧紧双压表上的两个截止阀，将加液黄管短接。

(2) 排空：

① 用专用轮钣手顺时针打开空调低压端三通阀顶针，拧开双压表两个截止阀。

② 拧开高压端测试接口 2～3s，排出测试管路中的空气，待手感觉凉时，拧紧高压端接口。

(3) 测试：设置回风温度和回风湿度，使空调设备制冷工作，待压缩机运行稳定后，一般运行 5min 即可，读出压力表的指示值，低压压力正常应为 4～5.8kgf/cm^2，高压压力正常应为 15～20kgf/cm^2。

(4) 回收冷冻油：

① 顶针逆时针关紧高压端三通阀。

② 拧松双压表上的两个截止阀，让空调器运行一段时间，一般 3～5min 即可，关低压端三通阀。

③ 放掉双压表软管内剩余的制冷剂。

④ 拆下软管，盖上并拧紧封帽。

⑤ 将回风温度、湿度设置到合理值。

2) 低压测试

(1) 测试管连接：

① 拧开压缩机低压端测试接口上的封帽。

② 将双压表上的低压软管接在对应的测试接口上，并拧紧双压表上的低压截止阀。

(2) 排空：

① 用专用轮钣手顺时针打开空调低压端三通阀顶针。

② 拧开双压表上低压截止阀 2～3s 后拧紧，排出测试管路中的空气。

(3) 测试：设置回风温度和回风湿度，使空调设备开始制冷工作，待压缩机运行稳定后，一般运行 5min 即可，读出压力表的指示值，低压压力正常应为 4~5.8kgf/cm²。

(4) 拆表：

① 顶针逆时针关紧低压端三通阀。

② 拧松双压表上的低压截止阀，放掉双压表软管内的制冷剂。

③ 拆下软管，盖上并拧紧封帽。

④ 将回风温度、湿度设置到合理值。

3) 进出风口温差的测试

温差作为度量空调制冷效果的常见方法，因其测试方法简单、理解直观，而被多数维护人员采用；但由于影响温差的因素有很多，具有很大局限性，因此只能作为粗测用。测试方法如下：

(1) 通过设置使设备运行在制冷状态。

(2) 待空调运行稳定，将温湿度仪放在回风口，温度指示稳定时，读数为 T_1。

(3) 将温湿度仪放在出风口，仪器指标温度稳定时，读数为 T_2。

(4) T_1-T_2 即为进出口温差。

工作在制冷状态下，一般温差为 6~10℃。天气干燥时温差偏大，潮湿时偏小。测试的时间间隔尽可能短，以免工况变化引起误差增加。

4) 工作电流的测量

用钳形电流测量各工作部件的电流值，包括对室内风机、室外机、压缩机、加热器、加湿器工作电流进行测量。室内风机、加热器的工作电流相对稳定，对三相风机的三相电流也基本一致。当测出电流超过额定值时，应查明原因。室外风机有调速和非调速之分，非调速风机的电流值应在额定值以内。加湿器有红外线及电极式两种。红外线加湿器的电流值是稳定的，三相电流应基本一致；电极式的电流值与加湿罐的使用时间、水压力的变化有关，其三相电流应基本一致。

4. 实验思考

(1) 高、低压测试结束后如何回收冷冻油？

(2) 如何判断空调压缩机工作性能的好坏？

实训 7　机房空调告警功能测试

1. 实验目的

掌握机房空调各故障告警功能测试的步骤和方法。

2. 实验器材

机房专用空调、压力表、空气过滤网、风机皮带等。

3. 实验内容与步骤

1) 低压告警

常见压力告警器有两种，一种为告警值可调式，另一种为不可调式。低压告警值一般设在 $1\sim2.4\text{kgf/cm}^2$。由于在制冷管路上一般有手动截止阀(如佳力图)或电磁阀(如佳力图、海洛斯)。因此测试低压方法如下：

(1) 将双压表低压软管接在制冷管路的低压测试接口上。

(2) 按制冷功能测试方法，使压缩机工作。

(3) 将电磁阀断电或顺时针关紧手动截止阀。

(4) 观察低压表的压力变化，在告警产生时记下低压的压力值，该值为低压告警值。

(5) 若低压的压力低于告警下限仍不告警或压力高于告警上限已告警，则立即停机或停电。

(6) 接通电磁阀或松开手动截止阀，调整低压压力告警值，重新开机测试，使之符合要求。

2) 高压告警

高压告警设在 $22\sim26\text{kgf/cm}^2$，具体数值要参考厂商的技术要求。测试方法如下：

(1) 将双压表高压软管接在制冷管路的高压测试接口上。

(2) 按制冷功能测试方法，使压缩机工作。

(3) 室内风机开关断开。

(4) 观察高压的压力变化，在告警产生时记下高压的压力值。

(5) 若高压的压力超出告警压力值仍不告警，则立即停机，待压力低于 15kgf/cm^2，高压告警复位，调整高压的压力告警值重新测试，使之符合要求。

3) 高温、低温告警

测试方法如下：

(1) 将回风温度与高温告警值均设到低于当前回风温度5℃，观察是否有高温告警产生。

(2) 将回风温度与低温告警值均设到高于当前回风温度5℃，观察是否有低温告警产生。

4) 高湿、低湿告警

测试方法如下：

(1) 将回风湿度与高湿告警值均设到低于当前回风湿度15%，观察是否有高湿告警产生。

(2) 将回风湿度与低湿告警值均设到高于当前回风湿度15%，观察是否有低湿告警产生。

5) 过滤网脏告警

测试方法如下：空调处于工作状态时，用木板或纸板将过滤网堵塞一半，观察是否有过滤网脏告警产生。

6) 失风告警

失风告警又称为气流故障告警。测试方法如下：在空调处于工作状态时，将室内机开关断开或将皮带取出，观察是否有失风告警产生。

4. 实验思考

(1) 机房空调高压告警和低压告警如何进行模拟输出？
(2) 过滤网脏和失风告警还能用什么方法产生？

实训8 空调器的移机和装机

1. 实验目的

(1) 了解空调连接管路的组成。
(2) 掌握空调拆机收氟和装机排空的具体步骤。
(3) 理解在操作过程中应注意的事项。

2. 实验器材

家用空调器、制冷剂(R22)、压力表、真空泵、内六角、螺钉旋具、力矩扳手。

3. 实验内容与步骤

1) 空调移机拆机的步骤

(1) 回收制冷剂。无论是冬季,还是夏季移机,都必须把空调器中的制冷剂收集到室外机中去。空调移机拆机前应启动空调器,可用遥控器设定制冷状态,待压缩机运转 5~10min,待制冷状态正常后,用扳手拧下外机的液体管与气体管接口上的保险帽,关闭高压管(细)的截止阀门,待压力表指针为 0MPa,立即关闭低压管(粗)截止阀门,同时迅速关机,拔下电源插头,用扳手拧紧保险帽,至此回收制冷剂工作完成。(如果是冬季,空调移机宜先用温热的毛巾盖住室内机的温度传感器探头,然后控制冷状态设定开机。)

(2) 关机,断电,将接线盒中的线缆拧下,用扳手把室外机连接锁母拧开即可。

2) 空调装机的步骤

(1) 把空调连接好,主要是把内外机连接管都要拧紧,以防制冷剂泄漏。

(2) 用内六角打开高压阀门(细管阀门),再用六角顶住加氟工艺口顶针(加氟口在低压上),使里面的气体跑出来,10s 左右就可以了,时间不要太长,以免氟利昂跑得太多。这样就可以使管路里面的空气放出来。

(3) 把高低压的阀门都打开,接上内外机的电源线即可。

(4) 开机试机,判断空调是否正常工作。

4. 实验思考

(1) 空调在拆除过程中为什么要先收氟?否则就会造成怎样的后果?
(2) 空调装机前应做好排空,否则管路中会有怎样的影响?
(3) 在空调的拆装机过程中有哪些注意事项?

实训 9　空调器的排空和制冷剂、冷冻油的加注

1. 实验目的

(1) 掌握对空调制冷系统进行排空的方式、方法。
(2) 熟练掌握空调系统制冷剂的充注步骤。
(3) 掌握空调制冷系统冷冻油的加注方法。

2. 实验器材

空调器、制冷剂(氟利昂 R22)、冷冻油、压力表、真空泵。

3. 实验内容与步骤 c

1) 排空
排空有以下三种方法：
(1) 使用空调器本身的制冷剂排空。拧下高、低压阀的后盖螺母、充氟利昂口螺母，将高压阀阀芯打开(旋 1/4～1/2 圈)，10s 后关闭。同时，从低压阀充氟利昂口螺母处用内六角扳手将充氟利昂顶针向上顶开，有空气排出。当手感到有凉气冒出时停止排空。

(2) 使用真空泵排空(附图 25)。将歧管阀充注软管连接于低压三通阀充注口，此时高、低压阀都要拧紧；将充注软管接头与真空泵连接，完全打开歧管阀低压手柄；开动真空泵抽真空；开始抽真空时，略松开低压阀的接管螺母，检查空气是否进入(真空泵噪声改变，多用表指示由负变为零)，然后拧紧此接管螺母；抽真空完成后，完全拧紧歧管阀低压手柄，停下真空泵(抽真空 15min 以上，确认多用表是否指在-76cmHg)；再完全打开高、低压阀，将充注软管从低压三通阀充注口拆下，最后应拧紧低压三通阀螺母。

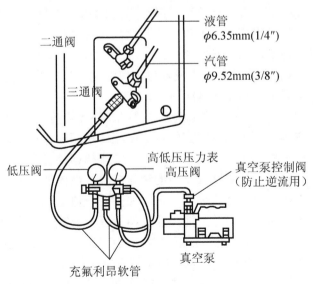

附图 25　真空泵排空

(3) 外加氟利昂排空(附图 26)。将制冷剂罐充注软管与低压阀充氟利昂口连接，略微松开室外机高压阀上的接管螺母；松开制冷剂罐阀门，充入制冷剂 2~3s，然后关死；当制冷剂从高压阀门接管螺母处流出 10~15s 后，拧紧接管螺母；从充氟利昂口处拆下充注软管，用内六角扳手顶推充氟利昂阀芯顶针，制冷剂放出。当听不到噪声时，放松顶针，拧紧充氟利昂口螺母，打开室外机高压阀芯，并注意拧紧截止阀螺母。

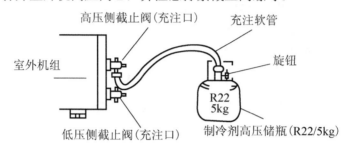

附图 26　加氟利昂排空

2) 加制冷剂

对于全封闭式压缩机，充注氟利昂往往采用低压吸入法。充氟利昂前由钢瓶向制冷系统中充注制冷剂时，可将钢瓶与修理阀相连接，也可用复合式压力表的中间接头充入。打开钢瓶阀门，将接管内的空气排出后，拧紧接头，充入制冷剂，表压不超过 0.15MPa 时关闭直通阀门。起动压缩机将制冷剂吸入，待蒸发器上结满露时即可停止充注。

制冷剂充入量的判断如下：

(1) 测重量：当钢瓶内制冷剂的减少量等于所需要的充注量时即可停止充注。

(2) 测压力：根据安装在系统上的压力表的压力值即可判定制冷剂的充注量是否适宜。压缩机正常运行的重要参数之一是压力，加注时也可参考压力来加注，以常用的 R22 制冷剂为例，静态加注后，在高低压接口加压力表，加注时观察压力表指针的变化，压缩机正常运行时低压在 4~6kg，高压在 16~22kg，高、低压的范围是考虑到加注时的季节，冬夏两季压力会有浮动，加注时也需逐步增加，待数值稳定后再视情况看是否需要继续加注，只要压力在合理范围内稳定，加注量即合适。

(3) 测温度：用半导体测量仪测量蒸发器进出口温度、吸气管温度、集液器出口温度、结霜限制点温度，以判断制冷剂充注量如何。

(4) 测工作电流：用钳形表测工作电流。制冷时，环境温度为 35℃，所测工作电流与铭牌上电流相对应。空调压缩机都有对应的额定电流，在压缩机输入市电电线上钳一块电流表，接好制冷剂和压缩机低压口，切记需用制冷剂排掉连接管中的空气，首先利用制冷剂自身的压力静态加氟利昂，观察视液镜中的液体情况，当内外压力较平均时，此时静态已无法加入制冷剂，现在可以起动压缩机，继续加注。一边加注一边观察钳形表的电流，当电流示数接近额定电流值时，暂停加注，让空调运行一段时间，观察稳定后的数值，如数值降低，则继续加注，反复观察几次，直至稳定的运行电流为额定电流时，加注即完成。

(5) 经验法：在没有压力表和电流表的情况下，静态加注后开启空调，同时手摸蒸发器的温度，仔细观察蒸发器的结露情况，当手摸蒸发器进气管与出液管温度一致，翅片有结露情况时，即可停止加注。待空调运行一段时间后，继续观察蒸发器的结露情况、进出温度情况，待结露均匀，温度一致，在设定的制冷温度下，压缩机启停正常，加注即完成。

加注方法并不相互独立，几种方法相互借鉴配合能更好地完成加注工作，多方面保证加注方法和用量的科学性。

3) 加冷冻油

空调器用全封闭压缩机采用 25 号冷冻油。

(1) 往复式压缩机灌油的步骤如下：

① 将冷冻油倒入一个清洁、干燥的油桶内。

② 用一根清洁、干燥的软管接在低压管上，软管内先充满油，排出空气，并将此软管插入油桶中。

③ 起动压缩机，冷冻油可由低压管吸入。

④ 按需要量充入后即可停机。

(2) 旋转式压缩机灌油的步骤如下：

① 将冷冻油倒入干燥、清洁的油桶中。

② 将压缩机的低压管封死。

③ 在压缩机的高压管上接一只复合式压力表和真空表。

④ 起动真空泵将压缩机内部抽成真空。

⑤ 将调压阀关闭。

⑥ 开启低压阀，冷冻油被大气压入压缩机，充至需要量即可。

充灌冷冻油后切不可用焊具焊接压缩机，以免内部空气受热膨胀而爆裂，因此必须先将压缩机外壳焊接好，并进行检漏后方可灌油。

4. 实验思考

(1) 真空泵的使用中有哪些注意事项？

(2) 在进行冷冻油的加注前需要做好哪些准备工作？

参 考 文 献

[1] 黄翔. 空调工程[M]. 2版. 北京：机械工业出版社，2014.

[2] 钟志鲲，丁涛. 数据中心机房空气调节系统的设计与运行维护[M]. 北京：人民邮电出版社，2009.

[3] 冯玉琪，卢道卿. 实用空调、制冷设备维修大全（修订版）[M]. 北京：电子工业出版社，1997.

[4] 邮电部电信总局. 电信空调设备维护手册[M]. 北京：人民邮电出版社，1996.

[5] 彭殿贞. 绿色数据中心空调设计[M]. 北京：中国建筑工业出版社，2015.

[6] 王志远. 制冷原理与应用[M]. 北京：机械工业出版社，2009.

[7] 廖旭艳，魏巍，张世杰. 通信电源设备使用维护手册：通信机房用空调设备[M]. 北京：人民邮电出版社，2008.

[8] 白夫，张俊. 空调器原理、选用与维修[M]. 北京：新时代出版社，1997.

[9] 叶明哲. 数据中心气流组织选择[C]. 2012年中国通信能源会议论文集，2012：176-187.

[10] 李援瑛. 空气调节技术与中央空调的安装、维修[M]. 北京：机械工业出版社，2013.

[11] 赵继洪. 中央空调运行与管理技术[M]. 北京：电子工业出版社，2013.

[12] 成彬，王涛，武红光，陈凤. 中国电信数据中心节能减排的策略及其应用[J]. 节能，2012(01)：4-8.

[13] 牛琳. 大型数据中心机房制冷方式研究[C]. 2015年中国通信能源会议论文集，2015：160-161.

[14] 廖霄，吴劲松. 行级制冷系统在高热密度数据中心制冷中的应用探讨[J]. 南方能源建设，2015（S1）：172-177.